lehmanns media

Harry H. Binder

Kleines Lexikon der chemischen Elemente

Mit zahlreichen
Abbildungen und Tabellen

lehmanns media

2011

Bibliografische Informationen der Deutschen Nationalbibliothek:

Die Deutsche Nationalbibliothek verzeichnet diese Publikation in der deutschen Nationalbibliografie; detaillierte bibliografische Informationen sind im Internet unter: ***<http://dnb.ddb.de>*** abrufbar.

Hardenbergstraße 5 • 10623 Berlin

und

Harry H. Binder • E-Mail: binder34@gmx.de

Druck und Bindung: Docupoint Magdeburg

ISBN: 978-3-86541-408-3

www.lehmanns.de

Inhaltsverzeichnis

Über den Autor

Diplom Physiker und Chemiker Harry H. Binder, OStR i.R., aus Erlangen, war viele Jahre, in der chemischen Industrie sowie in der physikalischen Forschung auf den Gebieten der Radiochemie, Reaktortechnik, Teilchenphysik, Protonen-Therapie u.a. tätig.

Über zwanzig Jahre unterrichtete er im höheren Lehramt an Gymnasien, Fach- und Berufsoberschulen, die Fächer Mathematik, Physik und Chemie. Der Autor hat mehrere Bücher sowie zahlreiche Beiträge in Fachzeitschriften veröffentlicht.

Vorwort

Die chemischen Elemente sind die Bausteine unserer Welt. Einige waren schon in der Antike bekannt, andere wurden nach und nach entdeckt, bis die Liste der 91 natürlichen Elemente vollständig war. Im ›Periodensystem der Elemente‹ PSE, in dem alle bekannten chemischen Elemente eingeordnet sind, galt Uran als das schwerste und letzte chemische Element. Ab der Mitte des 20. Jh. gelang es Physikern und Chemikern aus den USA der SU und später auch aus Deutschland schwerere Elemente als Uran künstlich herzustellen.

Mit der Entdeckung der ›Transurane‹ begann ein Wettlauf der Wissenschaftler aus Ost und West nach neuen superschweren Elementen. Schließlich stellte man sich die Frage nach der Grenze des Periodensystems der Elemente, dem schwersten überhaut möglichen chemischen Element.

Die chemischen Elemente sind heute aus den Naturwissenschaften nicht mehr wegzudenken. Kenntnisse über die chemischen Elemente und ihrer Eigenschaften sind heute für jeden Schüler, Studenten, Facharbeiter und Wissenschaftler unentbehrlich.

In diesem Nachschlagewerk sind die wichtigsten Eigenschaften aller bis heute bekannten chemischen Elemente kurz aufgeführt, sie stellen für alle Interessierten in Schule, Studium und Beruf eine wichtige Hilfe dar.

Bei alle Angaben wurde das ›SI-Einheiten System‹ sowie die von der ›International Union of Pure and Applied Chemistry‹ (IUPAC) festgelegten Namen aller chemischen Elemente verwendet.

Harry H. Binder
Erlangen, im Herbst 2010

Begriffserklärungen

Protonenzahl ***Z***: Anzahl der Protonen im Atomkern. Synonyme Bezeichnungen: ›Ordnungszahl‹, ›Kernladungszahl‹.

Nukleonenzahl ***A***: Anzahl der Nukleonen (Protonen und Neutronen) im Atomkern. Frühere Bezeichnung: ›Massenzahl‹.

Relative Atommasse A_r: Masse eines Atoms im Vergleich zum zwölften Teil der Masse des Kohlenstoffisotops ^{12}C = 12,000. Es ist eine dimensionslose Zahl. Frühere Bezeichnung: ›Atomgewicht‹.

Atomradius: Maß für die Größe eines Atoms, in Pikometer pm.
1 pm = 10^{-12} m.

Metallischer Radius: Hälfte des kürzesten interatomaren Abstandes in einem Metallgitter.

Kovalenter Radius: Hälfte des Abstandes zwischen zwei Atomkernen des gleichen Elements in einer kovalenten Bindung innerhalb eines Moleküls.

Van-der-Waals-Radius: Hälfte des kleinstmöglichen Abstandes zwischen zwei Atomkernen des gleichen Elements zweier benachbarter Moleküle.

Ionenradius: Effektive Größe eines einatomigen Ions in einem Ionengitter.

Bei ›Kationen‹, positiv geladene Ionen, ist der Ionenradius kleiner als der Radius des zugrunde liegenden Atoms.

Bei ›Anionen‹, negativ geladene Ionen, ist der Ionenradius größer als der Radius des zugrunde liegenden Atoms.

Elektronegativität EN: Ein relatives Maß für die Fähigkeit eines Atoms innerhalb eines Moleküls Elektronenpaare von Nachbaratomen anzuziehen. Dimensionslose Zahl, bezogen auf das elektronegativste Element Fluor, mit der willkürlich zugeordneten Zahl 4 .
Angaben nach: A (Allred/Rochow); P (Pauling); a (absolut)

Ionisierungsenergie: Die Energie, die benötigt wird, um von einem Atom oder Molekül ein Elektron abzutrennen, in Elektronenvolt (eV).

Elektronenaffinität EA: Die Energie, die erforderlich ist, um ein Elektron aus einem einfach negativ geladenen Ion zu lösen, in Elektronenvolt (eV): 1 eV = 0,0103642 $kJ.mol^{-1}$

Elektronenkonfiguration: Anordnung der Elektronen in der Atomhülle im Grundzustand.

Dichte ρ: Der Quotient aus der Masse m und dem Volumen V eines Körpers, in Kilogramm pro Kubikmeter $kg.m^{-3}$. Angaben bei festen Stoffen bei 20 ^{0}C, bei Gasen bei 0^0C.

Härte (*Mohs*): Ein Maß für den Widerstand den ein Werkstoff dem Eindringen eines härteren Körpers entgegensetzt. Ritzhärte nach *Mohs*, der härtere Stoff ritzt den weicheren. Dimensionslose Zahl, bezogen auf eine Skala von Talk, Härte 1 bis Diamant, Härte 10.

Schmelztemperatur ϑ_S: Temperatur, bei der ein Stoff aus dem festen in den flüssigen Zustand übergeht. In Grad Celsius ^{0}C und Kelvin K.

Siedetemperatur ϑ_V: Temperatur, bei der ein Stoff aus dem flüssigen in den gasförmigen Zustand übergeht. In Grad Celsius ^{0}C und Kelvin K.

Temperatur am Tripelpunkt T_t: Die Temperatur, an der drei Phasen eines Systems im Gleichgewicht sind. In Grad Celsius ^{0}C und Kelvin K.

Kritische Temperatur T_c: Die Temperatur, unterhalb der reale Gase verflüssigt werden können. In Grad Celsius ^{0}C und Kelvin K.

Kritischer Druck p_c: Der zur kritischen Temperatur zugehörige Druck in MPa.

Spezifische Schmelzwärme q: Die Energie in Kilojoule, die benötigt wird, um ein Kilogramm eines Stoffes zu schmelzen. In $kJ.\ kg^{-1}$.

Spezifische Wärmekapazität c: Die Energie, die benötigt wird, um die Temperatur von einem Kilogramm eines Stoffes um 1 Kelvin zu erhöhen. In Kilojoule pro Kilogramm mal Kelvin, $kJ.\ kg^{-1}.\ K^{-1}$.

Thermische Leitfähigkeit λ: Die Transportfähigkeit eines Stoffes für Energie. In Watt pro Kelvin mal Meter, $W.m^{-1}.K^{-1}$.

Thermischer Längenausdehnungskoeffizient α : Die Verlängerung in Metern eines Stabes von 1 Meter Länge bei einer Temperaturerhöhung von 1 Kelvin. In K^{-1}.

Spezifischer elektrischer Widerstand ρ: Der elektrische Widerstand eines Leiters von 1 Meter Länge und einem Quadratmeter Querschnitt. In Ohm mal Meter, $\Omega.m$.

Elektrische Leitfähigkeit κ: Der Kehrwert des spezifischen Widerstandes. In Siemens durch Meter, $S . m^{-1}$ bzw. $\Omega^{-1} . m^{-1}$.

Elektrochemisches Äquivalent $\ddot{A}$: Die Masse eines Stoffes in Kilogramm die an einer Elektrode einer Elektrolysezelle durch eine elektrische Ladung von einer A.s (1C) abgeschieden wird. In Kilogramm pro Ampere mal Sekunde, $kg . A^{-1} . s^{-1}$.

Normalpotential E^0: Das Elektrodenpotential einer Standardelektrode bezogen auf die Normal-Wasserstoffelektrode, in Volt, V.

Wirkungsquerschnitt σ : Ein Maß für die Wahrscheinlichkeit, dass zwischen zwei Teilchen eine Wechselwirkung oder eine Reaktion stattfindet. In Quadratmeter, m^2, oder Barn, b. $1 b = 10^{-28} m^2$.

* **Metalle**: Haben weniger als vier Außenelektronen, die sie leicht abgeben und positive Ionen, ›Kationen‹, bilden. Sie sind elektropositiv und Basenbildner.

* **Nichtmetalle**: Haben mehr als vier Außenelektronen, sie neigen dazu Elektronen aufzunehmen und negative Ionen, ›Anionen‹, zu bilden. Sie sind elektronegativ und Säurebildner.

* **Halbmetalle**: Haben Eigenschaften, die zwischen denen der Metalle und der Nichtmetalle stehen. Halbmetalle sind: B, Si, Ge, As, Se, Sb, Te, Bi, Po, At. Frühere Bezeichnung ›Metalloide‹.

* **Übergangselemente, Übergangsmetalle**: Sind die Metalle, deren Atome eine inkomplette d-Schale haben, oder Kationen mit inkompletten d-Schalen bilden, diese sind: Elemente 21-30, 39-48, 57-80, 89-112 einschließlich der Lanthanoide und Actinoide.

Gruppierung der Elemente nach IUPAC

Im ›Periodensystem der Elemente‹ (PSE) werden die chemischen Elemente in der Reihenfolge ihrer Protonenzahl bzw. Kernladungszahl in 18. Gruppen und 7. Perioden eingeordnet. Gemäß der IUPAC werden den Gruppen folgende Namen und Elemente zugeordnet:

- *Alkalimetalle*:	Li, Na, K, Rb, Cs, Fr
- *Erdalkalimetalle*:	(Be, Mg)*, Ca, Sr, Ba, Ra
- *Triele*:	B, Al, Ga, In, Tl
- *Tetrele*:	C, Si, Ge, Sn, Pb
- *Pentele*:	N, P, As, Sb, Bi
- *Chalkogene*:	O, S, Se, Te, Po
- *Halogene*:	F, Cl, Br, I, At
- *Edelgase*:	He, Ne, Ar, Kr, Xe, Rn
- *Seltenerdmetalle*:	Sc, Y, La, Ce, Pr, Nd, Pm, Sm, Eu Gd, Tb, Dy, Ho, Er, Tm, Yb, Lu
- *Lanthanoide*:	(La)**Ce, Pr, Nd, Pm, Sm, Eu, Gd,Tb, Dy, Ho, Er, Tm, Yb, Lu
- *Actinoide*:	(Ac)**Th, Pa, U, Np, Pu, Am, Cm, Bk, Cf, Es, Fm, Md, No, Lr
- *Transactinoide*:	Rf, Db, Sg, Bh, Hs, Mt, Ds, Rg, Cn

*) Be und Mg gehören laut IUPAC nicht zu den Erdalkalimetallen, sie werden jedoch im deutschen Sprachraum dazu gezählt.

**) Da die Endung „–oid“ „ähnlich“ bedeutet, gehört Lanthan nicht zu den Lanthanoiden und ebenso Actinium nicht zu den Actinoiden.

Weitere Gruppeneinteilungen:

- *Transurane*:	Elemente 93 bis103
- *Transfermium Elemente*:	Elemente ab 100
- *Transactinoide*:	Elemente ab 104
- *Superschwere Elemente*:	Elemente ab 110

Eisengruppe	Fe	Co	Ni	
Gruppe der Platinmetalle	Ru	Rh	Pd	leichte Platinmetalle
	Os	Ir	Pt	schwere Platinmetalle
	↓	↓	↓	
	Osmium-gruppe	Iridium-gruppe	Platin-gruppe	

Benennung namenloser Elemente

Nach den Regeln der IUPAC erhalten die Elemente ab Protonenzahl 112, bis zur endgültigen Namensgebung einen einheitlichen, künstlichen Namen. Dieser wird durch Zusammenfügen spezieller, von der Protonenzahl abgeleiteter Silben und Anhängen der Endung „ium" gebildet. Dabei werden folgende Silben verwendet:

0	1	2	3	4	5	6	7	8	9
nil	un	bi	tri	quad	pent	hex	sept	oct	enn

Beispiel:	Ordnungszahl:	1	1	6
	Name:	**Un**	**un**	**hex + ium**
	Symbol:	**U**	**u**	**h**

Darstellung der Elemente und Isotope/Nuklide

Chemische Elemente

Relative Atommasse	***Ar***		**24,3050**
	Symbol	z.B.:	Mg
Protonenzahl (Ordnungszahl)	***Z***		**12**

Isotope/Nuklide

Nukleonenzahl (Massenzahl)	*A*	z.B.:	${}^{238}_{94}Pu$ oder
	Symbol		
Protonenzahl	*Z*		Pu 238

Die elektrochemische Spannungsreihe der Metalle

Li, Cs, K, Ca, Na, Mg, Be, Al, Mn, Zn, Cr, Fe, Cd,Co, Ni, Sn, Pb,
Unedle Metalle; chemisch aktiv; $E^0 < 0$

H $E^0 = 0$

Cu, Ag, Hg, Pd, Pt, Au
Edle Metalle; chemisch passiv; $E^0 > 0$

Jedes Metall verdrängt die in der Spannungsreihe rechts von ihm stehenden Metalle aus ihren Lösungen.

Der radioaktive Zerfall von Nukliden

Zerfallsart	Zerfallsgleichung
α – Zerfall	$(Z, A) \rightarrow [(Z-2), (A-4) + \alpha\ ({}^{4}_{2}He)$
β^- –Zerfall	$(Z, A) \rightarrow [(Z+1), (A)] + \beta^-\ (e^-)$
β^+ –Zerfall	$(Z, A) \rightarrow [(Z-1), (A)] + \beta^+\ (e^+)$
Elektronen-Einfang EC	$(Z, A) \rightarrow [(Z-1), (A)] - e^-$
Neutronen-Zerfall n	$(Z, A) \rightarrow [(Z), (A-1)] + {}^{1}_{0}n$
Protonen-Zerfall p	$(Z, A) \rightarrow [(Z-1), (A-1)] + p\ ({}^{1}_{1}H)$
Spontan-Spaltung sf	$(Z, A) \rightarrow [(Z_1, A_1) + (Z_2, A_2)]$

Die gesetzlichen SI-Basiseinheiten

Physik. Größe / Formelzeichen	SI- Basisenheit	Symbol
Länge l	1 Meter	1 m
Masse m	1 Kilogramm	1 kg
Zeit t	1 Sekunde	1 s
Temperatur T, ϑ	1 Kelvin	1 K
Stromstärke I	1 Ampere	1 A
Lichtstärke I	1 Candela	1 cd
Stoffmenge n	1 Mol	1 mol

Die kinetische Energie der Neutronen

Neutronen/Typ	E_{kin}	ϑ	v (m.s^{-1})
ultrakalte	< 0,02 meV		< 44
kalte	0,02 meV - 5 meV	0 ^{0}C	< 2. 10^3
thermische	5 meV - 0,5 eV		< 7. 10^3
epithermische	0,5 eV - 1 keV	7460^{0}C	< 4,4 .10^5
mittelschnelle	1 keV - 100 keV		< 4,4 .10^6
schnelle	100keV- 50 MeV		< 70 . 10^7
relativistische	> 50 MeV		> 70 . 10^7

Das griechische Alphabet

Α α alpha	Β β beta	Γ γ gamma	Δ δ delta	Ε ε epsilon	Ζ ζ zeta
Η η eta	Θ ϑ theta	Ι ι jota	Κ κ kappa	Λ λ lambda	Μ μ my
Ν ν ny	Ξ ξ xi	Ο ο omikron	Π π pi	Ρ ρ rho	Σ σ sigma
Τ τ tau	Υ υ ypsilon	Φ φ phi	Χ χ chi	Ψ ψ psi	Ω ω omega

Verwendete Abkürzungen

ANL	›Argonne National Laboratory‹, Chikago
DIN	›Deutsches Institut für Normung e.V.‹ (Deutsche Industrie-Norm)
FLNR	›Flerov Laboratory of Nuclear Reactions‹, Dubna, Russland
GSI	›Gesellschaft für Schwerionenforschung‹, Darmstadt, seit 7.Oktober 2008 ›GSI, Helmholtzzentrum für Schwerionen-forschung‹
HFIR	›High Flux Isotope Reaktor‹
HILAC	›Heavy Ion Linear Accelerator‹
IUPAC	›International Union of Pure and Applied Chemistry‹
IUPAP	›International Union of Pure and Applied Physics‹
JINR	›Joint Institute for Nuclear Research‹, Dubna
LASL	›Los Alamos Scientific Laboratory‹, Santa Fe
LBL	›Lawrence Berkeley Laboratory‹, Berkeley
LLNL	›Lawrence Livermore National Laboratory‹, Livermore, USA
ML	›Metallurgical Laboratory‹, in Chikago
PSI	›Paul Scherrer Institut‹, Villigen, Schweiz
RIKEN	Japanische Forschungsorganisation
RLB	›Radiation Laboratory Berkeley‹, in Berkeley
SHIP	›Separator for Heavy Ion Reactions Products‹
SI-System	›Systèm International d` Unités‹
SU	›Sowiet Union‹
TASCA	›TransActinide Separator and Chemistry Apparatus‹ bei GSI
UNILAC	›Universal Linear Accelerator‹ bei GSI

Actinium (englisch **Actinium**) **Ac**

Protonenzahl Z = **89**

Relative Atommasse (^{12}C=12,000) A_r = **227,027750**

Actinium wurde im Jahre 1899 von dem französischen Chemiker *André Louis Debierne* in Paris, Frankreich, in Pechblende-Rückständen nachgewiesen. Unabhängig entdeckte *Otto F. Giesel* 1902 das Element. 1950 erhielt *F. Hagemann* am ANL, Chikago, Actinium durch Neutronenbeschuss von Radium im Kernreaktor. Von griechisch *actinós (aktis)* = Strahl.

Atomare Eigenschaften:

Metallatomradius	188 pm
Kovalenzradius	
Ionenradien	Ac^{3+} 118 pm
Elektronegativität	A: 1,0; P: 1,10
Elektronenaffinität $Ac \rightarrow Ac^-$	
Ionisierungsenergie	5,171 eV, 12,126 eV
Elektronenkonfiguration	[Rn] $6d^1$ $7s^2$

Physikalische Eigenschaften: **Metall**

Dichte ρ (bei 20 ^{0}C) *	10070 $kg.m^{-3}$
Härte	
Schmelztemperatur ϑ_S	1050 ^{0}C; 1323 K
Siedetemperatur ϑ_V *	3300 ^{0}C; 3573 K
Spezifische Schmelzwärme q	62,5 $kJ.kg^{-1}$
Spezifische Wärmekapazität c	0,12 $kJ.kg^{-1}.K^{-1}$
Thermische Leitfähigkeit λ	12 $W.m^{-1}.K^{-1}$
Thermischer Längen-Koeff. α	15.10^{-6} K^{-1}
Spez. elektrischer Widerstand ρ	
Schallgeschwindigkeit c (20 ^{0}C)	1300 $m.s^{-1}$
Normalpotential E^0 Ac / Ac^{3+}	– 2,13 V

* geschätzte Werte

Das Element kommt in der Natur nur in geringen Spuren in einigen Uranerzen als Zerfallsprodukt des Urans vor. Das Metall erhält man durch Reduktion von AcF_3 mit Li-Dampf bei 1200 °C.

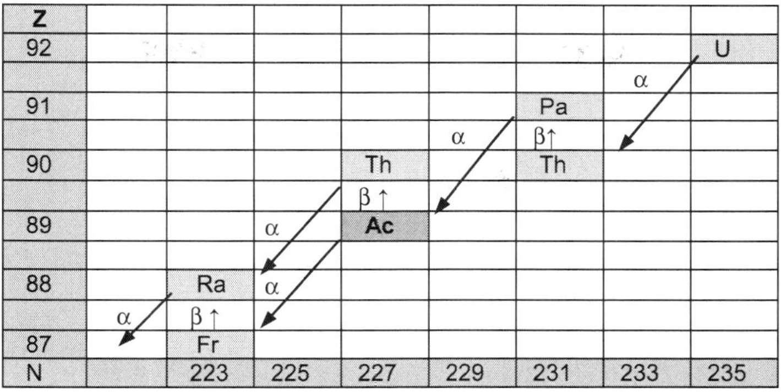

Entstehung und Zerfall des Isotops Ac 227

Das wichtigste Isotop Ac 227(β^-,α, γ;21,77a) erhält man in Kernreaktoren durch Bestrahlung von Ra 226 mit Neutronen gemäß:

$$^{226}_{88}Ra + ^{1}_{0}n \rightarrow ^{227}_{88}Ra \xrightarrow{\beta^-} ^{227}_{89}\mathbf{Ac} \xrightarrow{\alpha/\beta^-}$$

Actinium ist ein silberweißes, weiches, stark radioaktives Schwermetall, das im Dunkeln bläulich leuchtet. Es ist 150 mal aktiver als Radium. Im PSE befindet es sich in der 3. Gruppe, 7. Periode. Es ist ein sehr unedles, reaktionsfähiges Übergangsmetall. Da Metall reagiert mit Wasser unter H_2-Entwicklung. In Verbindungen bildet es die Oxidationsstufe Ac^{III} wie z.B. AcX_3 (X = F, Cl, Br, I), Ac_2O_3, $Ac(OH)_3$ u.a.

Vom Actinium sind 29 radioaktive Isotope Ac 206 bis Ac 234 und 5 Kernisomere bekannt. Alle haben kurze Halbwertszeiten.

Das Element dient als α–Strahlenquelle zur Erzeugung von Neutronen gemäß der Kernreaktion $^{227}_{89}Ac–Be(\alpha, n)$ sowie für Forschungszwecke.

Actinium hat keine biologische Bedeutung für den menschlichen Organismus, ist jedoch aufgrund seiner Radioaktivität toxisch und kanzerogen.

Aluminium (englisch Aluminium/Aluminum) Al

***Protonenzahl Z* = 13**

Relative Atommasse (^{12}C=12,000) ***A_r* = 26,981539**

Aluminium wurde 1825 von dem dänischen Physiker *Hans Christian Øersted*, in Kopenhagen, Dänemark, bei der Zerlegung der Alaunerde entdeckt und in unreiner Form isoliert. 1827 erhielt *Friedrich Wöhler* reines Aluminium durch Reduktion von $AlCl_3$ mit Kalium. Von lateinisch *alumen* = Alaun.

***Atomare Eigenschaften*:**

Metallatomradius	143 pm
Kovalenzradius	125 pm
Van-der-Waals-Radius	205 pm
Ionenradien	Al^{3+} 51pm
Elektronegativität	A: 1,47; P: 1,61; a: 3,2 eV
Elektronenaffinität $Al \rightarrow Al^-$	0,456 eV
Ionisierungsenergie	5,986 eV; 18.828 eV
Elektronenkonfiguration	[Ne] $3s^2\,3p^1$

***Physikalische Eigenschaften*:** **Metall**

Dichte ρ (bei 20 ^{0}C)	2707 kg.m^{-3}
Härte (Mohs)	2,7
Schmelztemperatur ϑ_S	660 ^{0}C; 933 K
Siedetemperatur ϑ_V	2467 ^{0}C; 2740 K
Spezifische Schmelzwärme q	397 kJ.kg^{-1}
Spezifische Wärmekapazität c	0,897 kJ.kg^{-1}.K^{-1}
Thermische Leitfähigkeit λ	237 W.m^{-1}.K^{-1}
Thermischer Längen-Koeff. α	23.10^{-6} K^{-1}
Spez. elektrischer Widerstand ρ	2,66 .10^{-8} Ω.m
Schallgeschwindigkeit c (20 ^{0}C)	5100 m.s-^{1}
Elektrochem. Äquivalent $\ddot{A}$ Al^{3+}	0,093.10^{-6}. A^{-1}.s^{-1}
Normalpotential E^0 Al / Al^{3+}	– 1,67 V

Aluminium ist das häufigste Metall und dritthäufigstes Element auf der Erde. Es kommt nur in Form oxidischer Verbindungen als Bauxit in Feldspaten, Glimmer, u.a. vor. Das Metall erhält man aus Bauxit durch Schmelzflusselektrolyse von Tonerde Al_2O_3 im Gemisch mit Kryolith bei 950 ^0C gemäß der Gesamtreaktion: $Al_2O_3 + 3C \rightarrow 2Al + 3CO\uparrow$

Es ist ein silbrig-weißes, relativ weiches, duktiles, paramagnetisches Leichtmetall, das durch Zusätze wie Cu oder Mg fest und hart wird. Unterhalb 1,175 K, besteht Supraleitfähigkeit.

Aluminium gehört zur Gruppe der ›Triele‹, 13. Gruppe, 3. Periode. Es ist ein sehr unedles Metall, das an der Luft passiviert wird. Passivierung kann man auch nach dem ›Eloxal‹ (***El**ektrisch* ***Ox**idiertes* ***Al**uminium*) Verfahren erhalten. Reines Aluminium zeigt große Affinität zu Sauerstoff, es brennt in der Luft, in CO und CO_2 sowie im Beisein einiger Metalloxide mit greller Flamme. In Verbindungen bildet es die Oxidationsstufe Al^{III}, wie z.B.: Al_2O_3, $Al(OH)_3$, $Al_2(SO_4)_3$, AlX_3 (X= F,Cl,Br), AlH_3, u.a. Kovalente Bindungen sind: Al–Al, Al–H, Al–Cl, Al–O, Al-C u.a.

Es ist ein anisotopes Element, das einzige natürliche Isotop ist Al 27, weitere 20 künstliche, radioaktive Isotope Al 22 bis Al 41 und zwei Kernisomere sind bekannt. Sie haben alle kurze Halbwertszeiten. Das langlebigste Isotop Al 26 (β^+, EC, γ; $7{,}2.10^5$ a) erhält man durch Beschuss von Mg 25 mit ^1_1H oder ^2_1H gemäß:

$$^{25}_{12}Mg + ^2_1H \rightarrow ^{26}_{13}Al + ^1_0n$$

Aluminium dient zur Herstellung von Alu-Folien, Haushaltswaren, in der Technik als Profile, Rohre, Blech, Konstruktionsmaterial in der Bauindustrie, Maschinenbau, Luftfahrt, Fahrzeugbau sowie von Sprengstoffen, Raketentreibstoff, zahlreicher Legierungen u.a.

Das Metall hat keine biologische Bedeutung für den Menschen. Es spielt evtl. eine Rolle bei der *Alzheimerschen* Krankheit.

Americium (englisch **Americium**) **Am**

Protonenzahl Z = **95**

Relative Atommasse (^{12}C=12,000) A_r = **243,061375**

Americium wurde im Jahre 1944/45 von den US-Forschern *Glenn T. Seaborg, R.A. James, L. O. Morgan A. Ghiorso* am ›Metallurgical Laboratory‹, ML, in Chikago, USA entdeckt. Das Element entstand im Kernreaktor durch Neutroneneinfang und anschließendem β^-– Zerfall:

$$^{239}_{94}Pu + 2\,^{1}_{0}n \rightarrow\ ^{241}_{95}Am + \beta^-$$

Den endgültigen Nachweis des Elements 95 erbrachten G. T. Seaborg u.a. beim Beschuss von Plutonium mit Deuteronen am 60-Zoll-Zyklotron in Berkeley gemäß der Kernreaktion:

$$^{239}_{94}Pu +\ ^{2}_{1}H \rightarrow\ ^{241}_{95}Am$$

Der Name wurde von *Amerika* abgeleitet

Atomare Eigenschaften:

Metallatomradius	184 pm
Van-der-Waals-Radius	228,5 pm
Ionenradien	Am^{3+} 107 pm; Am^{4+} 92 pm
Elektronegativität	A: 1,20; P: 1,30
Ionisierungsenergie **	5,9925 eV
Elektronenkonfiguration	[Rn] $5f^7\,7s^2$

Physikalische Eigenschaften: **Metall**

Dichte ρ (bei 20 ^{0}C) *	13.671 $kg.m^{-3}$
Schmelztemperatur ϑ_s **	1174 ^{0}C ; 1447 K
Siedetemperatur ϑ_v	2605 ^{0}C ; 2878 K
Spezifische Schmelzwärme q	59,5 $kJ.kg^{-1}$
Thermische Leitfähigkeit λ *	10,0 $W.m^{-1}.K^{-1}$
Spez. elektrischer Widerstand ρ	68,1.10^{-8} Ω.m
Normalpotential E^0 Am / Am^{3+}	- 2,32 V

* geschätzte Werte; ** extrapolierte Werte

Americium kommt in der Natur nicht vor, es fällt als Nebenprodukt in den Brennelementen von Kernreaktoren an, wo es durch mehrfachen Neutroneneinfang und β^-–Zerfall entsteht. Die Abtrennung erfolgt durch Ionenaustauscher oder Lösungsmittelextraktion. Das Metall erhält man durch Reduktion von AmF_3 mit Barium bei ca. 1100⁰ C oder durch Reduktion von AmO_4 mit Lanthan bei 1200⁰ C und anschließender fraktionierter Destillation. Das Element ist heute in Kilogramm-Mengen verfügbar.

Es ist ein silberweißes, geschmeidiges, duktiles, paramagnetisches, radioaktives Schwermetall, das an der Luft schnell anläuft. Es gehört zur Reihe der ›Actinoide‹, 3. Gruppe, 7. Periode. Es ist ein stark elektropositives und sehr unedles Übergangsmetall. Es wird von Luft, Dampf und Säuren angegriffen, jedoch nicht von Alkalien. In Verbindungen bildet es mehrere Oxidationsstufen, wie: Am^{II}, Am^{III}, Am^{IV} z.B.: AmO, Am_2O_3, AmO_2, $AmX_{2;3}$ (X= F,Cl,Br,I), $AmO_2(OH)_{1;2}$, AmF_4, AmO_2, $(SO_4)_3$ u.a.

Bekannt sind 15 Isotope des Americiums Am 232 bis Am 247 sowie zehn Kernisomere, sie sind alle radioaktiv und haben allgemein kurze Halbwertszeiten. Die Isotope Am 241 (α; 432,2 a) Am 242m (α; 141 a) und Am 243 (α; 7370 a) sind spaltbar, die krit. Masse für Am 242m liegt zwischen 9-18 kg (reflekt. 3-6 kg), für die anderen beiden bei 50-210 kg.

Einige Am-Isotope dienen zur Herstellung höherer Transurane wie Cm, Bk, Es, Md, Db u.a. Wie z.B.:

$$^{241}_{95}Am + {}^{1}_{0}n \rightarrow {}^{242}_{95}Am \rightarrow {}^{242}_{96}\mathbf{Cm} + \beta^-$$

Das Isotop Am 241 wird auch als radioaktiver Indikator in der Medizin, Am 243 wird für NMR eingesetzt, Am 242m könnte sich für Kernwaffen eignen.

Americium hat keine Bedeutung für den menschl. Organismus, es ist aber wegen seiner Radioaktivität toxisch und kannzerogen.

Antimon (englisch **Antimony**) **Sb**

Protonenzahl ***Z*** **= 51**

Relative Atommasse (^{12}C=12,000) A_r **= 121,757**

Antimon war bereits in der Antike bekannt, wurde aber oft mit Blei verwechselt. Erstmals wurde das Element im 17. Jh. von *Paracelsus* beschrieben. Griechisch: *anti* + *monos* = nicht allein. Das chemische Symbol **Sb** wurde vom lateinischen Namen *Stibium* abgeleitet.

Atomare Eigenschaften:

Atomradius	182 pm
Kovalenzradius	141 pm
Van-der-Waals-Radius	220 pm
Ionenradien	Sb^{3+} 89 pm; Sb^{5+} 62 pm
Elektronegativität	A: 1,82; P: 2,05; a: 4,8 eV
Elektronenaffinität $Sb \rightarrow Sb^-$	1,05 eV
Ionisierungsenergie	8,6406 eV, 16,753 eV
Elektronenkonfiguration	[Kr] $4d^{10}\ 5s^2\ 5p^3$

Physikalische Eigenschaften: **Halbmetall**

Dichte ρ (bei 20 ^{0}C)	6684 $kg.m^{-3}$
Härte (Mohs)	3 - 3,5
Schmelztemperatur ϑ_s	631 ^{0}C; 904 K
Siedetemperatur ϑ_v	1635 ^{0}C ; 1908 K
Spezifische Schmelzwärme q	172 $kJ.kg^{-1}$
Spezifische Wärmekapazität c	0,207 $kJ.kg^{-1}.K^{-1}$
Thermische Leitfähigkeit λ	24,3 $W.m^{-1}.K^{-1}$
Thermischer Längen-Koeff. α	$11.10^{-6}\ K^{-1}$
Spez. elektrischer Widerstand ρ	39 $.10^{-8}\ \Omega.m$
Schallgeschwindigkeit c (20 ^{0}C)	3420 $m.s^{-1}$
Elektroch. Äquivalent $Ä$ Sb^{3+}	$0,42.10^{-6}\ kg.A^{-1}.s^{-1}$
Löslichkeit in Wasser (bei 25 ^{0}C)	hydrolisiert
Normalpotential E^0 Sb / SbO^+	0,212 V

Antimon ist ein relativ seltenes Element auf der Erde. Es kommt hauptsächlich in Form von Oxiden oder Schwefelverbindungen vor, wie z.B.: Antimonit Sb_2S_3, Pyrargyrit Ag_2SbS_3. Die Herstellung erfolgt meist durch Rösten von Sb_2S_3 in Drehöfen und anschließender Reduktion von Sb_2O_4 mit Koks.

$$Sb_2O_4 + 4C \rightarrow 2Sb + 4CO\uparrow$$

Es kommt in drei Modifikationen vor: ›graues‹ oder ›metallisches‹ Antimon (α–Form) ein zinnweißes, hellglänzendes, sehr sprödes, diamagnetisches Schwermetall. Es dehnt sich beim Erstarren aus dem flüssigen Zustand aus. ›schwarzes‹ Ant*imon* ist eine amorphe, ›glasartiges‹ Antimon eine amorphe und explosive Substanz. Unterhalb 2,7 K besteht Supraleitfähigkeit.

Antimon gehört zur Gruppe der ›Pentele‹, 15. Gruppe, 5. Periode. Es ist schwach elektropositiv, wobei der metallische Charakter überwiegt. An Luft und im Wasser ist es beständig und wird von verd. Säuren und von Alkalien nicht angegriffen. In Verbindungen bildet es mehrere Oxidationsstufen Sb^{-III}, Sb^{III}, Sb^{V}, z:B.: SbH_3, $SbCl_3$, Sb_2O_3, SbF_5, $SbCl_5$, Sb_4O_{10} u.a. Es bildet auch kovalente Bindungen Sb–Sb, Sb–H, Sb–O, Sb–Cl, Sb–C, Sb–N, Sb=N u.a. Flammenfärbung: bläulich-weiß.

Natürliches Antimon besteht aus zwei stabilen Isotopen **Sb** 121 und Sb 123. Weitere 35 künstliche, radioaktive Isotope Sb 103 bis Sb 139 und elf Kernisomere sind bekannt. Das Isotop Sb 125 (β^-,γ; 2,76a) entsteht in Kernreaktoren durch Neutronenbestrahlung gemäß der Reaktion:

$${}^{124}_{50}Sn\ (n, \beta^-)\ {}^{125}_{51}\mathbf{Sb}$$

Das Halbmetall wird hauptsächlich als Legierungsbestandteil zur Erhöhung der Härte weicher Metalle wie Blei, Kupfer u.a. für Akkumulatoren und Halbleitern sowie zur Herstellung von Pigmenten verwendet.

Antimon hat keine biologische Bedeutung für den Menschen. Das Halbmetall und seine Verbindungen sind äußerst toxisch.

Argon (englisch **Argon**) **Ar**

Protonenzahl ***Z*** **= 18**
Relative Atommasse (^{12}C=12,000) A_r **= 39,948**

Argon wurde 1894 als erstes Edelgas von den britischen Gelehrten *Sir William Ramsay* und *Lord John W. Rayleigh* als Bestandteil der atmosphärischen Luft in London, GB, entdeckt. Angesichts seiner Reaktionsträgheit wurde es Argon genannt. Von griechisch *aergón (argos)* = träge bzw. untätig.

Atomare Eigenschaften:

Atomradius	175 pm
Van-der-Waals-Radius	191 pm
Ionenradien	Ar^+ 154 pm
Elektronegativität	A: 3,5; a: 7,70eV
Elektronenaffinität $Ar \rightarrow Ar^{-}$ *	0,362 eV
Ionisierungsenergie	15.759 eV; 27,629 eV
Elektronenkonfiguration	[Ne] $3s^2$ $3p^6$

Physikalische Eigenschaften: **Nichtmetall**

Dichte ρ (gasf. bei 273 K)	1,783 $kg.m^{-3}$
Schmelztemperatur ϑs	–189 ^{0}C; 84 K
Siedetemperatur ϑv	–186 ^{0}C; 87 K
Temperatur am Tripelpunkt T_t	–189,34 ^{0}C; 83,8 K
Kritische Temperatur T_c	–122 ^{0}C; 151 K
Kritischer Druck p_c	4,87 MPa
Spezifische Wärmekapazität c	0,31 $kJ.kg^{-1}.K^{-1}$
Thermische Leitfähigkeit λ	0,017 $W.m^{-1}.K^{-1}$
Schallgeschwindigkeitc (20 ^{0}C)	319 $m.s^{-1}$
Löslichkeit in Wasser (20^{0}C)	0,06 g / Liter

* berechnet

Argon ist ein seltenes Element, es ist mit einem Volumenanteil von 0,93 % in der Atmosphäre enthalten. Es kommt in der Natur nur elementar vor. Großtechnisch wird das es durch fraktionierte Destillation aus verflüssigter Luft gewonnen.

Es ist ein farb-, geruch- und geschmackloses einatomiges Gas, das eine ausgeprägte Tendenz zur Bildung von ›Einschlussverbindungen‹, sog. ›Clathraten‹ zeigt, wie z.B.: $Ar_8(H_2O)_{46}$.

Argon gehört zur Gruppe der ›Edelgase‹, 18. Gruppe 3. Periode. Es besitzt eine abgeschlossene äußere Elektronenschale (M-Schale) mit 8 Elektronen $3s^2$ $3p^6$ [Ar] woraus sich seine chemische Trägheit erklärt. Von Argon sind keine chemischen Verbindungen bekannt. Bis heute wurden nur einige molekulare Ionen wie z.B.: ArH^+, $ArCH_3^+$, $ArCO^+$ u.a. nachgewiesen.

Natürliches Argon setzt sich aus drei stabilen Isotopen zusammen Ar 36, Ar 38, Ar 40 (90 %). Weitere 18 radioaktive, künstliche Isotope sind bekannt Ar 31 bis Ar 51. Sie haben mit zwei Außnahmen Ar 39 und Ar 42 kurze Halbwertszeiten von einige Sekunden bis Tagen.

Luftargon entsteht weitgehend durch Elektronen-Einfang oder Positronen-Zerfall des Isotops K 40.

$$^{40}_{19}K + ^{0}_{-1}e \rightarrow ^{40}_{18}Ar$$

$$^{40}_{19}K - ^{0}_{+1}e \rightarrow ^{40}_{18}Ar$$

Argon wird in Mischung mit Stickstoff als Füllgas für Glühlampen sowie beim Lichtbogenschweißen verwendet. Ar 40 dient zur Altersbestimmung von Gesteinen ›Kalium-Argon-Methode‹

Das Element hat keine biologische Bedeutung für den menschlichen Organismus, es ist nicht toxisch, kann aber ersticken wirken.

Arsen (englisch **Arsenic**) **As**

Protonenzahl **Z = 33**

Relative Atommasse (^{12}C=12,000) A_r **= 74,92159**

Arsenverbindungen wurden bereits in der Antike verwendet. Die Arsenherstellung wurde erstmals um 1250 von *Albertus Magnus* beschrieben, er gilt als Entdecker des Elements. Im 16. Jh. verwendete *Paracelsus* Arsenverbindungen als Heilmittel.
Von griechisch *arsenikós* = kühn, männlich.

***Atomare Eigenschaften**:* (α – Arsen)

Atomradius	125 pm
Kovalenzradius	121 pm
Van-der-Waals-Radius	200 pm
Ionenradien	As^{3+} 58 pm; As^{5+} 46 pm
Elektronegativität	A: 2,2; P: 2,18; a: 5,3 eV
Elektronenaffinität As → As^-	0,65 eV
Ionisierungsenergie	9,8148 eV, 18.635 eV
Elektronenkonfiguration	[Ar] $3d^{10}\,4s^2\,4p^3$

Physikalische Eigenschaften: **Halbmetall**

Dichte ρ (bei 20 ^{0}C)	(α) 5728 kg.m^{-3}
Härte (Mohs)	3 – 4
Schmelztemperatur ϑ_S	817 ^{0}C; 1090 K
Siedetemperatur ϑ_V (subl.)	613 ^{0}C; 886 K
Spezifische Schmelzwärme q	370 kJ.kg^{-1}
Spezifische Wärmekapazität c	0,33 kJ .kg^{-1}. K^{-1}
Thermische Leitfähigkeit λ	50 W.m^{-1}.K^{-1}
Thermischer Längen-Koeff. α	4,7.10^{-6} K^{-1}
Spez. elektrischer Widerstand ρ	33,6.10^{-8} Ω.m
Schallgeschwindigkeit c (20 ^{0}C)	
Normalpotential E^0 As / $HAsO_2$	0,248 V

Arsen gehört zu den selteneren Elementen auf der Erde. Es kommt nur in Verbindungen vor, wie z.B.: Realgar As_4S_4, Arsenik As_2O_3, Arsenkies FeAsS, Arsenkalkies $FeAs_2$. Die Herstellung erfolgt hauptsächlich durch Erhitzen von FeAsS oder $FeAs_2$ unter Luftabschluss bei ca. 700 °C.

$$\mathrm{FeAsS} \xrightarrow{700\,^{0}\mathrm{C}} \mathrm{FeS} + \mathrm{As\,(g)} \xrightarrow{\text{kühlen}} \mathrm{As\,(f)}$$

Es tritt in mehreren Modifikationen auf:
Graues Arsen oder *metallisches Arsen* (α–Form) ist ein stahlgraues, metallisch glänzendes, diamagnetisches Halbmetall, das an der Luft schwarz wird. *Gelbes Arsen* (β–Form) ist eine metastabile Form, *schwarzes Arsen*, *amorphes Arsen* (γ, ε, Formen).

Arsen gehört zur Gruppe der ›Pentele‹, 15. Gruppe, 4. Periode. Es wird von Wasser, nichtoxidierenden Säuren und Laugen nicht angegriffen, verbrennt in Sauerstoff, Chlor u.a. In Verbindungen bildet es die Oxidationsstufen As^{-III}, As^{III} und As^{V} wie z.B.. AsH_3, As_2O_3, H_3AsO_3, AsF_3, AsF_3, $AsCl_5$, H_3AsO_4, $NaAsO_3$ u.a. Es geht aber auch kovalente Bindungen ein, wie As–As, As–H, As–O, As–C, As–F, As–Cl, As=Cl u.a.
Flammenfärbung: fahlblau

Es ist ein anisotopes Element, es findet sich in der Natur in nur Form des stabilen Isotops As 75. Weitere 28 künstliche radioaktive Isotope As 64 bis As 92 sowie ein Kernisomer.

Arsen dient hauptsächlich als Legierungsbestandteil für Blei- und Kupferlegierungen, für Halbleiter u.a. Arsenverbindungen verwendet man zur Herstellung von Pestiziden, Holzschutzmitteln, Rattengift u.a. Die Isotope As 73 und As 74 entstehen durch Beschuss von Germanium mit Deuteronen, das Isotop As 76 entsteht durch Neutronenbeschuss im Kernreaktor. Alle drei Isotope werden als radioaktive Tracer verwendet.

Die biologische Bedeutung des Arsens für den menschlichen Organismus ist unklar. Arsen gilt als nicht giftig, es wirkt stimulierend und kanzerogen. Es oxidiert jedoch an der Luft und bildet starke Gifte wie z.B.: Arsenik As_2O_3 u.a.

Astat (englisch **Astatine**) **At**

Protonenzahl Z = **85**

Relative Atommasse (^{12}C=12,000) A_r = **209,987126**

Astat wurde 1940 von den amerikanischen Forschern *Emilio Segré, D.R. Corson, K.R. Mackenzie* u.a. in Berkeley, USA, in Form des Isotops At 211 durch Beschuss von Bismut-Targets mit He-Kernen (α–Teilchen) erstmals hergestellt und nachgewiesen. Bereits 1871 von *D. I. Mendelejew* als Eka-Iodum vorausgesagt. Von griechisch: *astatos* = instabil.

Atomare Eigenschaften:

Atomradius	145 pm
Kovalenzradius	140 pm
Van-der-Waals-Radius	
Ionenradien	At^- 227 pm; At^{5+} 57 pm
Elektronegativität	A: 1,96; P: 2,2; a: 6,2 eV
Elektronenaffinität $At \rightarrow At^-$	3,1 eV
Ionisierungsenergie	9,6382 eV; 16,582 eV
Elektronenkonfiguration	[Xe] $4d^{14}\ 5d^{10}\ 6s^2\ 6p^5$

Physikalische Eigenschaften: **Nichtmetall**

Dichte ρ *	8750 $kg.m^{-3}$
Härte (Mohs)	
Schmelztemperatur ϑ_S *	302 ^{0}C; 575 K
Siedetemperatur ϑ_V *	370 ^{0}C; 643 K
Spezifische Wärmekapazität c	
Thermische Leitfähigkeit λ	1,7 $W.m^{-1}.K^{-1}$
Schallgeschwindigkeit c (20 ^{0}C) *	ca. 206 $m.s^{-1}$
Normalpotential E^0 At^- / At_2	0,25 V

* geschätzte Werte

Astat kommt in der Natur nur in geringen Spuren vor, es ist das seltenste natürlich vorkommende Element. Es wird ausschließlich durch Beschuss von Bismut mit beschleunigten He–Kernen hergestellt, gemäß der Kernreaktion:

$$^{209}_{83}Bi + ^{4}_{2}He \rightarrow ^{211}_{85}At + 2\,^{1}_{0}n$$

Das radioaktive Element ist nur wenig bekannt. Es ist das schwerste Halogen, bei Raumtemperatur ist es fest, es hat eine niedriger Schmelz- und Siedetemperatur, sublimiert und ist relativ flüchtig.

Astat gehört zur Gruppe der ›Halogene‹, 17. Gruppe, 6. Periode. Es ist ein Nichtmetall und und hat wie alle Halogene sieben Außenelektronen. In seinen Verbindungen ist es bestrebt zur Bildung einer stabilen Edelgaskonfiguration [Rn] ein 6p-Elektron aufzunehmen und die Oxidationsstufe At^{-I} zu bilden. Weitere Oxidationsstufen sind At^{I}, At^{III}; At^{V} und At^{VII} [Xe]. Von Astat sind wenige Verbindungen bekannt wie z.B.: HAt, Interhalogenide AtCl, AtBr, eine Säure HAtO, Salze CH_3At u.a.

Bekannt sind 33 radioaktive Isotope At 191 bis At 223. Einige Isotope sind Glieder der radioaktiven Zerfallsreihen:

$^{216}_{85}At$ (ThB′) : *Thorium- Zerfallsreihe*

$^{218}_{85}At$ (RaB′) : *Uran-Radium-Zerfallsreihe*

$^{219}_{85}At$ und $^{215}_{85}At$: *Uran-Actinium-Zerfallsreihe*

Sie kommen in geringen Spuren vor.

Alle weiteren Isotope wurden künstlich hergestellt. Die Halbwertszeiten der Isotope bewegen sich zwischen einigen Mikrosekunden und einigen Minuten.

At-Verbindungen werden als Radiopharmaka zur Diagnose und in der Nuklearmedizin zur lokalen Bestrahlung maligner Tumoren eingesetzt.

Das Element hat keine biologische Bedeutung für den menschlichen Organismus, wirkt aber wegen seiner Radioaktivität toxisch und kanzerogen.

Barium (englisch **Barium**) **Ba**

Protonenzahl ***Z*** **= 56**
Relative Atommasse (^{12}C=12,000) A_r **= 137,327**

Barium wurde 1772 von dem schwedischen Chemiker *Carl W. Scheele* in Uppsala, Schweden, in Form des BaO entdeckt. 1808 gelang es *Sir Humphry Davy* das Metall durch Elektrolyse von $BaO/Ba(OH)_2$ Proben in unreiner Form darzustellen.
Von griechisch *barys* = schwer.

Atomare Eigenschaften:

Metallatomradius	217 pm
Kovalenzradius	198 pm
Ionenradien	Ba^{2+} 134 pm
Elektronegativität	A: 0,97; P: 0,89; a: 2,4 eV
Elektronenaffinität $Ba \rightarrow Ba^-$	0,476 eV
Ionisierungsenergie	5,2121 eV; 10,004 eV
Elektronenkonfiguration	[Xe] $6s^2$

Physikalische Eigenschaften: **Metall**

Dichte ρ (bei 20 ^{0}C)	3620 $kg.m^{-3}$
Härte (Mohs)	1,2
Schmelztemperatur ϑ_S	725 ^{0}C; 998 K
Siedetemperatur ϑ_V	1640 ^{0}C; 1913 K
Spezifische Schmelzwärme q	55,8 $kJ.kg^{-1}$
Spezifische Wärmekapazität c	0,21 $kJ.kg^{-1}.K^{-1}$
Thermische Leitfähigkeit λ	18,4 $W.m^{-1}.K^{-1}$
Thermischer Längen-Koeff. α	$20,6.10^{-6}$ K^{-1}
Spez. elektrischer Widerstand ρ	50.10^{-8} $\Omega.m$
Schallgeschwindigkeit c (20 ^{0}C)	1622 $m.s^{-1}$
Elektrochem. Äquivalent $\ddot{A}$ Ba^{3+}	$0,712.10^{-6}$ $kg.A^{-1}.s^{-1}$
Normalpotential E^0 Ba / Ba^{2+}	– 2,912 V

Barium gehört zu den häufigeren Elementen auf der Erde. Es tritt in der Natur nie elementar auf, die wichtigsten Minerale sind Schwerspat (Baryt) $BaSO_4$ und Witherit $BaCO_3$. Großtechnisch wird Barium aus Schwerspat gewonnen, das in $BaCO_3$ überführt wird. Durch Glühen erhält man BaO das durch anschließende Reduktion mit Al oder Si bei ca. 1150 °C in das Metall übergeht.

$BaCO_3 \rightarrow BaO + CO_2\uparrow$ $3BaO + 2Al \rightarrow Al_2O_3 + 3Ba$

Es ist an frischen Schnittstellen ein silberweißes, glänzendes, im reinen Zustand goldgelbes, relativ weiches Leichtmetall, das an der Luft rasch dunkelgrau anläuft. Das paramagnetische Metall zeigt in der Hochdruckphase unterhalb 5,2 K Supraleitfähigkeit, einige intermetallische Verbindungen schon < 77 K.

Barium gehört zur Gruppe der ›Erdalkalimetalle‹ 2. Gruppe, 6. Periode. Es ist eins der unedelsten Metalle und das reaktionsfähigste Metall seiner Gruppe, es ist stark elektropositiv und ein starkes Reduktionsmittel. Als Pulver entzündet es sich, mit Wasser reagiert es heftig. Es löst sich in fast allen Säuren. In Verbindungen bildet es ausschließlich Ba^{II}, wie z.B.: BaH_2, BaO, $Ba(OH)_2$, $BaCl_2$, $BaSO_4$ u.a. Flammenfärbung: fahlgrün.

Natürliches Barium ist ein Gemisch aus sieben stabilen Isotopen Ba 134, Ba 135, Ba 136, Ba 138 (71,7 %) u.a. Daneben sind weitere 32 künstliche, radioaktive Isotope Ba 114 bis Ba 153 sowie sieben Kernisomere bekannt.

Das Metall hat kaum technische Bedeutung. Es wird als Zusatz in Lagermetallen. Als BaO wird es für Spezialgläser, Barytgläser, als Ba-Sulfat bei der Öl- und Gasgewinnung, als Füllstoff für Farben sowie in der Medizin verwendet. Ba 133, Ba 135m und Ba 140 dienen als radioaktive Indikatoren zur Bestimmung von Wasserströmungen oder Sandwanderungen in den Wüsten.

Barium hat keine biologische Bedeutung für den menschlichen Organismus, es wirkt stimulierend und gilt als toxisch.

Berkelium (englisch **Berkelium**) **Bk**

Protonenzahl Z = **97**

Relative Atommasse (^{12}C=12,000) A_r = **247,0703**

Berkelium wurde im Jahre 1949 von den amerikanischen Forschern *St.G. Thompson, G. T. Seaborg, A. Ghiorso* u.a. im LBL, in Berkeley, USA, hergestellt und nachgewiesen. Das Element entstand beim Beschuss von Americium mit energiereichen He 4 Kernen am 6-Zoll-Zyklotron gemäß:

$$^{241}_{95}Am + ^{4}_{2}He \rightarrow ^{243}_{97}\mathbf{Bk} + 2\ ^{1}_{0}n$$

Es wurde nach der Ortschaft *Berkeley*, USA, benannt

Atomare Eigenschaften:

Metallatomradius	176 pm
Kovalenzradius	
Ionenradien	Bk^{2+} 118 pm; Bk^{3+} 97 pm
Elektronegativität *	A: 1,20; P: 1,30
Elektronenaffinität $Bk \rightarrow Bk^-$	
Ionisierungsenergie	5,4932 eV
Elektronenkonfiguration	[Rn] $5f^9 7s^2$

Physikalische Eigenschaften: **Metall**

Dichte ρ (bei 20 ^{0}C) **	14.790 $kg.m^{-3}$
Härte (Mohs)	
Schmelztemperatur ϑ_s *	986 ^{0}C ; 1259 K
Siedetemperatur ϑ_v	
Spezifische Schmelzwärme q	
Thermische Leitfähigkeit λ *	10,0 $W.m^{-1}.K^{-1}$
Thermischer Längen-Koeff. α	
Spez. elektrischer Widerstand ρ	
Normalpotential E^0 Bk / Bk^{3+}	– 2,01 V

* geschätzte Werte; ** extrapolierte Werte

Berkelium kommt in der Natur nicht vor, es wird ausschließlich künstlich durch Beschuss von Americium mit hochbeschleunigten He 4–Kernen hergestellt. Daneben erhält man das Element auch im Kernreaktor, durch Neutronenbestrahlung von Plutonium oder Curium gemäß der Kernreaktion:

$$^{239}_{94}Pu + 10\,^{1}_{0}n \rightarrow {}^{249}_{97}\mathbf{Bk} + 3\,\beta^{-}$$

$$^{244}_{96}Cm + 5\,^{1}_{0}n \rightarrow {}^{249}_{97}\mathbf{Bk} + \beta^{-}$$

Die Abtrennung des Elements von den übrigen Transuranen erfolgt durch Ionenaustausch. Das reine Metall erhält man durch Reduktion des Fluorids mit Lithium bei 1000 °C gemäß:

$$BkF_3 + 3\,Li \rightarrow Bk + 3\,LiF$$

Es ist ein silberweißes, dehn- und streckbares, stark radioaktives Schwermetall, das an der Luft schnell anläuft. Es tritt in zwei Modifikationen α–Bk und ab 450 °C als β–Bk auf.

Berkelium gehört zur Reihe der ›Actinoide‹, 3. Gruppe, 7. Periode. Es ist ein stark elektropositives und sehr unedles Metall. Es wird von Luft, Dampf und Säuren angegriffen, jedoch nicht von Alkalien. In Verbindungen bildet es die Oxidationsstufen: Bk^{II}, Bk^{III} und Bk^{IV}, z.B.: BkO, Bk_2O_3, BkX_3 (X = F, Cl, Br, I), BkO_2, BkF_4 u.a.

Bekannt sind 13 Isotope des Berkeliums Bk 238 bis Bk 251 sowie fünf Kernisomer, sie sind alle radioaktiv und haben kurze Halbwertszeiten. Die Isotope Bk 247 (α; 1380 a) und Bk 249 (β–; 320 d) sind spaltbar, die kritische Masse liegt bei 76 kg bzw. 192 kg (reflekt. 35 kg bzw. 131 kg).

Das Metall wird hauptsächlich zur Herstellung höherer Transurane wie Es, Db, Md u.a. verwendet, wie z.B.:

$$^{249}_{97}Bk + {}^{18}_{8}O \rightarrow {}^{262}_{105}\mathbf{Db} + 5\,^{1}_{0}n$$

Das Element hat keine Bedeutung für den menschlichen Organismus, wirkt aber wegen seiner Radioaktivität toxisch und kanzerogen.

Beryllium (englisch **Beryllium**) **Be**

***Protonenzahl Z* = 4**

Relative Atommasse (^{12}C=12,000) ***A_r* = 9,012182**

Beryllium wurde 1797 von dem französischen Chemiker *L. N. Vauquelin* in Paris, Frankreich, in Form des Oxids BeO entdeckt und 1828 von *F. Wöhler* in Berlin und *A. Bussy* in Paris durch Reduktion von $BeCl_2$ mit Kalium rein dargestellt. Benannt nach dem Mineral Beryll, von griechisch *beryllos* = hellgrüner Stein.

Atomare Eigenschaften:

Metallatomradius	113 pm
Kovalenzradius	89 pm
Ionenradien	Be^{2+} 35 pm
Elektronegativität	A: 1,47; P: 1,57; a:4,9 eV
Elektronenaffinität $Be \rightarrow Be^-$	0,185 eV
Ionisierungsenergie	9,3215 eV; 18,211 eV
Elektronenkonfiguration	[He] $2s^2$

Physikalische Eigenschaften: **Metall**

Dichte ρ (bei 20 ^{0}C)	1850 $kg.m^{-3}$
Härte (Mohs)	6–7
Schmelztemperatur ϑ_S	1285 ^{0}C ; 1558 K
Siedetemperatur ϑ_V	2970 ^{0}C ; 3243 K
Spezifische Schmelzwärme q	1390 $kJ.kg^{-1}$
Spezifische Wärmekapazität c	1,825 $kJ.kg^{-1}.K^{-1}$
Thermische Leitfähigkeit λ	200 $W.m^{-1}.K^{-1}$
Thermischer Längen-Koeff. α	$11{,}5.10^{-6}$ K^{-1}
Spez. elektrischer Widerstand ρ	$4{,}20.10^{-8}$ $\Omega.m$
Schallgeschwindigkeit c (20 ^{0}C)	13010 $m.s^{-1}$
Elektrochem. Äquivalent $Ä$ Be^{2+}	$0{,}047.10^{-6}$ $kg.A^{-1}.s^{-1}$
Normalpotential E^0 Be / Be^{2+}	– 1,97 V

Beryllium gehört zu den relativ häufigen Elementen auf der Erde, es kommt nur in gebundener Form in verschiedenen Mineralien vor. Das Metall wird durch Schmelzflusselektrolyse von Berylliumfluorid $2BeO_5.5BeF_2$ im Gemisch mit BaF_2 oder $BeCl_2$ im Gemisch mit NaCl bei 900 ^{0}C hergestellt. Ferner erhält man Beryllium durch Reduktion von BeF_2 mit Magnesium.

Es ist ein silberweißes, glänzendes, hartes, sprödes, an der Luft beständiges, diamagnetisches Leichtmetall. Bei Rotglut ist es gut dehnbar. Unterhalb 0,026 K ist das Metall supraleitend.

Beryllium ist das erste Element in der Gruppe der ›Erdalkalimetalle‹, 2. Gruppe, 2. Periode, gehört aber selbst nicht dazu. Es ist ein sehr unedles Metall, wird aber wegen Passivierung von Luft und Wasser auch bei Rotglut nicht angegriffen, jedoch von Salzsäure und Laugen aufgelöst. In Verbindungen bildet es nur die Oxidationsstufe Be^{II}, z.B.: BeO, $Be(OH)_2$, BeH_2, $BeCl_2$, $BeCO_3$ u.a. Kovalente Bindungen sind: Be–Be, Be–H, Be–O, Be–C, Be–Cl, Be–F u.a.

Beryllium ist ein anisotopes Element, in der Natur findet sich nur das stabile Isotop Be 9, weitere 8 künstliche, radioaktive Isotope Be 6 bis Be 14 sind bekannt. Das Isotop Be 7 entsteht u.a. beim Beschuss von Lithium oder Bor mit Protonen, gemäß:

$$^{7}_{3}Li + {}^{1}_{1}H \rightarrow {}^{7}_{4}Be + {}^{1}_{0}n$$

Das Metall dient als Moderator in Kernreaktoren, zur Herstellung von Hitzeschildern in der Raumfahrt, für verschiedene Legierungen mit Cu und Ni u.a. für industrielle Zwecke. Be 7 dient als Tracer in der Medizin, Be 10 wird zur Alterbestimmung von Sedimenten in Ozeanen eingesetzt.

* Der Beschuss von Beryllium mit He-Kernen führte 1930/32 zur Entdeckung des ›Neutrons‹ durch *W. Bothe* und *J. Chadwick*, gemäß der Kernreaktion:

$$^{9}_{4}Be + {}^{4}_{2}He^{2+} \rightarrow {}^{13}_{6}C \rightarrow {}^{12}_{6}C + {}^{1}_{0}n + \gamma$$

Beryllium hat keine Bedeutung für den Menschen. Es ist giftig und kanzerogen. Staub und Dämpfe verursachen ›Beryllose‹.

Bismut (englisch **Bismuth**) **Bi**

Protonenzahl Z = **83**

Relative Atommasse (^{12}C=12,000) A_r = **208,98037**

Bismut wurde im 15. Jh. von sächsischen Bergleuten entdeckt, es wurde aber häufig mit Antimon und Zinn verwechselt. 1530 beschrieb G. *Agricola* die Darstellung des Metalls und 1775 erkannten *C. W. Scheele* und *O. Bergmann* die Elementnatur des Bismuts. Die Herkunft des Namens ist unklar.

Atomare Eigenschaften:

Atomradius	155 pm
Kovalenzradius	150 pm
Van-der-Waals-Radius	240 pm
Ionenradien	Bi^{3-} 250 pm; Bi^{3+} 96 pm
Elektronegativität	A: 1,7; P: 2,0; a: 4,7 eV
Elektronenaffinität $Bi \rightarrow Bi^-$	ca. 0,75 eV
Ionisierungsenergie	7,2885 eV, 19,305 eV
Elektronenkonfiguration	[Xe] $4d^{14}$ $5d^{10}$ $6s^2$ $6p^3$

Physikalische Eigenschaften: **Halbmetall**

Dichte ρ (bei 20 °C)	9790 $kg.m^{-3}$
Härte (Mohs)	2,5
Schmelztemperatur ϑ_s	271 °C; 544 K
Siedetemperatur ϑ_v	1560 °C; 1833 K
Spezifische Schmelzwärme q	52 $kJ.kg^{-1}$
Spezifische Wärmekapazität c	0,122 $kJ.kg^{-1}.K^{-1}$
Thermische Leitfähigkeit λ	7,9 $W.m^{-1}.K^{-1}$
Thermischer Längen-Koeff. α	$13{,}5.10^{-6}$ K^{-1}
Spez. elektrischer Widerstand ρ	$116{,}3.10^{-8}$ $\Omega.m$
Schallgeschwindigkeit c (20 °C)	1790 $m.s^{-1}$
Elektrochem. Äquivalent $Ä$ Bi^{3+}	$0{,}722.10^{-6}$ $kg.A^{-1}.s^{-1}$
Normalpotential E^0 Bi / Bi^{3+}	0,315 V

Bismut gehört zu den relativ seltenen Element auf der Erde. Es kommt sowohl in Pb-, Cu-, Ag- und Au-Erzen als auch in verschiedenen Mineralien vor, wie: Wismutocker Bi_2O_3, Wismutglanz Bi_2S_3 u.a. Technisch erhält man Bismut als Nebenprodukt bei der Aufarbeitung von Pb-, Cu- und Sn-Erzen oder durch Reduktion von Bi_2O_3 oder Bi_2S_3 mit Kohle bzw. Eisen.

Es tritt in mehreren polymorphen Formen auf. α–Bismut ist ein rötlichweißes, glänzendes, relativ weiches, sprödes, stark diamagnetisches Schwermetall. Es dehnt sich beim Erstarren aus. Bei hohem Druck > 8 GPa besteht < 8,6 K Supraleitfähigkeit.

Bismut gehört zur Gruppe der ›Pentele‹, 15. Gruppe, 6. Periode. Es ist ein schwach elektropositives, edles Halbmetall wobei der metallische Charakter überwiegt. Gegen Wasser und Luft ist es beständig, bei Rotglut brennt es in Sauerstoff. Es bildet in Verbindungen mehrere Oxidationsstufen Bi^{-III}, Bi^{I}, Bi^{III}, Bi^{V}, z:B.: BiH_3, $BiCl_3$, Bi_2O_3, Bi_2O_5 u.a. Kovalente Bindungen: Bi-Bi, Bi–H, Bi–O, Bi–Cl, Bi–F u.a. Flammenfärbung: indigo.

Bismut ist ein anisotopes Element, es kommt in der Natur nur in Form des Isotops Bi 209 vor. Weitere 47 künstliche, radioaktive Isotope Bi 184 bis Bi 218 sowie 22 Kernisomere sind bekannt. Einige Isotope sind Glieder der natürlichen Zerfallsreihen, wie z.B.: Bi 210 , Bi 214; *Uran-Radium-Zerfallsreihe*
Bi 211, Bi 215; *Uran-Actinium-Zerfallsreihe*
Bi 212; *Thorium-Zerfallsreihe*

Das Halbmetall wird hauptsächlich zur Herstellung leicht schmelzbarer Legierungen mit Pb und Sn für Schmelzsicherungen, automatischen Löschanlagen, für Katalysatoren, Pharmazeutika, Pigmente, sowie als Kühlmittel in Kernreaktoren verwendet. Es ist ein wichtiges Targetmaterial zur Herstellung von Transactinoiden.

Bismut hat keine Bedeutung für den menschlichen Organismus. Das Halbmetall gilt als nicht toxisch.

Blei (englisch Lead) Pb

***Protonenzahl* Z = 82**
Relative Atommasse (^{12}C=12,000) **A_r = 207,2**

Blei ist eines der sieben Metalle des Altertums. Bereits 7000-5000 v. Chr. wurde das Metall in Ägypten zum Glasieren von Gegenständen und ab 3000 v. Chr. zur Herstellung von Haushaltsgegenständen, Standbildern von Göttern u.a. verwendet. Das Symbol **Pb** wurde von lateinisch *Plumbum* abgeleitet.

Atomare Eigenschaften:

Metallatomradius	175 pm
Kovalenzradius	154 pm
Ionenradien	Pb^{2+} 120 pm; Pb^{4+} 84 pm
Elektronegativität	A: 1,55; P: 2,33, a: 3,9 eV
Elektronenaffinität $Pb \rightarrow Pb^-$	0,363eV
Ionisierungsenergie	7,4155 eV, 15,032 eV
Elektronenkonfiguration	[Xe] $4f^{14}5d^{10}6s^26p^2$

Physikalische Eigenschaften: **Metall**

Dichte ρ (bei 20 ^{0}C)	11350 $kg.m^{-3}$
Härte (Mohs)	1,2
Schmelztemperatur ϑ_S	327,5 ^{0}C; 600,6 K
Siedetemperatur ϑ_V	1744 ^{0}C ; 2017 K
Spezifische Schmelzwärme q	23,4 $kJ.kg^{-1}$
Spezifische Wärmekapazität c	0,129 $kJ.kg^{-1}.K^{-1}$
Thermische Leitfähigkeit λ	35,4 $W.m^{-1}.K^{-1}$
Thermischer Längen-Koeff. α	29.10^{-6} K^{-1}
Spez. elektrischer Widerstand ρ	$20{,}66.10^{-8}$ $\Omega.m$
Schallgeschwindigkeit c (20 ^{0}C)	1200 $m.s^{-1}$
Elektrochem. Äquivalent $Ä$ Pb^{2+}	$1{,}075.10^{-6}$ $kg.A^{-1}.s^{-1}$
Normalpotential E^0 Pb/Pb^{2+}	– 0,13 V

Blei gehört zu den weniger häufigen Elementen. Gediegen kommt Blei selten vor, ist aber in Form von Verbindungen, wie Bleiglanz, Galenit, PbS weit verbreitet. Großtechnisch erhält man das Metall aus Galenit durch Röstverfahren. Dazu wird Galenit im Luftstrom bei ca. 1000^0 C geröstet und das PbO anschließend mit Koks oder CO reduziert, wie z.B.:

$$2PbS + 3O_2 \rightarrow 2PbO + 2\,SO_2\uparrow\ ;\ PbO + C \rightarrow Pb + CO\uparrow$$

Es ist ein blaugraues, an Schnittstellen bläulich-silbern glänzendes, gut walz- und dehnbares, sehr weiches, diamagnetisches Schwermetall das sich mit dem Messer schneiden lässt. An feuchter Luft läuft es an. Unter 7,23 K besteht Supraleitfähigkeit. Blei gehört zur Gruppe der ›Tetrele‹, 14 Gruppe und 6. Periode. Es ist schwach elektropositiv und relativ unedel. An der Luft, in hartem Wasser und in Schwefelsäure ist es sehr beständig. In Verbindungen bildet es meistens die Oxidationsstufen Pb^{II} und Pb^{IV}, wie z.B.: PbO, $PbCl_2$, $Pb(OH)_2$, PbO_2, $PbCl_4$ u.a. Salze wie $PbCO_3$, $Pb(NO_3)_2$ und Komplexe. Kovalente Bindungen sind: Pb–Pb, Pb–H, Pb–O, Pb–C, Pb–Cl, Pb–F u.a.
Flammenfärbung: fahlblau.

Natürliches Blei besteht aus 4 stabilen Isotopen Pb 204, Pb 206, Pb 207, Pb 208 (52,4 %), weitere 30 radioaktive Isotope Pb 180 bis Pb 214 sowie 12 Kernisomere sind bekannt. Einige Isotope sind Glieder der radioaktiven Zerfallsreihen, wie z.B.:
Pb 206, Pb 210, Pb 214; *U–Ra–Zerfallsreihe;* Pb 207, Pb 211; *U–Ac–Zerfallsreihe;* Pb 208, Pb 212; *Th–Zerfallsreihe.*

Das Metall wird für Kabelummantelungen, Akkumulatoren, zur Herstellung von Legierungen, Dichtungen, Rohrleitungen, Pigmenten, beim Strahlenschutz zur Abschirmung von Röntgen- und Gammastrahlen u.v.a. verwendet. Es ist ein wichtiges Targetmaterial zur Herstellung von Transactinoiden.

Blei hat keine biologische Bedeutung für den menschlichen Organismus, wirkt aber kanzerogen und teratogen. Das Metall und seine Verbindungen sind giftig.

Bohrium (englisch **Bohrium**) **Bh**

***Protonenzahl Z* = 107**

***Nukleonenzahlen der Isotope A* = 261 – 272**

Bohrium wurde 1981 von den deutschen Wissenschaftlern *G. Münzenberg, S. Hofmann, F.P. Heßberger, P. Armbruster* u.a. bei der ›Gesellschaft für Schwerionenforschung‹, GSI, in Darmstadt, Deutschland, am SHIP durch Beschuss von Bismut Bi 209 mit beschleunigten Chromionen $^{54}_{24}Cr^{13+}$ gemäß:

$$^{54}_{24}Cr + {}^{209}_{83}Bi \rightarrow [^{263}Bh] \rightarrow {}^{262}_{107}\mathbf{Bh} + {}^{1}_{0}n$$

erstmals hergestellt und nachgewiesen. **Metall**

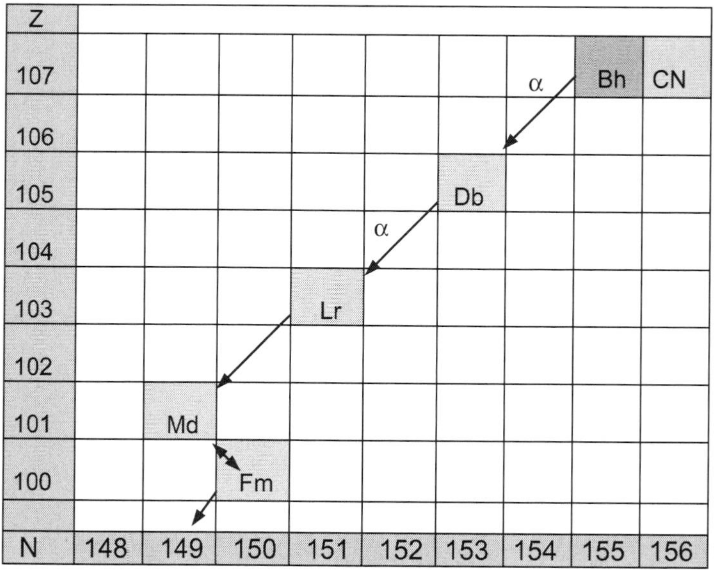

α – Zerfallskette des Elements Bohrium

Das Element entstand durch ›kalte‹ Fusion eines Bismutkerns mit einem Chromkern unter Abgabe eines Neutrons. Der Nachweis wurde anhand der α–Zerfallskette, die am 24. Februar 1981 am SHIP registriert wurde, erbracht.
Es wurde nach dem dänischen Physiker *Niels Bohr* benannt.

Bohrium ist nur wenig bekannt. Es gehört zur Reihe der ›Transactinoide‹ und befindet sich im PSE in der 7. Gruppe und 7. Periode. Es ist ein Übergangsmetall und ähnelt in seinem Verhalten vermutlich seinen Homologen Mangan, Technetium und Rhenium. In seinen verbindungen bildet Bohrium mehrere Oxidationsstufen von denen die Stufen Bh^{II}, Bh^{III}, Bh^{VII} die wichtigsten sein könnten, wie z.B.: BhO, BhF_2, $BhCl_2$, Bh_2O_3, BhF_3, Bh_2O_7 u.a.
Wahrscheinliche Elektronenkonfiguration im Grundzustand:

$$[Rn]\ 5f^{14}\ 6d^5\ 7s^2$$

Bekannte Isotope: Bh 261 (α,sf; 11,5 ms); Bh 262 (α,sf; 102 ms) Bh 262 (α,sf; 8 ms); Bh 264 (α; 0,44 s); Bh 265 (α; 0,94 s); Bh 266 (α; 1,7 s); Bh 267 (α; 17 s); Bh 271 (α; ub); Bh 272 (α; 9,8 s).
Alle Bh-Isotope zerfallen durch α-Emission in Dubnium-Isotope, gemäß:

$$^{A}_{107}\mathrm{Bh} \rightarrow \alpha + {}^{A-4}_{105}\mathrm{Db} \rightarrow$$

Das Element hat nur wissenschaftliche Bedeutung, es wird ausschließlich zu Forschungszwecken verwendet.

Bohrium hat keine biologische Bedeutung für den menschlichen Organismus, könnte aber in relevanten Stoffmengen aufgrund seiner Radioaktivität toxisch und kanzerogen wirken.

Bor (englisch **Boron**) **B**

Protonenzahl Z = **5**

Relative Atommasse (^{12}C=12,000) A_r = **10,811**

Bor wurde 1808 von dem französischen Chemikern *Joseph-Louis Gay-Lussac* und *Louis Jacques Thénard* in Paris, Frankreich, durch Reduktion von B_2O_3 mit Kalium, sowie zeitgleich von *Sir Humphry Davy* in London, GB, durch Elektrolyse der Borsäure dargestellt. Der Name stammt von **bor**(ax+carb)**on**.

Atomare Eigenschaften:

Metallatomradius	83 pm
Kovalenzradius	88 pm
Van-der-Waals-Radius	208 pm
Ionenradien	B^{3+} 23 pm
Elektronegativität	A: 2,01; P: 2,04; a: 4,3 eV
Elektronenaffinität $B \rightarrow B^-$	0,276 eV
Ionisierungsenergie	8,2976 eV; 25,154 eV
Elektronenkonfiguration	[He] $2s^2 2p^1$

Physikalische Eigenschaften: **Halbmetall**

Dichte ρ (β-rhomb bei 20 °C)	2350 $kg.m^{-3}$
Härte (Mohs: β-rhomb)	ca. 10
Schmelztemperatur ϑ_s	2180 °C; 2453 K
Siedetemperatur ϑ_v	3650 °C; 3923 K
Spezifische Schmelzwärme q	2056 $kJ.kg^{-1}$
Spezifische Wärmekapazität c	1,26 $kJ.kg^{-1}.K^{-1}$
Thermische Leitfähigkeit λ	27 $W.m^{-1}.K^{-1}$
Thermischer Längen-Koeff. α	5.10^{-6} K^{-1}
Spez. elektrischer Widerstand ρ	1,8 . 10^{-8} $\Omega.m$
Schallgeschwindigkeit c (20 °C)	1620 $m.s^{-1}$
Normalpotential E^0 B / $B(OH)_3$	– 0,890 V

Bor gehört zu den weniger häufigen Elementen auf der Erde, es kommt aber nur in Form von Verbindungen wie Borate, Borsäure H_3BO_3, und komplexer Verbindungen vor. Technisch erhält man Bor durch Reduktion des Oxids B_2O_3 mit Magnesium, gemäß.: $B_2O_3 + 3Mg \rightarrow 2B + 3MgO$
oder durch Schmelzflusselektrolyse eines Gemisches von KBF_4, B_2O_3, KCl und KF.

Es ist ein hitzebeständiges, diamagnetisches, nach Diamant das härteste aller Elemente. Es tritt in mehreren Modifikationen auf wie: ›Amorphes‹ *Bor*; eine schwarz-braune glasige, Masse, ›β– romboedrisches‹ Bor; schwarzgrau, die stabilste Form, u.a.
Bor gehört zur Gruppe der ›Triele‹, 13. Gruppe, 2. Periode. Es ist ein relativ unedles Halbmetall und starkes Reduktionsmittel. Bis 400 ^{0}C ist es chemisch träge und reagiert nicht mit Wasser, Sauerstoff, Säuren und Basen. In Verbindungen bildet es allgemein die Oxidationsstufe B^{III}, wie z.B.: B_2O_3, BCl_3, B_2S_3, H_3BO_3= $B(OH)_3$ u.a. Weitere Verbindungen wie Borane, Carborane, Boranate, Halogenide, Borsäuren, Borate, Metallboride u.a. sind bekannt. Bor bildet kovalente Bindungen: B–B, B=B, B≡B, B–H, B–O, B–N, B–C, B=C, B≡C, B–Cl u.a.
Flammenfärbung: kräftig grün – blaugrün.

Das Halbmetall kommt in der Natur in Form zweier stabiler Isotope B 10 und B 11 (11 %) vor, weitere 11 künstliche, radioaktive Isotope B 7 bis B 19 sind bekannt.

Borkristalle dienen zur Herstellung elektronischer Bauteile, amorphes Bor als Additiv in festen Raketentreibstoffen und zur Herstellung von Spezialstählen. Das Isotop B 10 dient wegen seines großen Wirkungsquerschnitts für thermische Neutronen als Neutronenabsorber in Regelstäben in Kernreaktoren. Die Reaktion ${}^{10}_{5}B(n, \alpha){}^{7}_{3}Li$ liefert niederenergetische α–Teilchen, die als Nachweis für Neutronen dienen.

Bor hat keine biologische Bedeutung für den menschlichen Organismus, es ist aber für Pflanzen essentiell.

Brom (englisch **Bromine**) **Br**

***Protonenzahl Z* = 35**

Relative Atommasse (^{12}C=12,000) ***A_r* = 79,904**

Brom wurde 1826 von dem französischen Chemiker *Antoine J. Balard* in Montpellier, Frankreich, in der Asche von Meeresalgen entdeckt und als Element nachgewiesen. Auch C. *J. Löwig* hatte in Heidelberg Brom isoliert, jedoch nicht als Element erkannt. Von griechisch *bromos* = Gestank.

Atomare Eigenschaften:

Atomradius	114,5 pm
Kovalenzradius	114,2 pm
Van-der-Waals-Radius	195 pm
Ionenradien	196^- pm
Elektronegativität	A: 2,7; P: 2,96; a: 7,6 eV
Elektronenaffinität $Br \rightarrow Br^-$	3,4 eV
Ionisierungsenergie	11,814 eV; 21,801 eV
Elektronenkonfiguration	[Ar] $3d^{10}\,4s^2\,4p^5$

Physikalische Eigenschaften: **Nichtmetall**

Dichte ρ (flüssig)	3123 $kg.m^{-3}$
Schmelztemperatur ϑ_S	– 7,5 ^{0}C ; 266 K
Siedetemperatur ϑ_V	– 58,8 ^{0}C; 332 K
Temperatur am Tripelpunkt T_t	
Kritische Temperatur T_c	311 ^{0}C ; 584 K
Kritischer Druck p_c	
Spezifische Wärmekapazität c	0,438 $kJ.kg^{-1}.K^{-1}$
Thermische Leitfähigkeit λ	0,122 $W.m^{-1}.K^{-1}$
Schallgeschwindigkeit c (20 ^{0}C)	ca. 206 $m.s^{-1}$
Löslichkeit in Wasser (bei 25 ^{0}C)	35 g / Liter
Normalpotential E^0 Br^- / Br_2	1,065 V

Brom gehört zu den selteneren Elementen auf der Erde. Es tritt nie elementar auf, in gebundener Form ist es aber in vielen Mineralien enthalten wie z.B.: Bromargyrit AgBr, Bromcarnallit KBr. $MgBr_2$. $6H_2O$ u.a. Großtechnisch wird Brom ausschließlich durch Reduktion der Bromide mit Chlor dargestellt wie z.B.:

$$2KBr + Cl_2 \rightarrow Br_2 + 2KCl$$

Es ist eine dunkelrote, fast braune, schwere, diamagnetsiche Flüssigkeit, die bei Zimmertemperatur unter Bildung rotbrauner, erstickend riechender Dämpfe, rasch verdunstet. Es löst sich nur wenig in Wasser und bildet ›Bromwasser‹, eine 3,5%-ige Lösung.

Brom gehört zur Gruppe der ›Halogene‹, 17. Gruppe, 4. Periode. Es ist ein typischen Nichtmetall mit 7 Außenelektronen und ist bestrebt durch Aufnahme eines 4p-Elektrons eine Edelgaskonfiguration $4s^2 4p^6$ [Kr] zu bilden. Es bildet mehrere Oxidationsstufen von Br^{-I} bis Br^{VII} und verbindet sich heftig mit fast allen Elementen wie z.B.: Br_2O, Br_2O_5 usw. HBr, HBrO bis $HBrO_4$, KBr, $KBrO_4$ u.a. Kovalente Bindungen des Broms sind: Br–Br, Br–H, Br–O, Br–P, Br–B, Br–Si, Br–Cl, Br–F u.a.

Natürliches Brom besteht aus zwei stabilen Isotopen Br 79 und Br 81, weitere 27 künstliche, radioaktive Isotope Br 68 bis Br 97 und neun Kernisomere sind bekannt. Die meisten Br-Isotope entstehen bei der Bestrahlung von Selen- oder Brom-Targets mit energiereichen Teilchen oder durch Spaltung von U 235, Pu 239 u.a. Br 77 (EC, β^+; 57 h) und Br 82 (β^-; 35,3 h) dienen als radioaktive Indikatoren (Tracer) in der Biologie und in der Industrie.

Brom ist Ausgangsmaterial für zahlreiche anorganische und organische Verbindungen wie z.B.: Silberbromid AgBr für Filme, Photopapier usw. Bromverbindungen dienen in der Medizin als Beruhigungsmittel, sogenannte ›Sedativa‹ oder ›Tranquilizer‹ sowie in der Industrie für Farbstoffe, Pflanzenschutzmittel, Bleich-Mittel, Flammschutzmittel, u.a.

Die biologische Bedeutung von Brom ist nicht bekannt. Bromdämpfe Br_2 sind stark ätzend, reizend und sehr giftig.

Cadmium (englisch **Cadmium**) **Cd**

Protonenzahl ***Z*** = **48**
Relative Atommasse (^{12}C=12,000) A_r = **112,411**

Cadmium wurde im Jahre 1817 von dem deutschen Apotheker *Carl S. Hermann* in Schönebeck, Deutschland, und zeitgleich von dem deutschen Chemiker *F. Strohmeyer* in Göttingen, Deutschland, im Zinkoxid bzw. im Zinkcarbonat entdeckt und isoliert. Von griechisch *cadmia* für Galmei.

Atomare Eigenschaften:

Metallatomradius	149 pm
Kovalenzradius	141 pm
Ionenradien	Cd^{2+} 97 pm
Elektronegativität	A: 1,46; P: 1,69; a: 4,3 eV
Elektronenaffinität $Cd \rightarrow Cd^-$	0,26 eV
Ionisierungsenergie	8,9919 eV; 16.904 eV
Elektronenkonfiguration	[Kr] $4d^{10}$ $5s^2$

Physikalische Eigenschaften: **Metall**

Dichte ρ (bei 20 ^{0}C)	8650 $kg.m^{-3}$
Härte (Mohs)	2
Schmelztemperatur ϑ_S	321 ^{0}C; 594 K
Siedetemperatur ϑ_V	765 ^{0}C; 1038 K
Spezifische Schmelzwärme q	57 $kJ.kg^{-1}$
Spezifische Wärmekapazität c	0,232 $kJ.kg^{-1}.K^{-1}$
Thermische Leitfähigkeit λ	97 $W.m^{-1}.K^{-1}$
Thermischer Längen-Koeff. α	31.10^{-6} K^{-1}
Spez. elektrischer Widerstand ρ	$7,5.10^{-8}$ $\Omega.m$
Schallgeschwindigkeit c (20 ^{0}C)	2310 $m.s^{-1}$
Elektrochem. Äquivalent $Ä$ Cd^{2+}	$0,582.10^{-6}$ $kg.A^{-1}.s^{-1}$
Normalpotential E^0 Cd / Cd^{2+}	– 0,40 V

Cadmium gehört zu den selteneren Elementen auf der Erde. Es kommt nie gediegen sondern nur in Verbindungen vor, meist zusammen mit Zink. Cadmium Minerale sind: Cadmiumsulfid CdS, Otavit $CdCO_3$, Monteponit CdO u.a. Großtechnisch erhält man Cadmium als Nebenprodukt der Zink-, Blei- oder Kupfer-Verhüttung. Durch Elektrolyse einer $CdSO_4$ Lösung und Zonenschmelzverfahren erhält man einen Reinheitsgrad von 99,999 %.

Es ist ein silberweißes, glänzendes, relativ weiches, gut verformbares Schwermetall, das sich leicht zu Drähten ziehen und mit dem Messer schneiden lässt. Das diamagnetische Metall zeigt unterhalb 0,52 K Supraleitfähigkeit.

Cadmium befindet sich im PSE in der 12. Gruppe, 5. Periode. An der Luft ist es beständig, läuft aber langsam gelblichgrau an. Bei starkem Erhitzen verbrennt zu CdO. Es ist ein unedles, elektropositives Übergangsmetall das in Säuren löslich ist jedoch nicht in Basen. In Verbindungen bildet es fast nur die Oxidationsstufe Cd^{II} wie z.B.: CdO, CdS, $Cd(OH)_2$, $CdCl_2$, CdF_2, u.a. Salze und Komplexe. Flammenfärbung: rot.m

Natürliches Cadmium ist ein Gemisch aus sechs stabilen Isotopen zwischen Cd 106 und Cd 116. Weitere 34 künstliche, radioaktive Isotope Cd 97 bis Cd 132 und acht Kernisomere sind bekannt. Einige Isotope sind Spaltprodukte, andere entstehen in den Reaktionen ${}^{108}_{48}Cd(n, \gamma){}^{109}_{48}Cd$. Cd 113 hat den großen Wirkungsquerschnitt von $\sigma = 20.600 \cdot 10^{-28}\ m^2$.

Das Metall wird hauptsächlich als Rostschutz für Stahl, für Akkumulatoren, Legierungen mit Cu, Ni und Ag, als Lagermetall, mit Sn, Pb, Bi für Lote und niedrig schmelzende Legierungen wie z.B.: ›Woodsches‹ Metall, verwendet. Das Isotop Cd 113 dient zur Herstellung von Regelstäben für Kernreaktoren.

Die biologische Bedeutung ist nicht bekannt, Cadmium und seine Verbindungen sind toxisch, kanzerogen, teratogen und mutagen.

Caesium (englisch **Caesium**) Cs

***Protonenzahl Z* = 55**

Relative Atommasse (^{12}C=12,000) ***A_r* = 132,90543**

Caesium wurde 1860 von dem deutschen Chemiker *Robert W. Bunsen* und dem deutschen Physiker *Gustav R. Kirchhoff* in Heidelberg, Deutschland, bei der spektralanalytischen Analyse von Bad Dürkheimer Mineralwasser aufgrund seiner blauen Spektrallinie entdeckt und isoliert. Von lateinisch: *caesius* = blaugrau

Atomare Eigenschaften:

Metallatomradius	265 pm
Kovalenzradius	253 pm
Van-der-Waals-Radius	262 pm
Ionenradien	167^{+} pm
Elektronegativität	A: 0,86; P: 0,79; a: 2,2 eV
Elektronenaffinität Cs → Cs^{-}	0,47 eV
Ionisierungsenergie	3,8935 eV; 25,08 eV
Elektronenkonfiguration	[Xe] $6s^1$

Physikalische Eigenschaften: **Metall**

Dichte ρ (bei 20 ^{0}C)	1878 kg.m^{-3}
Härte (Mohs)	0,2
Schmelztemperatur ϑ_S	28,4 ^{0}C; 301,4 K
Siedetemperatur ϑ_V	679 ^{0}C; 952 K
Spezifische Schmelzwärme *q*	15,7 kJ.kg^{-1}
Spezifische Wärmekapazität *c*	0,24 kJ.kg^{-1}.K^{-1}
Thermische Leitfähigkeit λ	36 W.m^{-1}.K^{-1}
Thermischer Längen-Koeff. α	97.10^{-6} K^{-1}
Spez. elektrischer Widerstand ρ	20.10^{-8} Ω.m
Schallgeschwindigkeit *c* (20 ^{0}C)	
Elektrochem. Äquivalent *Ä* Cs^+	1,378 .10^{-6} kg. A^{-1}. s^{-1}
Normalpotential E^0 Cs / Cs^+	– 2,92 V

Caesium gehört zu den weniger häufigen Elementen auf der Erde. Es kommt nur in Verbindungen in verschiedenen Mineralien, wie z.B.: Pollucit sowie in geringen Mengen in vielen Solwässern, wie z.B.: im Bad Dürkheimer Mineralwasser u.a. vor. Das Metall wird hauptsächlich durch Reduktion des CsOH oder Cs_2CO_3 mit Mg, Ca oder Al sowie durch Umsetzung des Dichromats mit Zr, dargestellt:

$$Cs_2Cr_2O_7 + 2Zr \rightarrow 2Cs + 2ZrO_2 + Cr_2O_3$$

Es ist ein gold-gelblich glänzendes, sehr weiches, paramagnetisches Leichtmetall,. Es hat nach Quecksilber die niedrigste Schmelztemperatur und schmilzt schon in der Hand.

Caesium gehört zur Gruppe der ›Alkalimetalle‹ 1. Gruppe, 6. Periode. In seinen Verbindungen bildet es ausschließlich die Oxidationsstufe Cs^{I} die durch Abgabe des 6s-Elektrons erreicht wird $5s^2 5p^6$ [Xe]. Es ist ein sehr unedles, stark elektropositives und sehr reaktionsfähiges Metall. Es entzündet sich spontan an der Luft, reagiert explosiv mit Wasser und verbindet sich direkt mit Sauerstoff, Wasserstoff, den Halogenen z.B.: Cs_2O, CsOH, CsH, CsF, CsCl, Cs_2CO_3 u.a. Flammenfärbung: violett

Caesium ist ein anisotopes Element es kommt in der Natur nur mit einem stabilen Isotop Cs 133 vor. Weitere 40 künstliche radioaktive Isotope Cs 112 bis Cs 152 sowie 14 Kernisomere sind bekannt. Die meisten Isotope haben kurze Halbwertszeiten. Die Isotope Cs 133, Cs 135 und Cs 142 entstehen bei der Kernspaltung von U 235 und Pu239. Cs 137 fällt in Kernreaktoren an.

Das Metall hat vielfache technische Anwendungen, es dient zur Herstellung von Photozellen, Atomuhren, Caesiumdampflampen, Spezialgläsern, als Treibstoff für Ionenstrahltriebwerke u.a. Das Isotop Cs 137 (β^-, γ; 30,17 a)dient in der Nuklearmedizin zur Krebsbehandlung.

Caesium hat keine biologische Bedeutung für den Menschen, es gilt als leicht toxisch kann aber auf der Haut schwere Verletzungen verursachen. Cs-Isotope sind radioaktiv.

Calcium (englisch **Calcium**) **Ca**

***Protonenzahl Z* = 20**
Relative Atommasse (^{12}C=12,000) ***A_r* = 40,078**

Calcium wurde im Jahre 1808 von dem englischen Chemiker *Sir Humphry Davy* in London, GB, entdeckt und in verunreinigter Form durch Elektrolyse von Calciumhydroxid dargestellt. Fast gleichzeitg isolierten auch *Jöns Jakob Berzelius* und *Martin M. Pontin* das Metall. Von lateinisch *calx* = Kalkstein.

Atomare Eigenschaften:

Metallatomradius	197 pm
Kovalenzradius	174 pm
Ionenradien	106^{2+} pm
Elektronegativität	A: 1,04; P: 1,0; a: 2,20 eV
Elektronenaffinität Ca → Ca^-	1,927 eV
Ionisierungsenergie	6,1131 eV; 11,871 eV
Elektronenkonfiguration	[Ar] $4s^2$

Physikalische Eigenschaften: **Metall**

Dichte ρ (bei 20 ^{0}C)	1550 kg.m^{-3}
Härte (Mohs)	1,5
Schmelztemperatur ϑ_S	845 ^{0}C; 1118 K
Siedetemperatur ϑ_V	1484 ^{0}C; 1757 K
Spezifische Schmelzwärme *q*	216 kJ.kg^{-1}
Spezifische Wärmekapazität *c*	0,647 kJ.kg^{-1}.K^{-1}
Thermische Leitfähigkeit λ	201 W.m^{-1}.K^{-1}
Thermischer Längen-Koeff. α	22,3.10^{-6} K^{-1}
Spez. elektrischer Widerstand ρ	3,42.10^{-8} Ω.m
Schallgeschwindigkeit *c* (20 ^{0}C)	3814 m.s^{-1}
Elektrochem. Äquivalent *Ä* Ca^{2+}	0,208.10^{-6} kg.A^{-1}.s^{-1}
Normalpotential E^0 Ca / Ca^{2+}	– 2,87 V

Calcium gehört zu den fünf häufigsten Elementen und ist das dritthäufigste Metall auf der Erde. Es kommt aber nur in Form von Verbindungen in verschiedenen Mineralien, z.B.: Kalkspat $CaCO_3$, Gips $CaSO_4.2H_2O$, , Dolomit $(Mg,Ca)[CO_3]_2$ das ganze Bergmassive bildet, Flußspat CaF_2 u.a. vor,. Daneben ist es in vielen Pflanzen, Korallen, in Knochen, Zähnen u.a. enthalten. Großtechnisch erhält man Calcium durch Reduktion von CaO mit Al-Pulver bei 1200 °C im Vakuum.

$$4CaO + 2Al \rightarrow Ca[Al_2O_4] + 3Ca\uparrow$$

Es ist ein silberweißes, im reinen Zustand hellgoldgelbes, glänzendes, sehr weiches, gut dehnbares, paramagnetisches Leichtmetall, das durch Bildung einer Oxidschicht rasch matt blaugrau anläuft. Es tritt in drei allotropen Modifikationen auf α–Ca oberhalb 300 °C β–Ca und ab 450 °C γ–Ca.

Calcium gehört zur Gruppe der ›Erdalkalimetalle‹, 2. Gruppe, 4. Periode. Es ist ein sehr unedles, elektropositives, reaktionsfähiges Metall und gutes Reduktionsmittel. Es brennt in Sauerstoff bei höheren Temperaturen und reagiert mit heißen Wasser. In Verbindungen bildet es allg. die Oxidationsstufe Ca^{II}, z.B.: CaO, $Ca(OH)_2$, $CaCl_2$, $CaCO_3$ u.a. Flammenfärbung: ziegelrot.

Natürliches Calcium ist ein Gemisch aus sechs stabilen Isotopen Ca 40 (96,9 %), Ca 42, Ca 43, Ca 44, Ca 46, Ca 48. Daneben sind weitere 13 künstliche, radioaktive Isotope Ca 35 bis Ca 56 be-kannt. Die Isotope Ca 45 und Ca 47 entstehen in den Kernreaktionen ${}^{A}{}_{20}Ca(n, \gamma)\ {}^{A+1}{}_{20}Ca$. Sie dienen als radioaktive Indikatoren, in Hochöfen zur Bestimmung der Flußgeschwindigkeit, in der Biologie zur Untersuchung des Ca-Stoffwechsels u.a.

Das Metall dient zur Reduktion von Oxiden, Fluoriden u.a. zur Gewinnung von Metallen sowie zur Herstellung einiger Legierungen. CaO (ungelöschter Kalk) wird in der Metallurgie sowie in der Bau- und chemischen Industrie u.a. verwendet.

Calcium ist essentiell für alle Spezies auch für den Menschen. Es dient zum Aufbau der Knochen, Zähne u.a.

Californium (englisch Californium) Cf

Protonenzahl ***Z*** **= 98**

Relative Atommasse (^{12}C=12,000) A_r **= 251,07958**

Californium wurde im Jahre 1950 von den amerikanischen Forschern *St. G. Thompson, K. Street, G.T.Seaborg, A. Ghiorso* u.a. am LBL, in Berkeley, USA, hergestellt und nachgewiesen. Das Element entstand am 60-Zoll-Zyklotron beim Beschuß von Curium mit beschleunigten He-Kernen gemäß der Kernreaktion:

$$^{242}_{96}Cm + ^{4}_{2}He \rightarrow ^{245}_{98}Cf + ^{1}_{0}n$$

Es wurde nach dem Staat *Kalifornien*, USA, benannt.

Atomare Eigenschaften:

Metallatomradius	186 pm
Kovalenzradius	
Ionenradien	Cf^{2+} 117pm; Cf^{3+} 98 pm
Elektronegativität	(A) 1,20; (P) 1,30
Elektronenaffinität $Cf \rightarrow Cf^-$	
Ionisierungsenergie	6,3014 eV
Elektronenkonfiguration	[Rn] $5f^{10}7s^2$

Physikalische Eigenschaften: **Metall**

Dichte ρ (bei 20 ^{0}C) *	15.100 $kg.m^{-3}$
Härte (Mohs)	
Schmelztemperatur ϑ_S **	950 ^{0}C ; 1223 K
Siedetemperatur ϑ_V	
Spezifische Schmelzwärme q	
Thermischer Längen-Koeff. α	
Spez. elektrischer Widerstand ρ	
Normalpotential E^0 Cf / Cf^{3+}	- 1,910 V

* geschätzte Werte; ** extrapolierte Werte

Californium kommt in der Natur nicht vor, es wird ausschließlich künstlich, durch Beschuss von Curium mit hochbeschleunigten He-Kernen hergestellt, oder durch Neutronenbestrahlung von Pu 239 oder Cm 244 im Kernreaktor erzeugt, gemäß:

$$^{239}_{94}Pu + 13\,^{1}_{0}n \rightarrow \,^{252}_{98}\mathbf{Cf} + 4\,\beta^{-}$$

$$^{244}_{96}Cm + 5\,^{1}_{0}n \rightarrow \,^{249}_{98}\mathbf{Cf} + 2\,\beta^{-}$$

Die Abtrennung des Metalls von den übrigen Transuranen erfolgt durch Ionenaustausch.

Es ist ein silberweißes, dehn- und streckbares, stark radioaktives Schwermetall. das an der Luft rasch anläuft.

Californium gehört zur Reihe der ›Actinoide‹, 3. Gruppe, 7. Periode. Es ist ein sehr unedles Metall. Es wird von Luft, Dampf und Säuren angegriffen, jedoch nicht von Alkalien. In Verbindungen bildet es die Oxidationsstufen: Cf^{II}, Cf^{III} und Cf^{IV}. z.B.: CfO , Cf_2O_3, $CfCl_3$, CfO_2 ,CfF_4 u.a.

Bekannt sind 20 Isotope des Californium Cf 237 bis Cf 256, sie sind alle radioaktiv. Die Isotope Cf 249 bis Cf 254 sind spaltbar, die kritische Masse liegt bei ca. 5-6 kg (reflekt. ca. 2,2-3 kg)

Das Metall wird hauptsächlich zur Herstellung höherer Transurane wie z.B.: Lr, Db, u.a. verwendet, wie z.B.:

$$^{249}_{98}Cf + \,^{15}_{7}N \rightarrow \,^{260}_{105}\mathbf{Db} + 4\,^{1}_{0}n$$

Das Isotop Cf 252 ist eine starke Neutronenquelle, es wird in der Krebstherapie und zur Neutronenradiographie eingesetzt. Cf 249 und Cf 251 könnten sich für Kernwaffen eignen.

Das Element hat keine Bedeutung für den menschlichen Organismus, wirkt aber in relevanten Mengen wegen seiner Radioaktivität toxisch und kanzerogen.

Cer (englisch **Cerium**) **Ce**

***Protonenzahl* *Z* = 58**
Relative Atommasse (^{12}C=12,000) ***A_r* = 140,115**

Cer wurde 1803 von dem deutschen Chemiker *Maerin H. Klaproth* in Berlin, Deutschland, und zeitgleich von den Chemikern *Jöns J. Berzelius* und *W. Hisinger* in Schweden, in Form des Oxids entdeckt. Metallisches Cer erhielten 1875 *W. Hillebrand* und *T. Norton* USA. Benannt nach dem Planetoiden *Ceres*.

***Atomare Eigenschaften*:**

Metallatomradius	182,5 pm
Kovalenzradius	165 pm
Van-der-Waals-Radius	
Ionenradien	Ce^{3+} 107 pm; Ce^{4+} 92 pm
Elektronegativität	A: 1,06; P: 1,12; a: 3 eV
Elektronenaffinität Ce → Ce^-	0,52 eV
Ionisierungsenergie	5,4661 eV; 10,851 eV
Elektronenkonfiguration	[Xe] $4f^2$ $6s^2$

***Physikalische Eigenschaften*:** **Metall**

Dichte ρ (γ-Cer bei 20 °C)	6773 $kg.m^{-3}$
Härte (Mohs)	2,5
Schmelztemperatur ϑ_S	798 °C; 1071 K
Siedetemperatur ϑ_V	3468 °C; 3741 K
Spezifische Schmelzwärme q	39 $kJ.kg^{-1}$
Spezifische Wärmekapazität c	0,19 $kJ.\ kg^{-1}.\ K^{-1}$
Thermische Leitfähigkeit λ	11,2 $W.m^{-1}.K^{-1}$
Thermischer Längen-Koeff. α	$5{,}2.10^{-6}$ K^{-1}
Spez. elektrischer Widerstand ρ	$73{,}5.10^{-8}$ Ω.m
Schallgeschwindigkeit c (20 °C)	2100 $m.s^{-1}$
Normalpotential E^0 Ce / Ce^{3+}	– 2,48 V

Cer ist das häufigste Element der Seltenerdmetalle. Es kommt in der Natur stets vergesellschaftet mit anderen Seltenerdmetallen wie La, Th, Dy, in Form von Silikaten, Carbonaten und Phosphaten vor. Es wird hauptsächlich aus Monazitsand (Ce,La,Th) [(P, Si)O_4] durch Überführung in Halogenide und Schmelzflusselektrolyse des $CeCl_3$, oder durch Reduktion des CeF_3 mit Calcium dargestellt.

Es ist ein glänzendes, eisenfarbenes, sehr weiches, duktiles Schwermetall, das an der Luft rasch eisengrau anläuft. Es bildet vier Modifikationen: α–Cer, β–Cer, γ–Cer und δ–Cer. Bei Normaltemperatur ist Cer stark paramagnetisch, unterhalb 125 K zeigt es antiferromagnetische Eigenschaften.

Cer gehört Reihe der ›Lanthanoide‹, 3. Gruppe, 6. Periode. Es ist ein sehr unedles, stark elektropositives Übergansmetall und ein starkes Reduktionsmittel. Es entzündet sich beim Erhitzen in der Luft schon ab 65 ^{0}C, fein verteilt ist es pyrophor. Es brennt in Sauerstoff mit blendend, greller Flamme, reagiert heftig mit Wasser und löst sich in Säuren. In Verbindungen bildet es die Oxidationsstufen Ce^{III} und Ce^{IV}, wie z.B.: Ce_2O_3, $CeCl_3$, CeO_2, $Ce(OH)_3$, CeF_4 u.a. Salze und Komplexe.

Natürliches Cer ist ein Gemisch aus vier stabilen Isotopen zwischen Ce 136, Ce 140 (88,5 %) und Ce 142 (11,1 %). Daneben sind weitere 31 künstliche, radioaktive Isotope Ce 121 bis Ce 156 sowie sechs Kernisomere bekannt. Die Isotope Ce 139, Ce 141 und Ce 143 dienen als radioaktive Indikatoren, Das Gemisch aus Ce 144 + Pr 144 ist eine wichtige β^- –Strahlenquelle.

Das Metall wird hauptsächlich als Legierungszusatz, sowie zur Herstellung von Spezialgläsern, Keramiken, Feuersteinen, Katalysatoren u.a. verwendet.

Cer hat keine biologische Bedeutung für den menschlichen Organismus. Es ist leicht toxisch und wirkt stimulierend.

Chlor (englisch **Chlorine**) Cl

Protonenzahl ***Z*** **= 17**

Relative Atommasse (^{12}C=12,000) A_r **= 35,4527**

Chlor wurde im Jahre 1774 von dem schwedischen Chemiker *Carl Wilhelm Scheele* in Uppsala, Schweden, entdeckt, er hielt es aber für eine Verbindung. 1810 erkannte *Sir Humphry Davy* die Elementnatur des Gases und nannte es ›chlorine‹.
Von griechisch *chlorós* = gelbgrün.

Atomare Eigenschaften:

Atomradius	99,4 pm
Kovalenzradius	99 pm
Van-der-Waals-Radius	180 pm
Ionenradien	181^{-} pm
Elektronegativität	A: 2,8; P: 3,16; a: 8,3 eV
Elektronenaffinität Cl → Cl^{-}	3,6 eV
Ionisierungsenergie	12,967 eV; 23,81 eV
Elektronenkonfiguration	[Ne] $3s^2$ $3p^5$

Physikalische Eigenschaften: **Nichtmetall**

Dichte ρ (gasf. bei 273 K)	3,214 kg.m^{-3}
Schmelztemperatur ϑ_S	– 101 ^{0}C ; 172 K
Siedetemperatur ϑ_V	– 34,1 ^{0}C; 239,1 K
Temperatur am Tripelpunkt T_t	– 101 ^{0}C ; 172,2 K
Kritische Temperatu T_c	144 ^{0}C ; 417 K
Kritischer Druck p_c	7,71 MPa
Spezifische Wärmekapazität c	0,47 kJ.kg^{-1}.K^{-1}
Thermische Leitfähigkeit λ	0,009 W.m^{-1}.K^{-1}
Schallgeschwindigkeit c (20 ^{0}C)	ca. 206 m.s^{-1}
Löslichkeit in Wasser (bei 25 ^{0}C)	6,3 g / Liter
Normalpotential E^0 Cl^- / Cl_2	1,36 V

Chlor gehört zu den häufigeren Elementen auf der Erde. Es tritt nie elementar auf, in gebundener Form ist es in vielen Mineralien enthalten wie z.B.: Steinsalz NaCl, Sylvin KCl, Sylvinit KCl+NaCl u.a. Großtechnisch erhält man Chlor zusammen mit Wasserstoff, als Nebenprodukt der industriellen Herstellung von NaOH, bei der Chloralkali-Elektrolyse einer konzentrierten, wässrigen NaCl Lösung. Um eine Rückreaktion der Reaktionsprodukte zu verhindern werden das ›Amalgam‹ bzw. ›Quecksilberverfahren‹ oder das ›Diafragmaverfahren‹ angewandt. Heute erhält man Chlor auch durch HCl-Elektrolyse.

Es ist ein schwach gelbgrünes, stechend riechendes, diamagnetisches Gas, das in Form dimerer Moleküle Cl_2 vorliegt. Es ist 2,5 mal schwerer als Luft.

Chlor gehört zur Gruppe der ›Halogene‹, 17. Gruppe, 3. Periode. Es ist ein typischen Nichtmetall. Es hat sieben Außenelektronen und ist bestrebt durch Aufnahme eines 3p-Elektrons eine Edelgaskonfiguration $3s^2 3p^6$ [Ar] zu bilden. Es hat nach Fluor die höchste Elektronegativität, es ist äußerst reaktionsfähig und ein starkes Oxidationsmittel. In seinen Verbindungen bildet es die Oxidationsstufen Cl^{-I} bis Cl^{VII}. Es verbindet sich heftig mit fast allen Elementen und bildet neben HCl und Cl_2O, viele weitere Oxide, Säuren und Salze.: ClO_2, Cl_2O_6, $HClO_3$, $HClO_4$, NaCl, $NaClO_2$, u.a. Kovalente Bindungen sind u.a.: Cl–Cl, Cl–F, Cl–O, Cl–As, Cl=As.

Natürliches Chlor besteht aus zwei stabilen Isotopen Cl 35 (75,8 %) und Cl 37, weitere 22 künstliche, radioaktive Isotope Cl 29 bis Cl 51 sowie ein Kernisomer sind bekannt.

Das Gas dient hauptsächlich zur Herstellung zahlreicher anorganischer und organischer Verbindungen, Polymeren wie PVC, als Desinfektionsmittel von Trink- und Badewasser u.a.

Chlor ist essentiell für viele Spezies, wie auch für den Menschen. Elementares Chlorgas Cl_2 ist äußerst toxisch.

Chrom (englisch **Chromium**) Cr

***Protonenzahl* Z = 24**
Relative Atommasse (^{12}C=12,000) ***A_r* = 51,9961**

Chrom wurde im Jahre 1797 von dem französischen Chemiker *L. N. Vauquelin* in Paris, Frankreich, in Form des Oxids entdeckt und durch Reduktion mit Holzkohle in unreiner Form isoliert. 1854 erhielt *R.W. Bunsen* durch Elektrolyse einer $CrCl_3$ Lösung reines Chrom. Von griechisch *chroma* = Farbe.

Atomare Eigenschaften:

Metallatomradius	125 pm
Kovalenzradius	119 pm
Ionenradien	Cr^{2+} 84 pm; Cr^{3+} 63 pm
Elektronegativität	A: 1,56; P: 1,66; a: 3,7 eV
Elektronenaffinität $Cr \rightarrow Cr^-$	0,666 eV
Ionisierungsenergie	6,7647 eV; 16,499 eV
Elektronenkonfiguration	[Ar] $3d^5 4s^1$

Physikalische Eigenschaften: **Metall**

Dichte ρ (bei 20 ^{0}C)	7190 $kg.m^{-3}$
Härte (Mohs)	9
Schmelztemperatur ϑ_S	1890 ^{0}C; 2163 K
Siedetemperatur ϑ_V	2642 ^{0}C; 2915 K
Spezifische Schmelzwärme q	294 $kJ.kg^{-1}$
Spezifische Wärmekapazität c	0,45 $kJ.kg^{-1}.K^{-1}$
Thermische Leitfähigkeit λ	93,7 $W.m^{-1}.K^{-1}$
Thermischer Längen-Koeff. α	6,2 .10^{-6} K^{-1}
Spez. elektrischer Widerstand ρ	12,75.10^{-8} Ω.m
Schallgeschwindigkeit c (20 ^{0}C)	5942 $m.s^{-1}$
Elektrochem. Äquivalent $Ä$ Cr^{3+}	0,1796.10^{-6} $kg. A^{-1}.s^{-1}$
Normalpotential E^0 Cr / Cr^{3+}	– 0,744 V

Chrom gehört zu den häufigeren Elementen auf der Erde, kommt aber hauptsächlich in Form von Verbindungen vor, wie z.B.: Chromit $(Fe,Mg)Cr_2O_4$, oder Krokoit $PbO.CrO_3$. Technisch wird Chrom fast ausschließlich aus Chromit der bis zu 55 % Cr enthält gewonnen. Nach Überführung in das Oxid erhält man das Metall durch Reduktion mit Aluminium. Reineres Chrom kann man durch Elektrolyse von Cr(III)- oder Cr(IV)-Salzlösungen erhalten.

Es ist ein bläulich-weißes, glänzendes, sehr hartes, duktiles, stark paramagnetisches Schwermetall. Verunreinigt mit H_2 oder O_2 ist es das härteste aller Gebrauchsmetalle und sehr spröde. Oberhalb 200 ^{0}C zeigt es antiferromagnetische Eigenschaften.

Chrom befindet sich im PSE in der 6. Gruppe, 4. Periode. Es ist ein relativ unedles, schwach elektropositives Übergangsmetall das in einigen Säuren löslich ist. Bei höheren Temperaturen reagiert es mit den meisten Nichtmetallen. In Verbindungen bildet es fast alle Oxidationsstufen von Cr^{-II} bis Cr^{VI}. wie z. B.: CrO, $CrCl_2$, CrF_3, $Cr(OH)_3$, CrO_2, CrF_5, CrO_3, u.a. Salze und Komplexe.

Natürliches Chrom besteht aus vier stabilen Isotopen von Cr 50, Cr 52 (83,8%), Cr 53, Cr 54. Weitere 22 künstliche, radioaktive Isotope Cr 42 bis Cr 67 sind bekannt.

Es ist ein wichtiges Legierungsmetall für Spezialstähle, daneben dient es zur Verchromung von Metallgegenständen zur Verhinderung der Korrosion, zur Herstellung von Farbpigmenten wie Chromoxide *grün*, Chromate gelb, orange, rot u.a. Cr 51 dient als radioaktiver Indikator in der Korrosionsforschung.

Chrom ist ein essentielles Spurenelement für viele Spezies, es wirkt stimulierend und kanzerogen. Chrom ist für den Menschen nicht schädlich, Chrom(IV)-Verbindungen hingegen sind äußerst toxisch.

Cobalt (englisch **Cobalt**) **Co**

Protonenzahl Z **= 27**

Relative Atommasse (^{12}C=12,000) ***A_r*** **= 58,9332**

Cobalt wurde im Jahre 1735 von dem schwedischen Chemiker *Georg Brandt* in Stockholm, Schweden, entdeckt. 1780 gelang dem schwedischen Chemiker *Olof T. Bergmann* Cobalt in unreiner Form zu isolieren und Anfang des 19. Jh. erhielt *Jöns Jacob Berzelius* reines Cobalt. Von *Kobold* = Berggeist.

Atomare Eigenschaften:

Metallatomradius	125 pm
Kovalenzradius	116 pm
Ionenradien	Co^{2+} 75 pm; Co^{3+} 64 pm
Elektronegativität	A: 1,7; P: 1,88; a: 4,3 eV
Elektronenaffinität Co →Co^{-}	0,661 eV
Ionisierungsenergie	7,8765 eV; 17,059 eV
Elektronenkonfiguration	[Ar] $3d^7\,4s^2$

Physikalische Eigenschaften: **Metall**

Dichte ρ (bei 20 ^{0}C)	8900 $kg.m^{-3}$
Härte (Mohs)	5,5
Schmelztemperatur ϑ_s	1495 ^{0}C; 1768 K
Siedetemperatur ϑ_v	2932 ^{0}C; 3205 K
Spezifische Schmelzwärme q	277 $kJ.kg^{-1}$
Spezifische Wärmekapazität c	0,42 $kJ.\,kg^{-1}.K^{-1}$
Thermische Leitfähigkeit λ	100 $W.m^{-1}.K^{-1}$
Thermischer Längen-Koeff. α	13,2 $.10^{-6}\,K^{-1}$
Spez. elektrischer Widerstand ρ	6,24.10^{-8} Ω.m
Schallgeschwindigkeit c (20 ^{0}C)	4720 $m.s^{-1}$
Elektrochem. Äquivalent $Ä$ Cr^{3+}	0,305.10^{-6} $kg.\,A^{-1}.s^{-1}$
Normalpotential E^0 Co / Co^{2+}	– 0,277 V

Cobalt gehört zu den relativ häufigen Elementen auf der Erde, kommt aber nie elementar, sondern hauptsächlich in Form von Verbindungen vor, wie z.B.: Skutterudit $(Co,Ni)As_3$, Cobaltin CoAsS sowie als Nebenbestandteil in Ni-, Fe- und Cu-Erzen. Technisch erhält man Cobalt nach Überführung der Erze in Co(II, III)-oxid Co_3O_4, durch Reduktion mit Koks, oder aluminothermisch.

$$Co_3O_4 + 2C \rightarrow 3Co + 2CO_2\uparrow$$

Es ist ein stahlblaues, glänzendes, sprödes, hartes und sehr zähes Schwermetall, das in zwei Modifikationen α–Cobalt und β–Cobalt Übergangstemperatur 417 °C auftritt. Bei Raumtemperatur ist es ferromagnetisch, Curie-Temperatur 1127 °C.

Cobalt befindet sich im PSE in der 9. Gruppe, 4. Periode. Es gehört zur sogenannten ›Eisengruppe‹ Es ist ein elektropositives, relativ unedles Übergangsmetall das in verdünnten Säuren löslich ist. In Verbindungen bildet es fast alle Oxidationsstufen von Co^{-I} bis Co^{V} wobei Co^{II} die wichtigste ist z.B.: CoO, $CoCl_2$, CoF_3, $Co(OH)_2$, $Co(OH)_3$, CoO_2, u.a. Salze und Komplexe. Flammenfärbung: indigo.

Cobalt ist ein anisotopes Element, in der Natur gibt es nur das stabile Isotop Co 59. Weitere 25 künstliche, radioaktive Isotope Co 49 bis Co 75 sowie acht Kernisomere sind bekannt.

Es dient zur Herstellung korrosionsbeständiger Legierungen, Hartmetallen, von Legierungen für Dauermagnete, Katalysatoren, zur Blaufärbung von Keramiken, Spezialgläsern u.a. Das radioaktive Isotop Co 60 entsteht gemäß ${}^{59}{}_{27}Co(n,\gamma){}^{60}{}_{27}Co$. Es wird in der Industrie zur Dickemessung, Bestimmung von Flüssigkeitspegeln, Sterilisierung von Nahrungsmitteln sowie zusammen mit Co 57 und Co 58 in der Medizin zur Krebsbehandlung eingesetzt ›Cobaltbestrahlung‹.

Cobalt ist essentiell für Tiere und Menschen, es ist Bestandteil vieler Enzyme und Zentralatom des Vitamin B-12-Moleküls. Es gilt als nicht toxisch, wirkt aber kanzerogen.

Copernicium (englisch **Copernicium**) **Cn**

***Protonenzahl Z* = 112**
***Nukleonenzahlen der Isotope A* = 277 – 285**

Das Element 112 wurde im Jahre 1996 von den deutschen Wissenschaftlern *S. Hofmann, G. Münzenberg, P. Armbruster* u.a. bei der ›Gesellschaft für Schwerionenforschung‹, GSI, in Darmstadt, Deutschland, am SHIP durch Beschuss von Isotopenreinem Blei Pb 208 mit beschleunigten Zinkionen $^{70}_{30}Zn^{10+}$ gemäß:

$$^{70}_{30}Zn + ^{208}_{82}Pb \rightarrow [^{278}_{112}Cn] \rightarrow ^{277}_{112}Cn + ^{1}_{0}n$$

erstmals hergestellt und nachgewiesen. **Metall**

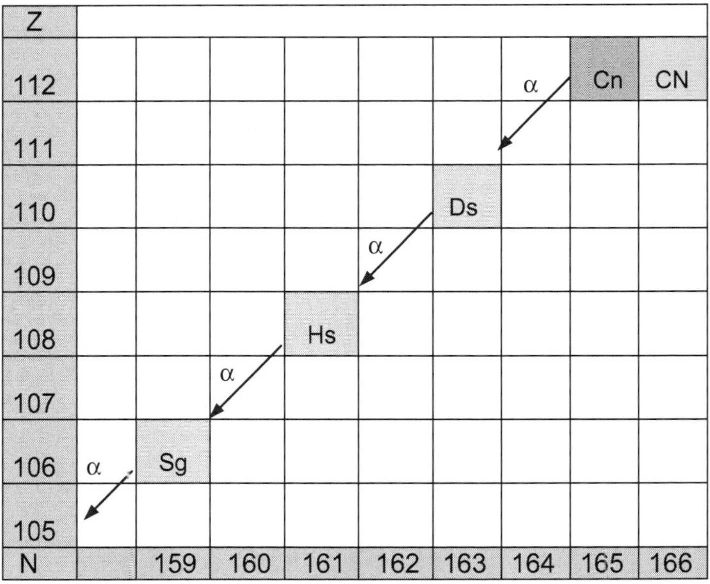

α – Zerfallskette des Elements Copernicium

Es entstand durch ›kalte‹ Fusion eines Bleikerns mit einem Zinkkern unter Abgabe eines Neutrons. Der Nachweis wurde anhand der α–Zerfallskette, die am 1. Februar 1996 am SHIP registriert wurde, erbracht.

Am 14. Juli 2009 wurde von der GSI der Name *Copernicium,* nach dem polnischen Astronomen *Nikolaus Kopernikus,* mit dem chemischen Symbol **Cn**, offiziell vorgeschlagen und am 12. Juli 2010 von der IUPAC bestätigt.

Copernicium ist wenig bekannt. Es gehört zur Reihe der ›Transactinoide‹ und befindet sich im PSE in der 12. Gruppe und 7. Periode. Es ist ein Übergangsmetall und ähnelt in seinem chemischen Verhalten wahrscheinlich dem Quecksilber und bildet wie dieses eine stabile Oxidationsstufe Cn^{II} wie z.B.: CnO, CnF_2, $CnCl_2$, CnS u.a.
Wahrscheinliche Elektronenkonfiguration im Grundzustand:

$$[Rn]\ 5f^{14}\ 6d^{10}\ 7s^2$$

Bekannte Isotope: Cn 277 (α, 0,7ms); Cn 282 (sf, 0,88 ms); Cn 283 (α,sf, 3,8 s); Cn 284 (sf, 101 ms); Cn 285 (α, 34 s); Cn 286 (α, 11 min).
Drei Cn-Isotope zerfallen durch Spontanspaltung sf, die restlichen zerfallen durch α–Emission in Ds–Isotope, gemäß:

$$^{A}_{112}Cn \rightarrow \alpha + {}^{A-4}_{110}Ds \rightarrow$$

Das Element hat nur wissenschaftliche Bedeutung, es wird ausschließlich zu Forschungszwecken verwendet.

Copernicium hat keine biologische Bedeutung für den menschlichen Organismus, würde aber bei ausreichender Stoffmenge aufgrund seiner Radioaktivität toxisch und kanzerogen wirken.

Curium (englisch **Curium**) **Cm**

Protonenzahl ***Z*** = **96**

Relative Atommasse (^{12}C=12,000) A_r = **247,070347**

Curium wurde im Jahre 1944 von den amerikanischen Forschern *G.T.Seaborg, A.Ghiorso, R.A.James* u.a. in Berkeley, USA, hergestellt und nachgewiesen. Das Element entstand am 60-Zoll-Zyklotron beim Beschuss von Pu 239 mit energiereichen Heliumkernen He 4 gemäß der Kernreaktion:

$$^{239}_{94}Pu + ^{4}_{2}He \rightarrow ^{242}_{96}\mathbf{Cm} + ^{1}_{0}n$$

Es wurde nach den Eheleuten *Marie* und *Piere Curie* benannt.

Atomare Eigenschaften:

Metallatomradius	174 pm
Kovalenzradius	
Ionenradien	Cm^{2+} 119pm; Cm^{3+} 98 pm
Elektronegativität	A: 1,20; P: 1,30
Ionisierungsenergie	6,0215 eV
Elektronenkonfiguration	[Rn] $5f^7\ 6d^1\ 7s^2$

Physikalische Eigenschaften: **Metall**

Dichte ρ (bei 20 ^0C)	13.500 $kg.m^{-3}$
Härte (Mohs)	
Schmelztemperatur ϑ_S	1340 ^0C; 1613 K
Siedetemperatur ϑ_V	3110 ^0C; 1613 K
Spezifische Schmelzwärme q	
Spezifische Wärmekapazität c	
Thermische Leitfähigkeit λ *	10 $W.m^{-1}.K^{-1}$
Thermischer Längen-Koeff. α	
Spez. elektrischer Widerstand ρ	
Normalpotential E^0 Cm / Cm^{3+}	– 2,1 V

* geschätzte Werte

Curium kommt in der Natur nicht vor, es wird ausschließlich künstlich durch Beschuss von Plutonium mit hochbeschleunigten Heliumkernen gemäß:

$$^{239}_{94}Pu + ^{4}_{2}He \rightarrow ^{240}_{96}\mathbf{Cm} + 3\,^{1}_{0}n$$

hergestellt. Gleichfalls erhält man das Element auch durch Neutronenbestrahlung von Plutonium oder Americium im Kernreaktor wie z. B. in der Kernreaktion:

$$^{241}_{95}Am + ^{1}_{0}n \rightarrow ^{242}_{95}Am \rightarrow ^{242}_{96}\mathbf{Cm} + \beta^-$$

Die Abtrennung des Metalls von den übrigen Transuranen erfolgt durch Ionenaustausch.

Es ist ein silberweißes, dehnbares, stark radioaktives Schwermetall das an der Luft rasch anläuft.

Curium gehört zur Reihe der ›Actinoide‹, 3. Gruppe, 7. Periode. Es ist ein elektropositives, sehr unedles und reaktionsfähiges Übergangsmetall, es wird von Luft, Dampf und Säuren angegriffen, jedoch nicht von Basen. In Verbindungen bildet es die Oxidationsstufen: Cm^{II}, Cm^{III} und Cm^{IV} z.B.: CmO, Cm_2O_3, $CmCl_3$, CmO_2 , $Cm(OH)_3$, $Cm(OH)_4$, $CmCl_4$ u.a.

Bekannt sind 20 Isotope des Curiums Cm 233 bis Cm 252 und fünf Kernisomere, sie sind alle radioaktiv. Die Halbwertszeiten betragen von einigen Minuten bis zu mehreren tausend Jahren. Die Isotope Cm 242 bis Cm 250 sind spaltbar, die krit. Masse liegt bei 6,7 kg bis 70 kg (reflekt. 2,5 kg bis 21,5 kg).

Das Metall wird als Strahlenquelle, zur Stromerzeugung und zur Herstellung höherer Transurane wie z.B.: No, Lr, Rf, u.a. verwendet. Cm 243 bis Cm 250 (außer Cm 249) könnten sich für Kernwaffen eignen.

Das Element hat keine Bedeutung für den menschlichen Organismus, würde aber wegen seiner Radioaktivität toxisch und kanzerogen wirken.

Darmstadtium (englisch **Darmstadtium**) **Ds**

Protonenzahl Z **= 110**

Nukleonenzahlen der Isotope A **= 267 – 282**

Darmstadtium wurde 1994 von den deutschen Wissenschaftlern *S. Hofmann, G. Münzenberg, P. Armbruster* u.a. bei der ›Gesellschaft für Schwerionenforschung‹, GSI, in Darmstadt, Deutschland, am UNILAC, durch Beschuss von Isotopenreinem Blei Pb 208 mit beschleunigten Nickelionen $^{62}_{28}Ni^{9+}$ gemäß:

$$^{62}_{28}Ni + ^{208}_{82}Pb \rightarrow [^{270}_{110}Ds]^* \rightarrow ^{269}_{110}Ds + ^{1}_{0}n$$

erstmals hergestellt und nachgewiesen.

Metall

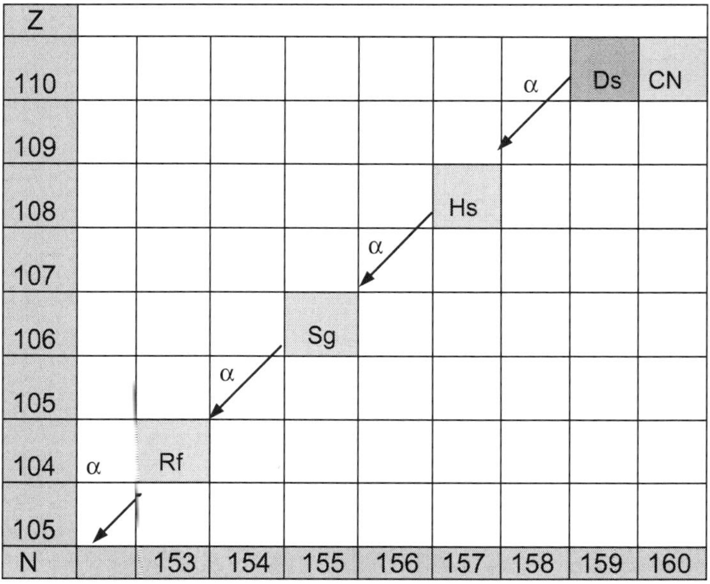

α – Zerfallskette des Elements Darmstadtium

Das Element entstand durch ›kalte‹ Fusion eines Bleikerns mit einem Nickelkern unter Abgabe eines Neutrons. Der Nachweis wurde anhand der α–Zerfallskette, die am 9. November 1994 am SHIP registriert wurde, erbracht.
Es wurde nach *Darmstadt*, Hessen, dem Sitz der Gesellschaft für Schwerionenforschung, GSI benannt.

Darmstadtium ist wenig bekannt. Es gehört zur Reihe der ›Transactinoide‹ und befindet sich im PSE in der 10. Gruppe und 7. Periode. Es ist ein Übergangsmetall und ähnelt in seinem Verhalten vermutlich seinen Homologen Nickel, Palladium und Platin. Das Element bildet wahrscheinlich mehrere Oxidationsstufen von denen die Stufen Ds^{II} und Ds^{IV} die Beständigsten sein dürften, wie z.B.: DsO, DsF_2, $DsCl_2$, $Ds(OH)_2$, DsO_2 u.a.

Wahrscheinliche Elektronenkonfiguration im Grundzustand:

$$[Rn]\ 5f^{14}\ 6d^{9}\ 7s^{1}$$

Bekannt sind elf Isotope Ds 267 bis Ds 282 sowie drei Kernisomere Ds 270^m, Ds 271^m und Ds 273^m. Sie haben alle kurze Halbwertszeiten von einigen Mikrosekunden bis Minuten. Zwei Ds-Isotope zerfallen durch Spontanspaltung sf, die restlichen durch α–Emission in Hassium–Isotope, gemäß:

$$^{A}_{110}Ds \rightarrow \alpha + {}^{A-4}_{108}Hs \rightarrow$$

Darmstadtium hat nur wissenschaftliche Bedeutung, es wird ausschließlich zu Forschungszwecken verwendet.

Das Element hat keine biologische Bedeutung für den menschlichen Organismus, würde aber bei ausreichender Stoffmenge aufgrund seiner Radioaktivität toxisch und kanzerogen wirken.

Dubnium (englisch **Dubnium**) **Db**

Protonenzahl Z = **105**
Relative Atommasse (^{12}C=12,000) A_r = **262,1138**

Dubnium wurde im Jahre 1969 von den russischen Wissenschaftlern um *N. G. Flerov, Yu.Ts. Oganessian* u.a. vom Kernforschungszentrum FLNR in Dubna, bei Moskau, durch Beschuss von Am 243 mit energiereichen Neonionen Ne 22 gemäß den Reaktionsgleichungen:

$$^{243}_{95}Am + ^{22}_{10}Ne \rightarrow ^{260}\mathbf{Db} + 5\,^{1}_{0}n$$

$$^{243}_{95}Am + ^{22}_{10}Ne \rightarrow ^{261}\mathbf{Db} + 4\,^{1}_{0}n$$

erstmals hergestellt und nachgewiesen. **Metall**

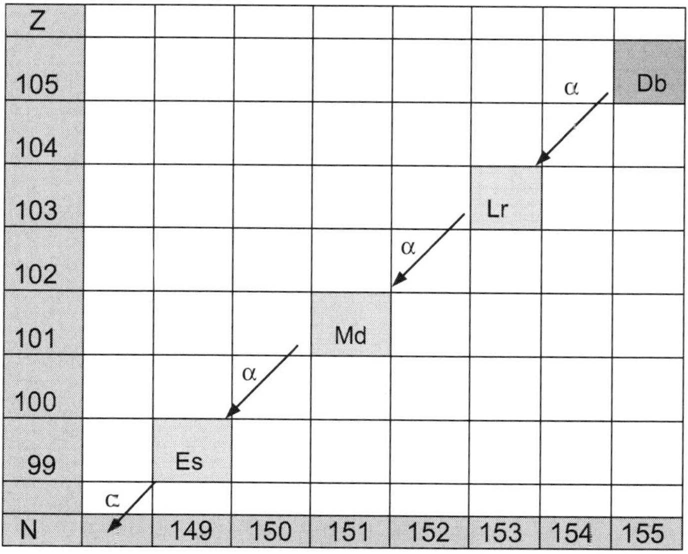

α – Zerfallskette des Elements Dubnium; Db 260

Das Element entstand durch ›heiße‹ Fusion eines Americium-kerns mit einem Neonkern und Abgabe von vier bzw. fünf Neutronen. Der Nachweis wurde anhand der α–Zerfallskette, erbracht. Das Element wurde nach der Ortschaft *Dubna,* Russland, dem Sitz des Kernforschungsinstituts benannt.

Weitere Isotope entstanden beim Beschuss von Berkelium mit Sauerstoffionen, gemäß:

$$^{249}_{97}Bk + ^{16}_{8}O \rightarrow ^{261}_{105}\mathbf{Db} + 4\ ^{1}_{0}n \text{ bzw.}$$

$$^{249}_{97}Bk + ^{18}_{8}O \rightarrow ^{262}_{105}\mathbf{Db} + 5\ ^{1}_{0}n$$

Dubnium ist nur wenig bekannt. Es gehört zur Reihe der ›Transactinoide‹ und befindet sich im PSE in der 5. Gruppe und 7. Periode. Es ist ein Übergangsmetall und ähnelt in seinem Verhalten vermutlich seinen Homologen Vanadium, Tantal und Niob. Das Element bildet vermutlich mehrere Oxidationsstufen von den die Stufe Db^V die Beständigste sein dürfte.

Wahrscheinliche Elektronenkonfiguration im Grundzustand:

$$[Rn]\ 5f^{14}\ 6d^3\ 7s^2$$

Bekannt sind elf Isotope von Db 255 bis Db 268 sowie zwei Kernisomere. Alle haben kurze Halbwertszeiten von einigen Sekunden bis einigen Stunden.

Das Element hat nur wissenaschaftliche Bedeutung, es dient ausschließlich zu Forschungszwecken.

Dubnium hat keine biologische Bedeutung für den menschlichen Organismus, könnte aber bei relevanter Stoffmenge aufgrund seiner Radioaktivität toxisch und kanzerogen wirken.

Dysprosium (englisch **Dysprosium**) Dy

***Protonenzahl* Z = 66**
Relative Atommasse (^{12}C=12,000) ***A_r* = 162,50**

Dysprosium wurde im Jahre 1886 von dem französischen Chemiker *Paul-Emil Lecoq de Boisbaudran* in Paris, Frankreich, in der Yttererde mit Hilfe der Spektralanalyse nachgewiesen. Das reine Metall erhielt *Georges Urbain* 1906.
Von griechisch *dysprósitos* = schwer erhältlich.

Atomare Eigenschaften:

Metallatomradius	175 pm
Kovalenzradius	159 pm
Ionenradien	Dy^{2+} 107 pm; Dy^{3+} 91 pm
Elektronegativität	A: 1,1; P: 1,22
Elektronenaffinität Dy → Dy^-	
Ionisierungsenergie	5,9272 eV; 11,670 eV
Elektronenkonfiguration	[Xe] $4f^{10}$ $6s^2$

PhysikalischeEigenschaften: **Metall**

Dichte ρ (γ-Cer bei 20 ^{0}C)	8560 kg.m^{-3}
Härte (Mohs)	
Schmelztemperatur ϑ_S	1412 ^{0}C; 1685 K
Siedetemperatur ϑ_V	2562 ^{0}C; 2835 K
Spezifische Schmelzwärme q	106 kJ.kg^{-1}
Spezifische Wärmekapazität c	0,17 kJ. kg^{-1}. K^{-1}
Thermische Leitfähigkeit λ	10,6 W.m^{-1}.K^{-1}
Thermischer Längen-Koeff. α	10 .10^{-6} K^{-1}
Spez. elektrischer Widerstand ρ	58.10^{-8} Ω.m
Schallgeschwindigkeit c (20 ^{0}C)	2710 m.s^{-1}
Normalpotential E^0 Dy / Dy^{3+}	– 2,353 V

Dysprosium ist ein relativ seltenes Element. Es kommt in der Natur meist mit den anderen Seltenerdmetallen vor allem im Monazitsand (Ce, La, Th, Dy u.a.) $[(P,Si)O_4]$ u.a. vor. Das Element wird aus dem Trifluorid und Trichlorid durch Reduktion mit Na, K, Ca, oder Mg gewonnen.

Es ist ein hartes, silberglänzendes, Schwermetall, das an der Luft rasch grau anläuft. Es bildet zwei Modifikationen: α–Dy und β–Dy, Übergangstemperatur 1360 ^{0}C. Bei Normaltemperatur ist es stark paramagnetisch, zwischen 178,5 K und 105 K zeigt es antiferromagnetische Eigenschaften und unterhalb 69 K ist es ferromagnetisch.

Dysprosium gehört zur Reihe der ›Lanthanoide‹, 3. Gruppe, 6. Periode. Es ist ein sehr unedles, reaktionsfähiges Übergangsmetall und starkes Reduktionsmittel, es reagiert heftig mit heißem Wasser und löst sich in Säuren. In Verbindungen bildet es die Oxidationsstufen Dy^{II}, Dy^{III} und Dy^{IV}, wie z.B.: $DyCl_2$, Dy_2O_3, $Dy(OH)_3$, $DyCl_3$, DyO_2, DyF_4, u.a. Salze und Komplexe.

Natürliches Dysprosium besteht aus einem Gemisch aus sieben stabilen Isotopen zwischen Dy 156, Dy 164. Daneben sind weitere 22 künstliche, radioaktive Isotope Dy 139 bis Dy 169 sowie fünf Kernisomere bekannt. Mit Ausnahme von Dy 154 mit 3.10^6 Jahren, haben alle Isotope kurze Halbwertszeiten von einigen Sekunden bis Tagen.

Das Metall wird hauptsächlich als Legierungszusatz für Regelstäbe in Kernreaktoren sowie in Bleilegierungen als Abschirmmaterial in der Kerntechnik eingesetzt. Ferner wird es für Legierungen für magnetische Werkstoffe verwendet.

Dysprosium hat keine biologische Bedeutung für den menschlichen Organismus. Es wirkt stimulierend und ist gering toxisch.

Einsteinium (englisch **Einsteinium**) **Es**

Protonenzahl ***Z*** = **99**

Relative Atommasse (^{12}C=12,000) A_r = **252,0829**

Einsteinium wurde zusammen mit Fermium im Jahre 1952 von den amerikanischen Forschern *G.R. Choppin, S.G. Thompson, B. G. Hravey.* am ANL bei Chikago und am ›Los Alamos Scientific Laboratory‹, LASL, bei Santa Fe im radioaktiven Staub ›Fall-out‹ der ersten thermonuklearen Explosion ›Operation Mike‹ die im Pazifik stattfand, entdeckt.
Es entstand als Folgeprodukt von hochneutronenaktivierten Uran und anschließenden mehrfachen β^-–Zerfall gemäß der Kernreaktion:

$$^{238}_{92}U + 15,16,17\ ^{1}_{0}n \rightarrow\ ^{253,254,255}_{99}Es + 7\ \beta^-$$

Es wurde nach dem Physiker *Albert Einstein* benannt.

Atomare Eigenschaften:

Metallatomradius	186 pm
Ionenradien	Es^{2+} 116 pm; Es^{3+} 98 pm
Elektronegativität	A: 1,20; P: 1,30
Elektronenaffinität Es → Es^-	0,52 eV
Ionisierungsenergie	6,4154 eV
Elektronenkonfiguration	[Rn] $5f^{11}\ 7s^2$

Physikalische Eigenschaften: **Metall**

Dichte ρ (bei 20 ^{0}C) **	13.500 (8850) kg.m^{-3}
Schmelztemperatur ϑ_S **	860 ^{0}C; 1133 K
Siedetemperatur ϑ_V	996 ^{0}C; 1269 K
Spezifische Schmelzwärme q	
Thermische Leitfähigkeit λ *	10 W. m^{-1}. K^{-1}
Spez. elektrischer Widerstand ρ	
Normalpotential E^0 Es / Es^{3+}	– 1,98 V

* geschätzte Werte, ** extrapolierte Werte

Einsteinium kommt in der Natur nicht vor, es wird ausschließlich künstlich z.B.: in Kernreaktoren durch Neutronenbestrahlung von U 238 oder Pu 239 mit energiereichen Neutronen gemäß:

$$^{238}_{92}U + 16\,^{1}_{0}n \rightarrow \mathbf{^{254}_{99}Es} + 7\,\beta^-$$

$$^{239}_{94}Pu + 14\,^{1}_{0}n \rightarrow \mathbf{^{253}_{99}Es} + 5\,\beta^-$$

oder durch Beschuss von U 233, Am 241, Bk 240, Cf 249 u.a. mit leichteren Ionen und Deuteronen hergestellt, wie z.B.:

$$^{241}_{95}Am + ^{12}_{6}C \rightarrow \mathbf{^{247}_{99}Es} + ^{4}_{2}He + 2\,^{1}_{0}n$$

$$^{249}_{98}Cf + ^{2}_{1}H \rightarrow \mathbf{^{248}_{99}Es} + 3\,^{1}_{0}n$$

Die Abtrennung des Metalls von den übrigen Transuranen erfolgt durch Ionenaustausch. Das reine Metall erhält man durch Reduktion von EsF_3 oder Es_2O_3 mit Lithium oder Lanthan.

Einsteinium ist ein silberweißes, flüchtiges, stark radioaktives Übergangsmetall das an der Luft rasch anläuft. Es gehört zur Reihe der ›Actinoide‹, 3. Gruppe, 7. Periode. Es ist elektropositiv, ziemlich unedel und reaktionsfähig, wird von Sauerstoff, Dampf und Säuren angegriffen, jedoch nicht von Basen. In Verbindungen bildet es die Oxidationsstufen: Es^{II}, Es^{III} wie z.B.: EsO, $EsCl_2$, $EsBr_2$, EsI_2, Es_2O_3, EsF_3, $EsCl_3$, $EsBr_3$, EsOCl u.a.

Bekannt sind 17 Isotope Es 241 bis Es 257 sowie drei Kernisomere. Alle sind radioaktiv und haben relativ kurze Halbwertszeiten von einigen Sekunden bis Tagen z.B.: Es 254 (α,ε ; 275,7 d).

Einsteinium wird fast ausschließlich zur Herstellung schwererer Actinoide wie z.B.: Md, No, Lr verwendet, wie z.B..

$$^{253}_{99}Es + ^{4}_{2}He \rightarrow ^{256}_{101}Md + ^{1}_{0}n$$

Das Element hat keine biologische Bedeutung für den menschlichen Organismus, wirkt aber wegen seiner Radioaktivität sehr toxisch und kanzerogen.

Eisen (englisch **Iron**) **Fe**

Protonenzahl Z **= 26**
Relative Atommasse (^{12}C=12,000) A_r **= 55,847**

Eisen ist eines der sieben Metalle des Altertums. Nach der Stein- und Bronzezeit begann um 1400 v. Chr. die Eisenzeit. Als erste stellten die Hethiter um 1200 v. Chr. Eisen her. Das chemische Symbol **Fe** stammt vom lateinischen Namen *ferrum,* der von *ferreus* = kräftig, schwer abgeleitet wurde.

Atomare Eigenschaften:

Metallatomradius	124 pm
Kovalenzradius	116,5 pm
Ionenradien	74^{2+} pm; 64^{3+} pm
Elektronegativität	A: 1,64, P: 1,83, a: 4,1 eV
Elektronenaffinität Fe → Fe^-	0,163 eV
Ionisierungsenergie	7,8695 eV, 16,178 eV
Elektronenkonfiguration	[Ar] $3d^6 4s^2$

Physikalische Eigenschaften: **Metall**

Dichte ρ (bei 20 °C)	7874 kg.m^{-3}
Härte (Mohs)	4,5
Schmelztemperatur ϑ_s	1535 °C; 1808 K
Siedetemperatur ϑ_v	2750 °C; 3023 K
Spezifische Schmelzwärme q	277 kJ.kg^{-1}
Spezifische Wärmekapazität c	0,45 kJ.kg^{-1}.K^{-1}
Thermische Leitfähigkeit λ	80,2 W.m^{-1}.K^{-1}
Thermischer Längen-Koeff. α	11,8.10^{-6} K^{-1}
Spez. elektrischer Widerstand ρ	9,7.10^{-8} Ω.m
Schallgeschwindigkeit c (20 °C)	5200 m.s^{-1}
Elektrochem. Äquivalent $Ä$ Fe^{3+}	0,193.10^{-6} kg. A^{-1}.s^{-1}
Normalpotential E^0 Fe / Fe^{2+}	– 0,44 V

Eisen ist nach Aluminium das zweithäufigste Metall auf der Erde, kommt aber hauptsächlich in Form von Oxiden wie Magnetit Fe_3O_4, Hämatit α–Fe_2O_3 u.a. sowie in Form von Sulfiden wie Pyrit FeS_2 u.a. vor. Großtechnisch wird Eisen durch ›Pyrometallurgie‹, das heißt durch Reduktion oxidischer Eisenerze mit Koks, bei Temperaturen von etwa 1200° C in Schachtöfen sog. ›Hochöfen‹ dargestellt. Zusammengefasst verläuft die Reaktion gemäß: $Fe_3O_4 + 2C \rightarrow 3Fe + 2CO_2 \uparrow$

In reiner Form ist Eisen ein silberfarbenes, glänzendes, dehnbares, relativ weiches, Schwermetall. Es ist bei Rotglut gut schmied- und schweißbar ist. Es tritt in mehreren Modifikationen auf: α–Fe ist bis 768 °C (Curie Temperatur) ferromagnetisch, darüber paramagnetisch, andere Formen: β–Fe, γ–Fe, ϑ–Fe.

Eisen befindet sich in der 8. Gruppe 4. Periode. Es gehört zur sog. ›Eisengruppe‹. Es ist ein unedles und schwach elektropositives Übergangsmetall, das in Verbindungen fast alle Oxidationsstufen von Fe^{-II} bis Fe^{VI} bildet, die wichtigsten sind Fe^{II} und Fe^{III} z.B.: FeO, $Fe(OH)_2$, Fe_2O_3, $FeCl_3$ u.a. An feuchter Luft, in O_2– und CO_2–haltigen Wasser oxidiert es unter Bildung einer porösen Schicht ›Rost‹. Der Vorgang wird ›Korrosion‹ genannt.

Natürliches Eisen besteht aus einem Gemisch von vier stabilen Isotopen Fe 54, Fe 56 (91,18 %), Fe 57, Fe 58. Weitere 24 künstliche, radioaktive Isotope Fe 45 bis Fe 72 und 2 Kernisomere sind bekannt.

Eisen wird als Gusseisen (1,7-4 % C) für feste Maschinenteile, Kanaldeckel u.a. sowie als Stahl (0,2-1,7 % C) oft in Legierungen mit Cr, Ni, Mg, Si, usw. verwendet. Es ist das wichtigste Material für den Maschinenbau, und wird als Baustahl für Stahlkonstruktionen, Eisenbahnschienen, Federn, als Werkzeugstahl, für Nägel, Schrauben, Drähte u.a. verwendet.

Eisen gehört zu den sieben lebenswichtigsten Spurenelementen für alle Spezies. Beim Menschen ist es vor allem für die Bilng von *Hämoglobin* notwendig. Eisenmangel führt zu Anämie. Pflanzen benötigen Eisen zur Bildung von ›Chlorophyll‹.

Erbium (englisch **Erbium**) Er

***Protonenzahl* Z = 68**

Relative Atommasse (^{12}C=12,000) A_r = **167,26**

Erbium wurde im Jahre 1843 von dem schwedischen Chemiker *Carl G. Mosander* in Stockholm, Schweden im Gadolinit entdeckt. 1879 gelang es *Per T. Cleve* das reine Oxid zu isolieren. Metallisches Erbium erhielt *Karl A. Hofmann* 1934 in Berlin. Benannt nach dem Ort Ytt**erb**y in Schweden (Erb + ium).

Atomare Eigenschaften:

Metallatomradius	176 pm
Kovalenzradius	157 pm
Ionenradien	Er^{3+} 89 pm
Elektronegativität	A: 1,1; P: 1,24; a: ~ 3eV
Elektronenaffinität $Er \rightarrow Er^-$	ca. 0,52 eV
Ionisierungsenergie	6,1014 eV; 11,929 eV
Elektronenkonfiguration	[Xe] $4f^{12}$ $6s^2$

Physikalische Eigenschaften: **Metall**

Dichte ρ (γ-Cer bei 20 ^{0}C)	9062 kg.m^{-3}
Härte (Mohs)	ca. 2
Schmelztemperatur ϑ_S	1497 ^{0}C; 1770 K
Siedetemperatur ϑ_V	2863 ^{0}C; 3136 K
Spezifische Schmelzwärme q	119 kJ.kg^{-1}
Spezifische Wärmekapazität c	0,168 kJ. kg^{-1}. K^{-1}
Thermische Leitfähigkeit λ	14,6 W.m^{-1}.K^{-1}
Thermischer Längen-Koeff. α	12 .10^{-6} K^{-1}
Spez. elektrischer Widerstand ρ	87.10^{-8} Ω.m
Schallgeschwindigkeit c (20 ^{0}C)	2832 m.s^{-1}
Normalpotential E^0 Er / Er^{3+}	– 2,296 V

Erbium ist ein selteneres Element. Es kommt in der Natur meist mit den anderen Seltenerdmetallen vor allem mit Yttrium im Monazitsand (Ce, La, Y, Er u.a.) [(P,Si)O_4] u.a. vor. Das Element wird aus dem Trifluorid und Trichlorid durch Reduktion mit Calcium oder durch Schmelzelektrolyse gewonnen.

Es ist ein silberglänzendes, weiches, dehnbares Schwermetall, das an der Luft rasch grau anläuft. Es bildet zwei allotrope Modifikationen α–Er und β–Er, die Übergangstemperatur liegt bei 1370 ^{0}C. Bei Normaltemperatur ist das Metall stark paramagnetisch, unter 85 K zeigt es antiferromagnetische Eigenschaften und unterhalb 29,15 K ist es ferromagnetisch.

Erbium gehört zur Reihe der ›Lanthanoide‹, 3. Gruppe, 6. Periode. Es ist ein sehr unedles, elektropositives sehr reaktionsfähiges Übergangsmetall und starkes Reduktionsmittel. Es reagiert langsam mit Wasser und löst sich in Säuren. In Verbindungen bildet es nur die Oxidationsstufe Er^{III} wie z.B.: Er_2O_3, $Er(OH)_3$, $ErCl_3$ u.a. Salze und Komplexe.

Natürliches Erbium ist ein Gemisch aus sechs stabilen Isotopen zwischen Er 162, Er 166 (33,6 %) bis Er 170. Daneben sind weitere 24 künstliche, radioaktive Isotope Er 145 bis Er 174 sowie drei Kernisomere bekannt. Die Isotope Er 169 und Er 171 werden als radioaktive Indikatoren, Tracer, verwendet.

Das Metall hat nur geringe technische Bedeutung. Es wird hauptsächlich als Legierungszusatz in Titanlegierungen, für IR-absorbierende Gläser u.a. verwendet. Wegen seines guten Absorptionsvermögens eignet es sich hervorragend zum Speichern von Wasserstoff. Es ist wichtiger Bestandteil des Erbium-Lasers.

Erbium hat keine biologische Bedeutung für den menschlichen Organismus. Es wirkt stimulierend und ist gering toxisch.

Europium (englisch **Europium**) **Eu**

Protonenzahl ***Z*** **= 63**

Relative Atommasse (^{12}C=12,000) A_r **= 151,965**

Europium wurde im Jahre 1901 von dem französischen Chemiker *Eugéne. Anatole Demarcay* in Paris, Frankreich, in der Samariumerde mit Hilfe der Spektralanalyse nachgewiesen und erstmals isoliert.
Benannt nach dem Erdteil *Europa*.

Atomare Eigenschaften:

Metallatomradius	204 pm
Kovalenzradius	185 pm
Ionenradien	Eu^{2+} 117 pm; Eu^{3+} 95 pm
Elektronegativität	(A) 1,01; (P) 1,2; (a) 3,1 eV
Elektronenaffinität Eu → Eu^-	0,52 eV
Ionisierungsenergie	5,6661 eV; 11,245 eV
Elektronenkonfiguration	[Xe] $4f^7$ $6s^2$

Physikalische Eigenschaften: **Metall**

Dichte ρ (γ-Cer bei 20 C)	5242 $kg.m^{-3}$
Härte (Mohs)	
Schmelztemperatur ϑ_S	826 ^{0}C; 1099 K
Siedetemperatur ϑ_V	1597 ^{0}C; 1870 K
Spezifische Schmelzwärme *q*	69 $kJ.kg^{-1}$
Spezifische Wärmekapazität *c*	0,182 kJ. kg^{-1}. K^{-1}
Thermische Leitfähigkeit λ	14 $W.m^{-1}.K^{-1}$
Thermischer Längen-Koeff. α	35 .10^{-6} K^{-1}
Spez. elektrischer Widerstand ρ	90.10^{-8} Ω.m
Schallgeschwindigkeit c (20 ^{0}C)	~ 1860 $m.s^{-1}$
Normalpotential E^0 Eu / Eu^{3+}	– 2,41 V

Europium ist ein äußerst seltenes Element. Es kommt in der Natur meist mit den anderen Seltenerdmetallen vor allem im Monazitsand (Ce, La, Eu, Dy u.a.) [(P,Si)O_4], Bastnäsit u.a. vor. Das Element erhält man aus dem Chlorid durch Reduktion mit Natrium oder durch Schmelzflusselektrolyse einer Mischung von $EuCl_3$/KCl/LiCl.

Es ist ein eisengraues, weiches, gut dehn- und verformbares, Schwermetall, das an der Luft rasch grau anläuft. Bei Raumtemperatur ist es stark paramagnetisch, zeigt jedoch unterhalb 87 K antiferromagnetische Eigenschaften. Eu-Verbindungen wie EuS, Eu_2O_3, $EuSO_4$ u.a. sind ebenfalls stark paramagnetisch.

Europium gehört zur Reihe der ›Lanthanoide‹, 3. Gruppe, 6. Periode. Es ist ein sehr unedles, reaktionsfähiges Übergangsmetall und starkes Reduktionsmittel, es reagiert schnell mit Luft und Wasser, löst sich in Säuren. In Verbindungen bildet es die Oxidationsstufen Eu^{II} und Eu^{III} wie z.B.: EuO, EuS, $EuCl_2$, Eu_2O_3, $Eu(OH)_3$, $EuCl_3$, EuF_3 u.a. Salze und Komplexe.
Flammenfärbung: rot

Natürliches Europium besteht aus zwei stabilen Isotopen Eu 151 und Eu 153. Daneben sind weitere 28 künstliche, radioaktive Isotope Eu 130 bis Eu 162 sowie sechs Kernisomere bekannt. Das Isotop Eu 155 sowie Eu 154 und die Isomere Eu 152 und Eu 152^m entstehen in einer ${}^{A}{}_{63}Eu(n, \gamma){}^{A+1}{}_{63}Eu$ Reaktion, sie werden als trägerfreie Indikatoren verwendet.

Wegen seines großen Wirkungsquerschnitts ($\sigma = 4570.10^{-28}$ m^2) für thermische Neutronen wird Europium hauptsächlich als Neutronenabsorber für Regelstäbe in Kernreaktoren verwendet. Daneben findet es Verwendung als Aktivator in Farbfernsehbildschirmen, als Laser-Material u.a.

Europium hat keine biologische Bedeutung für den menschlichen Organismus. Es wirkt stimulierend und ist gering toxisch.

Fermium (englisch **Fermium**) **Fm**

Protonenzahl Z = **100**
Relative Atommasse (^{12}C=12,000) ***A_r*** = **257,075099**

Fermium wurde zusammen mit Einsteinium im Jahre 1952 von den amerikanischen Forschern *G. R. Choppin, S. G. Thompson, A. Ghiors* und *B. G. Harvey* im radioaktiven Staub ›Fall-out‹ der ersten thermonuklearen Explosion im Pazifik ›Operation Mike‹ entdeckt Das erste Fm-Isotop Fm 255 entstand in der thermonuklearen Reaktion als Folgeprodukt des hochneutronenaktivierten U 238 und anschließender β^- –Zerfallsprozesse, gemäß:

$$^{238}_{92}U + 17\,^{1}_{0}n \rightarrow {}^{255}_{92}U \rightarrow {}^{255}_{100}Fm + 8\,\beta^-$$

Es wurde nach dem Physiker *Enrico Fermi* benannt.

Atomare Eigenschaften:

Metallatomradius *	190 pm
Kovalenzradius	
Ionenradien	Fm^{2+} 115 pm; Fm^{3+} 97 pm
Elektronegativität	(A) 1,20; (P) 1,30
Ionisierungsenergie	6,4983 eV
Elektronenkonfiguration	[Rn] $5f^{12}\,7s^2$

Physikalische Eigenschaften: **Metall**

Dichte ρ (bei 20 C) **	13.600 kg.m^{-3}
Härte (Mohs)	
Schmelztemperatur ϑ_s **	900 °C; 1173 K
Siedetemperatur ϑ_v	
Spezifische Schmelzwärme q	
Spezifische Wärmekapazität c	
Thermische Leitfähigkeit λ *	10 W. m^{-1}. K^{-1}
Spez. elektrischer Widerstand ρ	
Normalpotential E^0 Fm / Fm^{3+}	– 2,07 V

* geschätzte Werte; ** extrapolierte Werte

Fermium kommt in der Natur nicht vor, es wird ausschließlich künstlich z.B.: in Kernreaktoren durch Bestrahlung von U 238 mit energiereichen Neutronen hergestellt, oder durch Beschuss von Pu 240, U 238, Cf 252 u.a. mit leichteren Ionen wie z.B.:

$$^{240}_{94}Pu + ^{12}_{6}C \rightarrow ^{248}_{100}\mathbf{Fm} + 4\,^{1}_{0}n \quad \text{bzw.}$$

$$^{238}_{92}U + ^{16}_{8}O \rightarrow ^{250}_{100}\mathbf{Fm} + 4\,^{1}_{0}n$$

Die Abtrennung des Metalls von den übrigen Transuranen erfolgt durch Ionenaustausch.

Fermium ist ein stark radioaktives Schwermetall. das an der Luft rasch anläuft. Es hat einen großen Wirkungsquerschnitt für thermische Neutronen $\sigma = 6100.10^{-28}$ m^2.

Das Element gehört zur Reihe der ›Actinoide‹, 3. Gruppe, 7. Periode. Es ist ein elektropositives, ziemlich unedles und reaktionsfähiges Übergangsmetall. In Verbindungen bildet es die Oxidationsstufen wie z.B.: Fm^{II}, Fm^{III} wie z.B.: FmO, Fm_2O_3, $FmCl_2$, $FmCl_3$ u.a. Die zweiwertigen Fm-Verbindungen sind starke Reduktionsmittel.

Bekannt sind 18 künstliche, radioaktive Isotope des Fermiums Fm 242 bis Fm 259 sowie drei Kernisomere, sie haben alle kurze Halbwertszeiten von einigen Millisekunden bis Stunden.

Fermium hat nur wissenschaftliche Bedeutung, es wird ausschließlich für Forschungszwecke verwendet.

Das Element hat keine biologische Bedeutung für den Menschen, es ist aber in relevanten Mengen aufgrund seiner Radioaktivität toxisch und kanzerogen.

Fluor (englisch **Fluorine**) F

Protonenzahl Z **= 9**

Relative Atommasse (^{12}C=12,000) A_r **= 18,998403**

Bereits 1529 beschrieb *G. Agricola* die Verwendung von Flussspat Ca_2F als Flussmittel beim Schmelzen von Erzen. Die Herstellung von elementarem Fluor gelang 1886 dem französischen Chemiker *Henri Moissan* in Paris, durch Elektrolyse von Kaliumfluorid KF gelöst in flüssigen Hydrogenfluorid HF. Der Name ›Fluorine‹ stammt von *Sir H. Davy*. Lateinisch *fluere* = fließen

Atomare Eigenschaften:

Atomradius	71 pm
Kovalenzradius	64 pm
Van-der-Waals-Radius	135 pm
Ionenradien	133^- pm
Elektronegativität	(A) 4,1; (P) 4,0; (a) 10,4 eV
Elektronenaffinität $F \rightarrow F^-$	3,4 eV
Ionisierungsenergie	17,422 eV; 34,97 eV
Elektronenkonfiguration	[He] $2s^2$ $2p^5$

Physikalische Eigenschaften: **Nichtmetall**

Dichte ρ (gasf. bei 273 K)	1,696 $kg.m^{-3}$
Schmelztemperatur ϑ_S	– 219,6 ^0C ; 53,5 K
Siedetemperatur ϑ_V	– 188,14 ^0C ; 85 K
Temperatur am Tripelpunkt T_t	– 219,7 ^0C ; 53,4 K
Kritische Temperatur T_c	– 129 ^0C ; 144 K
Kritischer Druck p_c	5,22 MPa
Spezifische Wärmekapazität c	0,83 $kJ.kg^{-1}.K^{-1}$
Thermische Leitfähigkeit λ	0,025 $W.m^{-1}.K^{-1}$
Schallgeschwindigkeit c (20 ^0C)	ca. 300 $m.s^{-1}$
Löslichkeit in Wasser (bei 25 ^0C)	hydrolisiert
Normalpotential E^0 F^-/F_2	2,87 V

Fluor gehört zu den häufigeren Elementen auf der Erde. Es tritt nie elementar auf, in gebundener Form ist es in vielen Mineralien enthalten wie z.B.: Fluorit oder Flussspat CaF_2, Kryolith oder Eisstein $Na_3[AlF_6]$ u.a. Die Darstellung erfolgt aus Flussspat durch Umsetzung von CaF_2 in Hydrogenfluorid HF gemäß:

$$CaF_2 + H_2SO_4 \rightarrow 2HF + CaSO_4$$

und Elektrolyse einer KF.2HF Schmelze.

Es ist ein schwach grünlich-gelb gefärbtes, stark ätzendes Gas, von stechendem Geruch das in Form zweiatomiger Moleküle F_2 vorliegt. Es ist das leichteste Halogen, jedoch schwerer als Luft. Festes Fluor bildet zwei allotrope Modifikationen α–F_2 und β–F_2, die Übergangstemperatur liegt bei 45 K. Das Nichtmetall ist wie alle Halogene diamagnetisch.

Fluor gehört zur Gruppe der ›Halogene‹, 17. Gruppe, 2. Periode. Es ist ein typisches Nichtmetall und das reaktionsfähigste Element. Es hat die höchsten Elektronegativität, und ist das stärkste Oxidationsmittel überhaupt. In seinen Verbindungen ist es bestrebt ein 2p–Elektron aufzunehmen um eine Edelgaskonfiguration $2s^22p^6$ [Ne] zu erreichen. Es bildet daher nur die Oxidationsstufe F^{-I}. Das Halogen zersetzt Wasser und reagiert heftig mit fast allen Elementen. Es bildet neben HF viele Salze: KHF_2, CaF_2 u.a. Kovalente Bindungen sind: F–F, F–N, F–O u.a.

Fluor ist ein anisotopes Element, das in der Natur nur in Form des Isotops F 19 vorkommt. Weitere 15 künstliche, radioaktive Isotope F 15 bis F 31 sind bekannt.

Fluor wird hauptsächlich zur Herstellung von Uranhexafluorid UF_6 für die Urangewinnung, von SF_6 ein wichtiges Dielektrikum von Fluorierungsmitteln wie ClF_3, organischer Verbindungen, Polymeren u.a. verwendet.

Fluor ist ein wichtiges Spurenelement für Säugetiere und für den Menschen. Fluor F_2-Gas und einige seiner Verbindungen wie HF sind extrem toxisch.

Francium (englisch **Francium**) Fr

Protonenzahl ***Z*** = **87**

Relative Atommasse (^{12}C=12,000) A_r = **223,019733**

Francium wurde im Jahre 1939 von der französischen Physikerin *Marguerite Perey* in Paris, Frankreich, bei der Überprüfung der β^-–Strahlung gereinigter Actiniumproben, entdeckt. Das entdeckte Isotop Fr 223 wurde zunächst als AcK bezeichnet.
Das Element wurde nach ihrer Heimat *Frankreich* benannt.

Atomare Eigenschaften:

Metallatomradius	ca. 270 pm
Kovalenzradius	
Ionenradien	180^+ pm
Elektronegativität	(A) 0,86; (P) 0,70
Elektronenaffinität Fr → Fr^- **	0,456 eV
Ionisierungsenergie	4,146 eV; 22,51 eV
Elektronenkonfiguration	[Rn] $7s^1$

Physikalische Eigenschaften: **Metall**

Dichte ρ (bei 20 C) *	2500 $kg.m^{-3}$
Härte (Mohs)	
Schmelztemperatur ϑ_s **	27 ^{0}C ; 300 K
Siedetemperatur ϑ_v **	677 ^{0}C ; 950 K
Spezifische Schmelzwärme q	
Spezifische Wärmekapazität c	
Thermische Leitfähigkeit λ *	15 $W.m^{-1}.K^{-1}$
Thermischer Längen-Koeff. α	
Spez. elektrischer Widerstand ρ	
Schallgeschwindigkeit c (20 ^{0}C)	
Normalpotential E^0 Fr / Fr^+ *	– 3,09 V

* geschätzt Werte; ** extrapolierte Werte

Francium gehört zu den äußerst seltenen Elementen auf der Erde. In der Natur kommt es nur in Spuren, in Form der Isotope Fr 221 und Fr 223 als Zwischenprodukt der U-Ac-Zerfallsreihe bzw. der Np-Zerfallsreihe vor. Es wird in winzigen Mengen aus Uranerzen gewonnen. Die meisten Isotope entstehen durch Spallation von Thorium und Uran beim Beschuss mit energiereichen Protonen oder Deuteronen gemäß:

$$^{238}_{92}U + {}^{1}_{1}H \rightarrow {}^{212}_{87}Fr + 6\,{}^{1}_{1}H + 21\,{}^{1}_{0}n$$

Die Eigenschaften des Elements sind kaum bekannt. Es ist ein stark radioaktives, kurzlebiges Leichtmetall mit sehr niedriger Schmelztemparatur.

Francium gehört zur Gruppe der ›Alkalimetalle‹ 1. Gruppe, 7. Periode. In seinen Verbindungen ist es bestrebt durch Abgabe eines 7s-Elektrons eine stabile Edelgaskonfiguration $6s^2 6p^6$ [Rn] zu erreichen und bildet daher ausschließlich die Oxidationsstufe Fr^{I}. Es ist das unedelste und am stärksten elektropositive Element. Es entzündet sich an der Luft und reagiert explosiv mit Wasser, verbindet sich direkt mit Sauerstoff, Wasserstoff, den Halogenen u.a. z.B.: Fr_2O, FrOH, FrH, FrF, FrCl, $FrClO_4$ u.a.

Bekannt sind 33 künstliche, radioaktive, kurzlebige Isotope des Franciums Fr 199 bis Fr 232. Die Isotope Fr 221(α, γ; 4,9 min) und Fr 223 (β–,α,γ; 21,8 min)finden sich in Spuren in Uranerzen.

Das Metall hat nur wissenschaftliche Bedeutung, es wird nur zu Forschungszwecken verwendet.

Francium hat keine biologische Bedeutung für den menschlichen Organismus, würde aber auf der Haut schwere Verletzungen verursachen und wegen seiner Radioaktivität toxisch und kanzerogen wirken.

Gadolinium (englisch **Gadolinium**) **Gd**

Protonenzahl Z **= 64**
Relative Atommasse (^{12}C=12,000) ***A_r*** **= 157,25**

Gadolinium wurde im Jahre 1880 von dem Schweizer Chemiker *Jean-Charles Gallissard de Marignac* in Genf, Schweiz, im Gadolinit spektroskopisch entdeckt. 1886 erhielt *P.-E. Lecoq de Boisbaudran* in Paris, Frankreich, das Oxid und 1935 gelang *Georges Urbain* erstmals die Darstellung des Metalls.
Benannt nach dem finnischen Chemiker *Johann Gadolin.*

Atomare Eigenschaften:

Metallatomradius	180 pm
Kovalenzradius	161 pm
Ionenradien	Gd^{3+} 94 pm
Elektronegativität	(A) 1,11; (P) 1,2; (a) 3,3 eV
Elektronenaffinität Gd → Gd^-	0,52 eV
Ionisierungsenergie	6,1425 eV; 12,105 eV
Elektronenkonfiguration	[Xe] $4f^7$ $5d^1$ $6s^2$

Physikalische Eigenschaften: **Metall**

Dichte ρ (bei 20 C)	7895 $kg.m^{-3}$
Härte (Mohs)	ca. 1,5
Schmelztemperatur ϑ_S	1312 °C; 1585 K
Siedetemperatur ϑ_V	3273 °C; 3546 K
Spezifische Schmelzwärme q	64 $kJ.kg^{-1}$
Spezifische Wärmekapazität c	0,236 kJ. kg^{-1}. K^{-1}
Thermische Leitfähigkeit λ	10,6 $W.m^{-1}.K^{-1}$
Thermischer Längen-Koeff. α	8,6 . 10^{-6} K^{-1}
Spez. elektrischer Widerstand ρ	134. 10^{-8} Ω.m
Schallgeschwindigkeit c (20 °C)	2678 $m.s^{-1}$
Normalpotential E^0 Gd / Gd^{3+}	– 2,4 V

Gadolinium ist ein selteneres Element auf der Erde. Es kommt in der Natur meist mit den anderen Seltenerdmetallen vor allem im Monazitsand (Ce, Gd, Eu, Dy u.a.) [(P,Si)O_4], Bastnäsit u.a. vor. Das Element erhält man nach Abtrennung aus seinen Erzen mit HF durch Reduktion des Fluorids mit Ca bei ca. 1500 °C.

Es ist ein silberweißes, oder schwach gelbliches, sehr weiches, gut dehnbares Schwermetall, das an feuchter Luft grau anläuft. Es tritt in zwei Modifikationen auf α–Gd und β–Gd, die Übergangstemperatur beträgt 1262 °C. Das Metall gehört zu den stärksten paramagnetischen Werkstoffen. Unterhalb 289 K ist es schwach ferromagnetisch, unter 7,9 K besteht Supraleitfähigkeit.

Gadolinium gehört zur Reihe der ›Lanthanoide‹, 3. Gruppe, 6. Periode. Es ist ein sehr unedles, stark elektropositives, Übergangsmetall und starkes Reduktionsmittel. Es reagiert langsam mit Luft und Wasser und löst sich in Säuren. In Verbindungen bildet es die Oxidationsstufen Gd^{II} und Gd^{III} wie z.B.: GdI_2, Gd_2O_3, $Gd(OH)_3$, $GdCl_3$, GdF_3 u.a. Salze und Komplexe.

Natürliches Gadolinium besteht aus sieben stabilen Isotopen zwischen Gd 152, Gd 158 (24,84 %) bis Gd 160. Daneben sind weitere 24 künstliche, radioaktive Isotope Gd 135 bis Gd 166 sowie vier Kernisomere bekannt. Das Isotop Gd 153 entsteht beim in der Reaktion $^{153}{}_{63}Eu(^{1}{}_{1}H, n)^{153}{}_{64}Gd$ es wird in der Strahlenmedizin eingesetzt. Das stabile Isotop Gd 157 hat den größten Wirkungsquerschnitt für thermische Neutronen aller Elemente von $\sigma = 254.000\ m^2$.

Das Metall findet Verwendung als Legierungsmetall für Hochtemperaturlegierungen, in elektronischen Bauteilen, Magneten und Supraleitern, in Magnetblasenspeichern u.a. Für Kernreaktoren ist es aufgrund seiner Tochternuklide nicht geeignet.

Gadolinium hat keine biologische Bedeutung für den menschlichen Organismus. Es wirkt stimulierend und ist gering toxisch.

Gallium (englisch Gallium) Ga

Protonenzahl ***Z*** **= 31**
Relative Atommasse (^{12}C=12,000) A_r **= 69,723**

Gallium wurde 1875 von dem französischen Chemiker *Paul-Émil Lecoq de Boisbaudran* in Paris, Frankreich, mittels eines Funkenspektrometers in einer Zinkblende entdeckt. Noch im selben Jahr gelang es ihm durch Elektrolyse von $Ga(OH)_3$ elementares Gallium herzustellen. Lateinisch *Gallia* = Frankreich.

Atomare Eigenschaften:

Metallatomradius	122 pm
Kovalenzradius	125 pm
Ionenradien	Ga^{3+} 62 pm
Elektronegativität	(A) 1,82; (P) 1,81; (a) 3,2 eV
Elektronenaffinität Ga → Ga^-	0,31 eV
Ionisierungsenergie	5,9988 eV; 20.511 eV
Elektronenkonfiguration	[Ar] $3d^{10}$ $4s^2$ $4p^1$

Physikalische Eigenschaften: **Metall**

Dichte ρ (bei 20 C)	5905 $kg.m^{-3}$
Härte (Mohs)	1,5
Schmelztemperatur ϑ_S	29,8 ^0C; 302,9 K
Siedetemperatur ϑ_V	2403 ^0C; 2676 K
Spezifische Schmelzwärme q	80,21 $kJ.kg^{-1}$
Spezifische Wärmekapazität c	0,371 $kJ.kg^{-1}.K^{-1}$
Thermische Leitfähigkeit λ	41 $W.m^{-1}.K^{-1}$
Thermischer Längen-Koeff. α	12.10^{-6} K^{-1}
Spez. elektrischer Widerstand ρ	27.10^{-8} Ω.m
Schallgeschwindigkeit c (20 ^0C)	2745 $m.s^{-1}$
Normalpotential E^0 Ga / Ga^{3+}	– 0,53 V

Gallium gehört zu den weniger häufigen Elementen auf der Erde, es kommt nie elementar sondern nur in Form von Verbindungen in verschiedenen Mineralien vor, wie z.B.: Gallit $CuGaS_2$, Söhngeit $[Ga(OH)_3]$ u.a. Man erhält das Metall als Nebenprodukt der Zink- und Aluminiumindustrie.

Es ist ein silberweißes, glänzendes, sehr weiches, gut dehnbares, diamagnetisches Schwermetall, mit einem sehr niedrigen Schmelzpunkt. Es schmilzt schon in der menschlichen Hand und hat den größten Flüssigkeitsbereich aller Elemente. Es dehnt sich beim Erstarren aus dem flüssigen Zustand aus. Unterhalb 1,08 K bzw, in dünnen Schichten besteht unterhalb 8,6 K Supraleitfähigkeit.

Gallium gehört zur Gruppe der ›Triele‹, 13. Gruppe, 4. Periode. Es ist ein elektropositives, unedles Metall. Es ist in Luft und Wasser beständig, löst sich in Säuren und Basen. In Verbindungen bildet es die Oxydationsstufen Ga^{I}, Ga^{II} und Ga^{III} wie z.B.: GaCl, Ga_2O, $GaCl_2$, GaH_3, $GaCl_3$, GaF_3, Ga_2O_3, Ga_2S_3, $Ga(OH)_3$ u.a.

In der Natur kommt es in Form zweier stabiler Isotope Ga 69 (60,11 %) und Ga 71 vor. 24 weitere künstliche, radioaktive Isotope Ga 60 bis Ga 86 sowie ein Kernisomer sind bekannt.

Das Metall dient größtenteils zur Herstellung von Ga^{III}-Verbindungen wie das Arsenid GaAs, Antimonit GsSb, das Phosphit GaP u.a. für Halbleiter, Solarzellen, Mikrowellengeräte usw. Ferner dient es zur Herstellung von leicht schmelzenden Legierungen mit Sn, Bi, Pb und Cd oder Legierungen mit Fe, Gd, Li, Y und Mg die gute magnetische Eigenschaften besitzen. Intermetallische Ga-Verbindungen sind gute Supraleiter. Das radioaktive Isotop Ga 72 (β^-, γ; 14,1 h)wird in der Medizin zur Diagnose von Knochenkrebs eingesetzt.

Gallium hat keine biologische Bedeutung für den menschlichen Organismus, es ist gering toxisch und wirkt stimulierend.

Germanium (englisch Germanium) Ge

***Protonenzahl* Z = 32**
Relative Atommasse (^{12}C=12,000) **A_r = 72,61**

Germanium wurde im Jahre 1886 von dem deutschen Chemiker *Clemens Alexander Winkler* in Freiberg, Deutschland, im Mineral Argyrodit entdeckt und isoliert. *T. H. Richter* und *J. Lothar Meyer* identifizierten das Element als ein Eka-Silicium. Von lateinisch *Germania* = Deutschland.

***Atomare Eigenschaften*:**

Metallatomradius	123 pm
Kovalenzradius	122 pm
Ionenradien	Ge^{2+} 73 pm ; Ge^{4+} 53 pm
Elektronegativität	(A) 2,02; (P) 2,01; (a) 4,6 eV
Elektronenaffinität Ge → Ge^-	1,233 eV
Ionisierungsenergie	7,8985 eV; 15,934 eV
Elektronenkonfiguration	[Ar] $3d^{10}$ $4s^2$ $4p^2$

***Physikalische Eigenschaften*:** **Halbmetall**

Dichte ρ (γ-Cer bei 20 C)	5320 $kg.m^{-3}$
Härte (Mohs)	6
Schmelztemperatur ϑ_s	937 °C; 1210 K
Siedetemperatur ϑ_v	2830 °C; 3103 K
Spezifische Schmelzwärme q	478 $kJ.kg^{-1}$
Spezifische Wärmekapazität c	0,31 kJ. kg^{-1}. K^{-1}
Thermische Leitfähigkeit λ	60 $W.m^{-1}.K^{-1}$
Thermischer Längen-Koeff. α	5,6 .10^{-6} K^{-1}
Spez. elektrischer Widerstand ρ	0,463 Ω.m
Schallgeschwindigkeit c (20 °C)	5410 $m.s^{-1}$
Normalpotential E^0 Ge / Ge^{2+}	– 0,247 V

Germanium ist ein selteneres Element auf der Erde. Es ist in geringen Konzentrationen weit verbreitet, wie z.B.: in den Mineralien Canfieldit $4Ag_2S.(Sn,Ge)S_2$, Germanit $Cu_6FeGe_2S_8$, Argyrodit Ag_8GeS_6 u.a. Nach Überführung in Ge(IV)-oxid wird das Element durch Reduktion im Wasserstoffstrom bei 950 ^{0}C dargestellt. Hochreines Germanium (1 Fremdatom pro 1.10^{14} Ge-Atomen) erhält man durch Zonenschmelzverfahren .

Es ist ein silberweißes, sehr sprödes Halbmetall das erst über 500 ^{0}C plastisch verformbar ist. Es ist ein dem Silicium ähnlicher Halbleiter, bei dem die elektrische Leitfähigkeit mit der Temperatur ansteigt. In der Hochdruckphase über 12 GPa besteht unterhalb 5,4 K Supraleitfähigkeit. Ge-Verbindung haben höhere Sprungtemperaturen z.B.: $Al_{08}Ge_{02}Nb_3$ 20,7 K, $GeNb_3$ 23,7 K.

Germanium gehört zur Gruppe der ›Tetrele‹, 14. Gruppe, 4. Periode. Es ist ein reaktionsträges Element, es ist in der Luft und in Wasser beständig, von Säuren und Alkalien wird es nicht angegriffen. In Verbindungen bildet es die Oxidationsstufen Ge^{II} und Ge^{IV} wie z.B.: $GeCl_2$, GeO, GeF_2, $GeCl_2$, GeS, GeO_2, GeS_2, GeH_4, $GeCl_4$, GdF_4, $Gd(OH)_4$ bzw. H_4GeO_4 u.a. Salze und Komplexe. Es bildet auch kovalente Bindungen wie: Ge–Ge, Ge–H, Ge–O, Ge–C, Ge–Cl, Ge–F u.a.

Natürliches Germanium besteht aus fünf stabilen Isotopen zwischen Ge 70, Ge 74 (36,5 %) bis Ge 76. Daneben sind weitere 24 künstliche, radioaktive Isotope Ge 60 bis Gd 89 sowie vier Kernisomere bekannt.

Es findet Verwendung in der Halbleitertechnik, in Legierungen und Spezialgläsern wie Ge-Linsen in der Infrarottechnik. Als Legierungsbestandteil mit Al, Mg, Sn u.a. erhöht es die Härte dieser Metalle.

Germanium hat keine biologische Bedeutung für den menschlichen Organismus. Es gilt als nicht toxisch und wirkt stimulierend. Ge- Verbindungen hingegen sind giftig.

Gold (englisch **Gold**) **Au**

Protonenzahl Z **= 79**
Relative Atommasse (^{12}C=12,000) ***A_r*** **= 196,96654**

Gold ist eines der sieben Metalle des Altertums. Die ältesten Goldfunde stammen aus dem 5 Jahrtsd. v. Chr. , es wurde vor allem für rituelle Gegenstände und Schmuck verwendet. 1498 brachten die spanischen Eroberer riesige Mengen Gold aus Amerika das *Gold der Inkas* (Eldorado Saga).
Das Symbol Au stammt von lateinisch *Aurum* = Gold

Atomare Eigenschaften:

Metallatomradius	144 pm
Kovalenzradius	134 pm
Ionenradien	Au^+ 137 pm
Elektronegativität	A: 1,42; P: 2,54; a: 5,77 eV
Elektronenaffinität $Au \rightarrow Au^-$	2,31 eV
Ionisierungsenergie	9,2254 eV, 20,521 eV
Elektronenkonfiguration	[Xe] $4f^{14}\ 5d^{10}\ 6s^1$

Physikalische Eigenschaften: **Metall**

Dichte ρ (bei 20 ^{0}C)	19320 $kg.m^{-3}$
Härte (Mohs)	2,5 – 3
Schmelztemperatur ϑs	1064 ^{0}C ; 1337 K
Siedetemperatur ϑv	2808 ^{0}C ; 3081 K
Spezifische Schmelzwärme q	64,4 $kJ.kg^{-1}$
Spezifische Wärmekapazität c	0,129 $kJ.kg^{-1}.K^{-1}$
Thermische Leitfähigkeit λ	317 $W.m^{-1}.K^{-1}$
Thermischer Längen-Koeff. α	$14{,}2.10^{-6}\ K^{-1}$
Spez. elektrischer Widerstand ρ	$2{,}35.10^{-8}\ \Omega.m$
Schallgeschwindigkeit c (20 ^{0}C)	2010 $m.s^{-1}$
Elektrochem. Äquivalent $Ä$ Au^{3+}	$0{,}68\ .10^{-6}\ kg.\ A^{-1}.s^{-1}$
Normalpotential E^0 Au / Au^{3+}	1,69 V

Gold gehört zu den äußerst seltenen Elementen auf der Erde. Es tritt hauptsächlich elementar auf, ist aber meistens mit Silber, Kupfer und Platin verunreinigt. Als Frei-Gold findet man es in Form von Körnern, Schuppen, Klumpen u.a. oder in Mineralien, wie z.B.: Calaverit $AuTe_2$, Krennerit $AuTe_4$, Sylvanit $AuAgTe_4$ u.a. als goldhaltiger Quarz, Pyrit oder Arsenkies. Das Metall erhält man durch ›Goldwaschen‹ oder ›Cyanidlaugerei‹.

Es ist ein charakteristisch, goldgelbes, glänzendes, weiches, gut dehn-, walz- und verformbares, diamagnetisches Schwermetall. Es hat eine sehr hohe Dichte und gehört zu den besten Leitern von elektrischen Strom und Wärme.

Gold befindet sich im PSE in der 11. Gruppe, 6. Periode. Es ist ein sehr edles, reaktionsträges Übergangsmetall. An der Luft und im Wasser ist es beständig, von Säuren, außer Königswasser (1 Teil konz. HNO_3 + 3 Teile konz. HCl) und Alkalien wird es nicht angegriffen. In Verbindungen bildet es fast alle Oxidationsstufen von Au^{-I} bis Au^{VII}, die wichtigsten sind Au^{I} und Au^{III} wie z.B.: Au_2S, Au_2O_3, Au_2S_3, $AuBr_3$, AuF_3, $Au(OH)^-_4$, aber auch AuF_5, AuF_7 u.a.

Es ist ein anisotopes Element, das in der Natur nur als Au 197 vorkommt. Weitere 34 künstliche, radioaktive Isotope Au 170 bis Au 205 sowie 15 Kernisomere sind bekannt. Einige Au-Isotope entstehen durch Kernumwandlungen beim Beschuss von Pt-Targets mit Deuteronen wie z.B. das Isotop Au 195:

$$^{193}_{78}Pt + ^{2}_{1}H \rightarrow ^{195}_{79}\mathbf{Au} + \gamma$$

Gold ist das wichtigste Währungsmetall. Daneben wird es für Schmuck, zum Färben von Gläsern und Porzellan, in der Zahnmedizin, in der Elektronik u.a. verwendet. Der Feingehalt wird in ›Karat‹ angegeben. Reines Gold 1000/1000 hat 24 Karat.

Das Metall hat keine biologische Bedeutung für den menschlichen Organismus. Es ist nicht toxisch und wirkt stimulierend.

Hafnium (englisch **Hafnium**) **Hf**

Protonenzahl Z **= 72**
Relative Atommasse (^{12}C=12,000) ***A_r*** **= 178,49**

Hafnium wurde im Jahre 1923 von dem niederländischen Physiker *Dirk Coster* und dem ungarischen Physiker *György K. von Hevesy* mittels der Röntgenspektroskopie in einem Zirconiumerz in Kopenhagen, Dänemark, entdeckt und nach Aufschluss der Erze durch Reduktion des Chlorids mit Natrium dargestellt. Von *Hafnia* dem lateinischen Namen von Kopenhagen.

Atomare Eigenschaften:

Metallatomradius	156 pm
Kovalenzradius	144 pm
Ionenradien	Hf^{4+} 78 pm
Elektronegativität	A: 1,23; P: 1,3; a: 3,8 eV
Elektronenaffinität Hf → Hf^-	ca. 0 eV
Ionisierungsenergie	7,0035 eV; 14,924 eV
Elektronenkonfiguration	[Xe] $4f^{14}$ $5d^2$ $6s^2$

Physikalische Eigenschaften: **Metall**

Dichte ρ (bei 20 °C)	13310 kg.m^{-3}
Härte (Mohs)	2 – 3
Schmelztemperatur ϑ_S	2230 °C ; 2503 K
Siedetemperatur ϑ_V	4604 °C ; 4877K
Spezifische Schmelzwärme q	143 kJ.kg^{-1}
Spezifische Wärmekapazität c	0,142 kJ.kg^{-1}.K^{-1}
Thermische Leitfähigkeit λ	23 W.m^{-1}.K^{-1}
Thermischer Längen-Koeff. α	5,9.10^{-6} K^{-1}
Spez. elektrischer Widerstand ρ	35 .10^{-8} Ω.m
Schallgeschwindigkeit c (20 °C)	1740 m.s^{-1}
Normalpotential E^0 Hf / Hf^{4+}	– 1,5 V

Hafnium gehört zu den selteneren Elementen auf der Erde. Es tritt nie elementar auf, ist aber in verschiedenen Zirkonmineralien wie z.B.: Zirkone, Malakon, Zyrtolith u.a. weit verbreitet. Es ist ein Nebenprodukt der Zirconiumherstellung. Die Trennung von Zirconium erfolgt durch Ionenaustauscher, das Metall erhält man durch Reduktion des Hf(IV)-chlorids mit Magnesium.

Es ist ein silbergraues, glänzendes, in reinem Zustand relativ weiches, gut dehn-, walz- und schmiedbares, Schwermetall. Durch Aufnahme von Sauerstoff aus der Luft wird es spröde. Es tritt in zwei Modifikationen auf α–Hf bis 1760 ^{0}C und darüber β–Hf. Das paramagnetische Metall zeigt in der Nähe des absoluten Nullpunktes (< 0,128 K) Supraleitfähigkeit.

Hafnium befindet sich im PSE in der 4. Gruppe, 6. Periode. Es ist ein ziemlich unedles, reaktionsfähiges Übergansmetall, das durch eine Oxidschicht passiviert wird. Es ist an der Luft, in Wasser, Säuren und Laugen beständig. In Verbindungen bildet es die Oxidationsstufen Hf^I bis Hf^{IV} ,wie z.B.: $HfCl_3$, HfF_3, HfO_2, $HfCl_4$ u.a.

Hafnium kommt in der Natur als ein Gemisch aus sechs stabilen Isotopen Hf 174 bis Hf 180 (35,1 %) vor. Daneben sind 25 weitere künstliche, radioaktive Isotope Hf 153 bis Hf 188 sowie sieben Kernisomere bekannt. Die wichtigsten Isotope sind Hf 172, Hf 175, Hf 181 und Hf 182 sie werden als radioaktive Indikatoren eingesetzt. Hf-Isotope haben einen relativ großen Wirkungsquerschnitt für epithermische Neutronen.

Es ist ein wichtiger Werkstoff für Kontroll- und Regelstäbe in Kernreaktoren. Daneben wird Hafnium als Getter in der HF-Technik verwendet und ist ein wichtiger Bestandteil für hochschmelzende und hochfeste Legierungen mit Mo, Nb, Ta, W sowie Cu, Fe, Ni, Ag, Mn u.a.

Hafnium hat keine biologische Bedeutung für den menschlichen Organismus. Das Metall gilt als nicht toxisch.

Hassium (englisch **Hassium**) **Hs**

Protonenzahl Z = **108**
Nukleonenzahlen der Isotope A = **264** bis **278**

Hassium wurde im Jahre 1984 von den deutschen Wissenschaftlern *G. Münzenberg P. Armbruster, S. Hofmann, H. Folger* u.a. bei der ›Gesellschaft für Schwerionenforschung‹ GSI, in Darmstadt, Deutschland, am SHIP durch Beschuss von Isotopenreinem Blei Pb 208 mit Eisenionen $^{58}_{26}Fe^{14+}$ gemäß:

$$^{58}_{26}Fe + ^{208}_{82}Pb \rightarrow [\,^{266}_{108}Bh\,] \rightarrow \mathbf{^{265}_{108}Bh} + ^{1}_{0}n$$

erstmals hergestellt und nachgewiesen. **Metall**

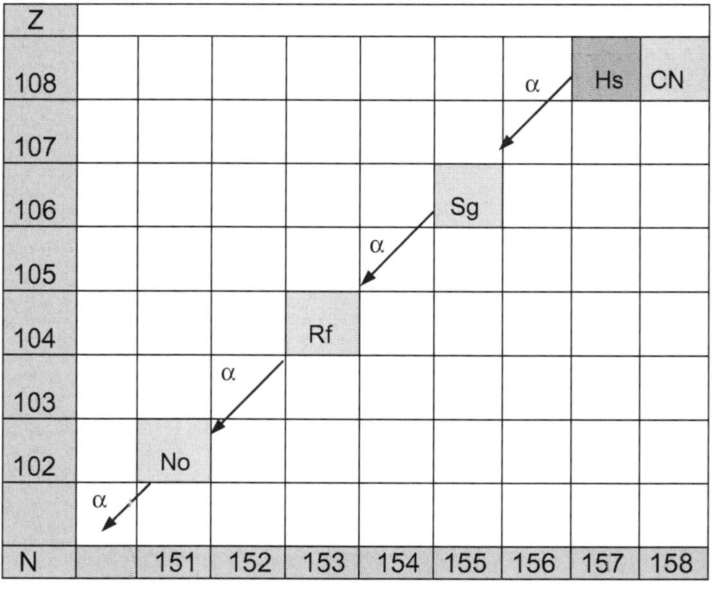

α – Zerfallskette des Elements Hassium

Das Element entstand durch ›kalte‹ Fusion eines Bleikerns mit einem Eisenkern und Abgabe eines Neutrons. Der Nachweis wurde anhand der α–Zerfallskette, die am 14. März 1984 am SHIP registriert wurde, erbracht.
Das Element wurde nach dem lateinischen Namen des Landes Hessen *Hassia,* dem Sitz der GSI benannt.

Hassium ist wenig bekannt. Es gehört zur Reihe der ›Transactinoide‹ und befindet sich im PSE in der 8. Gruppe und 7. Periode. Es ist ein Übergangsmetall und ähnelt in seinem Verhalten vermutlich seinen Homologen Ruthenium, und Osmium. Das Element bildet fast alle Oxidationsstufen wobei die Stufe Bh^{IV} die Beständigste sein dürfte.
Wahrscheinliche Elektronenkonfiguration im Grundzustand:

$$[Rn]\ 5f^{14}\ 6d^{6}\ 7s^{2}$$

Bekannt sind zehn Isotope Hs 264 bis Hs 278 sowie zwei Kernisomere Hs 265^{m} und Hs 267^{m}. Sie haben alle kurze Halbwertszeiten von einigen Millisekunden bis Sekunden. Alle Hs-Isotope zerfallen durch α–Emission in Seaborgium gemäß:

$$^{A}_{108}Hs \rightarrow \alpha + {}^{A-4}_{106}Sg \rightarrow$$

Weitere Isotope entstehen beim Beschuss von Bi 209 mit Mn 55 bzw. von Pb 207 und Pb 208 mit Fe 58 wie z.B.:

$$^{58}_{26}Fe + {}^{207,208}_{82}Pb \rightarrow {}^{264,265}_{108}Hs + {}^{1}_{0}n$$

Die Isotope Hs 264 und Hs 267 zerfallen zusätzlich durch Spontanspaltung.

Das Element hat nur wissenschaftliche Bedeutung, es wird ausschließlich zu Forschungszwecken verwendet.

Hassium hat keine biologische Bedeutung für den Menschen, würde aber in relevanten Mengen aufgrund seiner Radioaktivität toxisch und kanzerogen wirken.

Helium (englisch **Helium**) **He**

Protonenzahl Z = **2**
Relative Atommasse (^{12}C=12,000) A_r = **4,002602**

Helium wurde im Jahre 1868 während einer Sonnenfinsternis unabhängig voneinander von den Astronomen *P.J.C. Jansen* und *Sir J. N. Lockyer* im Sonnenspektrum entdeckt. 1895 gelang *Sir W. Ramsay* der Nachweis von Helium in der Luft sowie die Reindarstellung von Helium aus dem Uran-Mineral Cleveit.
Von griechisch *hélios* = Sonne.

Atomare Eigenschaften:

Atomradius	128 pm
Kovalenzradius	
Van-der-Waals-Radius	140 pm
Ionenradien	
Elektronegativität	(a) 12,4 eV
Elektronenaffinität He → He^-	0,19 eV
Ionisierungsenergie	24.587 eV; 54,416 eV
Elektronenkonfiguration	$1s^2$

Physikalische Eigenschaften: **Nichtmetall**

Dichte ρ (gasf. bei 0 °C)	0,1785 kg.m^{-3}
Schmelztemperatur ϑ_s	– 272,1 °C ; 1,05 K
Siedetemperatur ϑ_V	– 268,93 °C ; 4,22 K
Kritische Temperatur T_c	– 267,95 °C; 5,204 K
Kritischer Druck p_c	0,227 MPa
Spezifische Wärmekapazität c	5,21 kJ.kg^{-1}.K^{-1}
Thermische Leitfähigkeit	0,157 W.m^{-1}.K^{-1}
Schallgeschwindigkeit c (20 °C)	965 m.s^{-1}
Löslichkeit in Wasser (bei 20 °C)	0,0153 g / Liter

Helium ist ein äußerst seltenes Element, in der Atmosphäre ist es mit einem Volumenanteil von ca. 0,00046 % enthalten. Großtechnisch wird das Gas durch fraktionierte Destillation aus verflüssigten Erdgasen oder Luft gewonnen. Ein wichtiges Ausgangsmaterial für die Helium-Gewinnung sind die Kreislauf-Restgase der Ammoniaksynthese. Im Laboratorium erhält man Helium in geringen Mengen aus U- und Th-haltigen Mineralien. In der Sonne und anderen Fixsternen entsteht Helium in zwei verschiedenen Kernreaktionen: im ›Proton-Proton-Prozess‹ und im ›Kohlenstoff-Stickstoff-Prozess‹, bei denen enorme Energien freigesetzt werden. Beide Fusionsprozesse können durch die untere Reaktionsgleichung beschrieben werden:

$$4\,{}^{1}_{1}H \rightarrow {}^{4}_{2}\mathbf{He} + 2\,{}^{0}_{1}e^{+} + 2\,\nu \qquad \Delta H = -26{,}72\ \mathrm{MeV}$$

Es ist ein farb-, geruch- und geschmackloses, einatomiges diamagnetisches Gas, das unterhalb 2,1 K in Helium II, einer ›Supraflüssigkeit‹ übergeht, bei der die Wechselwirkung zwischen den Atomen fast aufgehoben wird, bzw. deren innere Energie gleich Null ist.

Helium gehört zur Gruppe der ›Edelgase‹, 18. Gruppe, 1. Periode. Es besitzt eine abgeschlossene äußere Elektronenschale (K-Schale) mit 2s Elektronen [He] woraus sich seine chemische Trägheit erklärt. Von Helium sind keine Verbindungen bekannt.

Natürliches Helium besteht aus zwei stabilen Isotopen He 4 (99,999 %) und He 3. Weitere fünf radioktive, künstliche Isotope He 5 bis He 10 sind bekannt. He 4 Kerne nennt man ›Alphateilchen‹ bzw. ›α-Teilchen‹.

Das Gas findet in der Verwendung v.a. als Kühlmittel z.B. in Kernreaktoren, als Füllgas von Ballonen, Luftschiffen und Flugzeugreifen, als Testgas, zur Schalldämmung u.a. Gemischt mit 20 % Sauerstoff dient es als ›Taucherluft‹ in Tauchgeräten.

Helium hat keine biologische Bedeutung für den menschlichen Organismus, es ist nicht toxisch, wirkt aber erstickend.

Holmium (englisch **Erbium**) **Er**

Protonenzahl Z = **67**

Relative Atommasse (^{12}C=12,000) ***A_r* = 164,93032**

Holmium wurde im Jahre 1878 von den Schweizer Physikern *Jaques Louis Soret* und *Marc A. Delafontaine* in Genf, Schweiz spektralanalytisch nachgewiesen und zeitgleich auch von dem schwedischen Chemiker *Per T. Cleve* in Uppsala, entdeckt.
Von *Holmia* dem alten Namen von Stockholm.

Atomare Eigenschaften:

Metallatomradius	176 pm
Kovalenzradius	158 pm
Ionenradien	Ho^{3+} 91 pm
Elektronegativität	A: 1,1; P: 1,23; a: ~ 3,3 eV
Elektronenaffinität Ho → Ho^-	ca. 0,52 eV
Ionisierungsenergie	6,0185 eV; 11,804 eV
Elektronenkonfiguration	[Xe] $4f^{11}$ $6s^2$

Physikalische Eigenschaften: **Metall**

Dichte ρ (γ-Cer bei 20 ^{0}C)	8795 kg.m^{-3}
Härte (Mohs)	
Schmelztemperatur ϑ_S	1474 ^{0}C; 1747 K
Siedetemperatur ϑ_V	2700 ^{0}C; 2973 K
Spezifische Schmelzwärme *q*	104 kJ.kg^{-1}
Spezifische Wärmekapazität *c*	0,165 kJ. kg^{-1}. K^{-1}
Thermische Leitfähigkeit λ	16 W.m^{-1}.K^{-1}
Thermischer Längen-Koeff. α	11 .10^{-6} K^{-1}
Spez. elektrischer Widerstand ρ	87.10^{-8} Ω.m
Schallgeschwindigkeit c (20 ^{0}C)	2832 m.s^{-1}
Normalpotential E^0 Ho / Ho^{3+}	− 2,33 V

Holmium ist ein selteneres Element. Es kommt in der Natur meist mit den anderen Seltenerdmetallen vor allem im Monazitsand (Ce, La, Y, Er u.a.) [(P,Si)O_4], Gadolinit, Bastnäsit u.a. vor. Das Element wird durch metallothermische Reduktion des Trifluorids mit Ca, oder durch Schmelzelektrolyse gewonnen.

$$2HoF_3 + 3Ca \rightarrow 2Ho + 3CaF_2$$

Es ist ein silbergraues, weiches, gut dehnbares Schwermetall, das an der Luft rasch grau anläuft. Es kommt in zwei Modifikationen vor α–Ho und β–Ho, Übergangstemperatur 1472 ^{0}C. Bei Normaltemperatur ist es stark paramagnetisch, unterhalb 29 K zeigt es ferromagnetische Eigenschaften.

Holmium gehört zur Reihe der ›Lanthanoide‹, 3. Gruppe, 6. Periode. Es ist ein sehr unedles, elektropositives Übergangsmetall. Es wird an feuchter Luft und im Wasser langsam angegriffen und löst sich in Säuren. In seinen Verbindungen bildet es nur die Oxidationsstufe Ho^{III}, wie z.B.: $HoCl_3$, HoF_3, Ho_2O_3, $Ho(OH)_3$ u.a. Salze und Komplexe.

Es ist ein anisotopes Element, das in der Natur nur in Form des Isotops Ho 165 vorkommt. Daneben sind weitere 28 künstliche, radioaktive Isotope Ho 140 bis Ho 172 und 18 Kernisomere bekannt.

Das Metall hat nur geringe technische Bedeutung. Aufgrund seiner ferromagnetischen Eigenschaften bei tiefen Temperaturen werden Ho-Legierungen zur Herstellung starker Magnete verwendet. Es ist wichtig als Bestandteil für den Holmium-Laser, als Aktivator für Bildschirmröhren sowie Holmiumoxidsilicatglas für die UV-Spektroskopie.

Holmium hat keine biologische Bedeutung für den menschlichen Organismus. Es wirkt stimulierend und ist gering toxisch.

Indium (englisch **Indium**) **In**

Protonenzahl Z = **49**

Relative Atommasse (^{12}C=12,000) ***A_r*** = **114,818**

Indium wurde 1863 von den deutschen Chemikern *Ferdinand Reich* und *Theodor H. Richter* in Freiberg, Deutschland, bei der spektralanalytischen Untersuchung von Zinkblendenerz entdeckt und isoliert.
Nach seiner Indigo-blauen Spektrallinie benannt.

Atomare Eigenschaften:

Metallatomradius	163 pm
Kovalenzradius	150 pm
Ionenradien	In^{3+} 82 pm
Elektronegativität	A: 1,49; P: 1,78; a: 3,1 eV
Elektronenaffinität In → In^-	0,31 eV
Ionisierungsenergie	5,7863 eV; 18,869 eV
Elektronenkonfiguration	[Kr] $4d^{10}\ 5s^2\ 5p^1$

Physikalische Eigenschaften: **Metall**

Dichte ρ (bei 20 ^{0}C)	7310 $kg.m^{-3}$
Härte (Mohs)	1,2
Schmelztemperatur ϑ_S	156 ^{0}C; 429 K
Siedetemperatur ϑ_V	2080 ^{0}C; 2353 K
Spezifische Schmelzwärme q	28,5 $kJ.kg^{-1}$
Spezifische Wärmekapazität c	0,24 $kJ.kg^{-1}.K^{-1}$
Thermische Leitfähigkeit λ	82 $W.m^{-1}.K^{-1}$
Thermischer Längen-Koeff. α	$32.10^{-6}\ K^{-1}$
Spez. elektrischer Widerstand ρ	$8,37.10^{-8}\ \Omega.m$
Schallgeschwindigkeit c (20 ^{0}C)	1220 $m.s^{-1}$
Normalpotential E^0 In / In^{3+}	– 0,34 V

Indium gehört zu den äußerst seltenen Elementen auf der Erde. Es kommt nie elementar, sondern nur in Form von Verbindungen in einigen Mineralien vor, wie z.B.: Indit $FeIn_2S_4$, Roquésit $CuInS_2$ u.a. Das Metall erhält man als Nebenprodukt der Zink-, Blei oder Cadmiumproduktion. Hochreines Indium erhält man durch Zonenschmelzverfahren.

Es ist ein silberweißes, glänzendes, sehr weiches, diamagnetisches Schwermetall, das man mit dem Messer schneiden und mit der Hand platt drücken kann. Beim Biegen eines Indiumstabes, hört man leichtes Knistern, verursacht durch die Reibung der Kristalle. Unterhalb 3,4 K bzw. in dünnen Schichten unter 4,5 K zeigt das Metall Supraleitfähigkeit.

Indium gehört zur Gruppe der ›Triele‹, 13. Gruppe, 5. Periode. Es ist ein elektropositives, unedles Metall, in Luft und Wasser ist es beständig, bei Feuchtigkeit oxidiert es langsam und verbrennt bei hoher Temperatur. Es löst sich in Säuren. In Verbindungen bildet es die Oxydationsstufen In^{I}, In^{II} und In^{III} wie z.B.: InCl, InBr, $InCl_3$, InF_3, In_2O_3, $In(OH)_3$ u.a. Salze und Komplexe. Kovalente Bindungen sind: In–In, In–H, In–O, In–F, In–Cl u.a. Flammenfärbung: tiefblauviolett

Es kommt in der Natur in Form zweier stabiler Isotop In 113 und In 115 (95,7 %) vor. 35 weitere künstliche, radioaktive Isotope In 98 bis In 135 sowie 34 Kernisomere sind bekannt. In 115 zeigt für epithermische Neutronen (< 1,5 eV) einen äußerst hohen Wirkungsquerschnitt von $\sigma = 30\,000 \cdot 10^{-8}\ m^2$.

Das Metall wird für niedrig schmelzende Legierungen, für Schmelzsicherungen, in Hochtemperaturthermometern, Feuerschutzanlagen, als Neutronenabsorber, zur Herstellung von Regelstäben für Kernreaktoren, Spiegelbeläge, Glasfarben u.a. verwendet. InAs und InSb sind wichtige Halbleitermateriale.

Indium hat keine biologische Bedeutung für den menschlichen Organismus, es ist gering toxisch und wirkt teratogen.

Iod (englisch **Iodine**) **I (Id)**

Protonenzahl ***Z*** = **53**

Relative Atommasse (^{12}C=12,000) ***A_r*** = **126,90447**

Iod wurde 1811 von dem französischen Chemiker *B. Courtois* in Paris, Frankreich, in den Mutterlaugen der Asche von Seetang entdeckt. 1813 erkannten die französ. Forscher *N. C. Désormes* und *Joseph-Louis Gay-Lussac* den Elementcharakter des Iods.
Von griechisch *ioeidés* = violett bzw. veilchenartig.

Atomare Eigenschaften:

Atomradius	133,4 pm
Kovalenzradius	133,1 pm
Van-der-Waals-Radius	215 pm
Ionenradien	220^- pm
Elektronegativität	(A) 2,2; (P) 2,66; (a) 6,7 eV
Elektronenaffinität $I \rightarrow I^-$	3,4 eV
Ionisierungsenergie	10,451 eV; 19,131 eV
Elektronenkonfiguration	[Kr] $4d^{10}$ $5s^2$ $5p^5$

Physikalische Eigenschaften: **Nichtmetall**

Dichte ρ (fest)	4940 $kg.m^{-3}$
Schmelztemperatur ϑ_s	113,6 ^{0}C ; 386,7 K
Siedetemperatur ϑ_v	184,4 ^{0}C; 457,5 K
Spezifische Schmelzwärme q	120,3 $kJ.kg^{-1}$
Spezifische Wärmekapazität c	0,2156 $kJ.kg^{-1}.K^{-1}$
Thermische Leitfähigkeit λ	0,449 $W.m^{-1}.K^{-1}$
Spez. elektrischer Widerstand ρ	1,37. 10^7 Ω.m
Elektrochem. Äquivalent $Ä$ I^-	1,315 .10^{-6} $kg. A^{-1}.s^{-1}$
Schallgeschwindigkeit c (20 ^{0}C)	ca. 206 $m.s^{-1}$
Löslichkeit in Wasser (bei 25 ^{0}C)	0,34 g / Liter
Normalpotential E^0 I^- / I_2	0,536 V

Iod ist das seltenste Halogen. Es tritt nie elementar auf, ist aber in gebundener Form in allen Pflanzen und tierischen Organismen, in fast allen Gesteinen, Böden, Gewässern u.a. sehr verbreitet. In Form von Calciumiodat $Ca(IO_3)_2$ und Natriumiodat $NaIO_3$ findet es sich in großen Mengen in Chile und Peru als Nebenbestandteil des Chilesalpeter $NaNO_3$. Es wird hauptsächlich aus $NaIO_3$ mit Hilfe von Schwefelsäure gewonnen.

Es ist eine festes, schwarzes, metallisch glänzendes, diamagnetisches Nichtmetall, das in Form dimerer Moleküle I_2 auftritt. Es sublimiert schon bei Raumtemperatur wobei es einen charakteristischen, stechenden Geruch verbreitet.

Iod gehört zur Gruppe der ›Halogene‹, 17. Gruppe, 5. Periode. Es ist den anderen Halogenen sehr ähnlich. Es besitzt wie diese sieben Außenelektronen und ist bestrebt durch Aufnahme eines 5p-Elektrons eine stabile Edelgaskonfiguration $5s^2 5p^6$ [Xe] zu erreichen, wobei der elektropositive Charakter jedoch überwiegt. In seinen Verbindungen bildet es mehrere Oxidationsstufen von I^{-I} bis I^{VIII}. Es verbindet sich heftig mit fast allen Elementen und bildet zahlreiche Oxide, Säuren und Salze.: I_2O, I_2O_5 usw. HI, HIO bis HIO_4, H_5IO_6, KI, KIO_4 u.a. Daneben geht Iod auch kovalente Bindungen ein, wie z.B.: I–I, I–H, I–F, I–O, I–P u.a.

Es ist ein anisotopes Element. In der Natur tritt es nur in Form des Isotops I 127 auf. Daneben sind weitere 36 künstliche, radioaktive Isotope I 108 bis I 144 sowie acht Kernisomere bekannt. Die meisten Isotope fallen als Nebenprodukte bei der Uranspaltung an.

Iod dient in der Medizin als Antiseptikum und für Arzneimittel. Daneben wird es zur Herstellung von Farbstoffen, Katalysatoren, in der Phototechnik, der Metallurgie u.a. verwendet.

Iod ist für viele Spezies, auch für den Menschen, ein essentielles Spurenelement. Iodmangel führt zu Schilddrüsenerkrankungen. Als Iod I_2 reizt es die Augen und ist toxisch.

Iridium (englisch Iridium) Ir

***Protonenzahl* *Z* = 77**
Relative Atommasse (^{12}C=12,000) ***A_r* = 192,22**

Iridium wurde zusammen mit Osmium im Jahre 1804 von dem britischen Chemiker *Smithson Tennant* in London, GB, bei der Analyse der in Königswasser unlöslichen Rückständen von Rohplatinerzen entdeckt und isoliert. Wegen der bunten Farbe, seiner Salze wurde es von griechisch *iris* = Regenbogen benannt.

***Atomare Eigenschaften*:**

Metallatomradius	136 pm
Kovalenzradius	126 pm
Ionenradien	Ir^{2+} 75 pm; Ir^{4+} 66 pm
Elektronegativität	A: 1,55; P: 2,2; a: 5,4 eV
Elektronenaffinität $Ir \rightarrow Ir^-$	1,564 eV
Ionisierungsenergie	9,1205 eV; 17,411 eV
Elektronenkonfiguration	[Xe] $4f^{14}$ $5d^7$ $6s^2$

***Physikalische Eigenschaften*:** **Metall**

Dichte ρ (bei 20 ^{0}C)	22560 kg.m^{-3}
Härte (Mohs)	7
Schmelztemperatur ϑ_S	2450 ^{0}C; 2723 K
Siedetemperatur ϑ_V	4530 ^{0}C; 4803 K
Spezifische Schmelzwärme q	137 kJ.kg^{-1}
Spezifische Wärmekapazität c	0,131 kJ. kg^{-1}.K^{-1}
Thermische Leitfähigkeit λ	147 W.m^{-1}.K^{-1}
Thermischer Längen-Koeff. α	6,4 .10^{-6} K^{-1}
Spez. elektrischer Widerstand ρ	5,3.10^{-8} Ω.m
Schallgeschwindigkeit c (20 ^{0}C)	4900 m.s^{-1}
Normalpotential E^0 Ir / Ir^{3+}	1,156 V

Iridium gehört zu den äußerst seltenen Elementen auf der Erde. Es kommt In der Natur nur elementar, meist als Begleiter des Platins und anderer Platinmetalle vor, z.B.: als Osmiridium (50-70 % Ir, 30-50 % Os) oder Iridosmium (20-45 % Ir, 55-80 % Os). Iridium erhält man allgemein aus den Platinkonzentraten die als Anodenschlamm bei der elektrolytischen Nickelraffination anfallen.

Es ist ein silberfarbenes, glänzendes, sprödes, sehr hartes paramagnetisches Schwermetall. Es hat fie zweitgrößte Dichte nach Osmium. Unterhalb 0,113 K besteht Supraleitfähigkeit.

Iridium befindet sich im PSE in der 9. Gruppe, 6. Periode. Es ist ein edles Übergangsmetall und das chemisch inaktivste Element seiner Gruppe. Es gehört zur Gruppe der ›schweren Platinmetalle‹, ist beständig gegen Luft, Wasser und allen Säuren, wird aber von geschmolzenen NaOH angegriffen. Es ist elektropositiv und als typisches Übergangsmetall bildet es in Verbindungen fast alle Oxidationsstufen von Ir^{-I} bis Ir^{III} und Ir^{VI} wie z. B.: $IrCl_2$, IrF_3, $IrCl_3$, IrO_2, IrF_4, IrO_2, IrS_2, IrF_6 sowie andere Salze und Komplexe.

Iridium kommt in der Natur in Form von zwei stabilen Isotopen Ir 191 und Ir 193 (62,7 %) vor. Weitere 33 künstl., radioaktive Isotope Ir 164 bis Ir 198 sowie 18 Kenisomere sind bekannt.

Es wird nur in Form von Legierungen verwendet, wie z.B.: für Spitzen von Goldfedern für Füllhalter, für Injektionsnadeln, für Zündkerzen in Flugzeugmotoren, Dentallegierungen, Schmuck u.a. ›Urmeter‹ und ›Urkilogramm‹ in Sèvres bei Paris, bestehen aus einer Legierung von 90 % Pt und 10 % Ir. Das Isotop Ir 192 wird als radioaktiver Indikator in der Medizin verwendet.
*Bei der Untersuchung der Resonanzstreuung angeregter Ir 191 Kerne, entdeckte *Rudolf Ludwig Mößbauer* den ›Mößbauer-Effekt‹.

Iridium hat keine biologische Bedeutung für den menschlichen Organismus. Das Metall gilt als nicht toxisch.

Kalium (englisch **Potassium**) K

Protonenzahl Z = **19**

Relative Atommasse (^{12}C=12,000) ***A_r*** = **39,0983**

Kalium wurde im Jahre 1807 von dem englischen Chemiker *Sir Humphry Davy* in London, Großbritannien, entdeckt und durch Elektrolyse von Kaliumhydroxid KOH erstmals rein dargestellt. Von arabisch *al qualiy* = Pottasche, englisch potash.

Atomare Eigenschaften:

Metallatomradius	227 pm
Kovalenzradius	203 pm
Van-der-Waals-Radius	231 pm
Ionenradien	138^+ pm
Elektronegativität	(A) 0,91; (P) 0,82; (a) 2,4 eV
Elektronenaffinität K → K^-	0,50 eV
Ionisierungsenergie	4,3395 eV; 31,625 eV
Elektronenkonfiguration	[Ar] $4s^1$

Physikalische Eigenschaften: **Metall**

Dichte ρ (bei 20 C)	862 $kg.m^{-3}$
Härte (Mohs)	0,5
Schmelztemperatur ϑs	63,5 ^{0}C ; 336,6 K
Siedetemperatur ϑv	774 ^{0}C ; 1047 K
Spezifische Schmelzwärme	61,5 $kJ.kg^{-1}$
Spezifische Wärmekapazität c	0,76 $kJ.kg^{-1}.K^{-1}$
Thermische Leitfähigkeit λ	102,5 $W.m^{-1}.K^{-1}$
Thermischer Längen-Koeff. α	83.10^{-6} K^{-1}
Spez. elektrischer Widerstand ρ	$6,15.10^{-8}$ Ω.m
Schallgeschwindigkeit c (20 ^{0}C)	2100 $m.s^{-1}$
Elektrochem. Äquivalent $Ä$ K^+	$0,405.10^{-6}$ $kg.A^{-1}.s^{-1}$
Normalpotential E^0 K / K^+	– 2,925 V

Kalium gehört zu den zehn häufigsten Elementen auf der Erde. Es kommt nie elementar, sondern nur in Verbindungen in verschiedenen Mineralien, wie z.B. Sylvin KCl, Salpeter KNO_3, Carnallit KCl. $MgCl_2$. $6H_2O$, in Feldspaten u.a. vor. Großtechnisch erhält man das Metall durch Reduktion von KCl mit Na bei 875 ^{0}C gemäß: $Na + KCl \leftrightarrow K\uparrow + NaCl$ und Abdestillation des Kaliums aus dem Na-Ka-Gemisch oder Schmelzflusselektrolyse von wasserfreien KOH.

Es ist ein sehr weiches, paramagnetisches Leichtmetall, das sich mit dem Messer schneiden lässt. An frischen Schnittflächen ist es silberweiß glänzend, an der Luft läuft es mattgrau an.

Kalium ist das dritte Element in der Gruppe der ›Alkalimetalle‹, 1. Gruppe, 4. Periode. In seinen Verbindungen ist es bestrebt durch Abgabe des 4s-Elektrons eine Edelgaskonfiguration $3s^23p^6$ [Ar] zu erlangen und bildet die Oxidationsstufe K^I. Es ist ein sehr unedles, elektropositives und reaktionsfähiges Metall. Es reagiert heftig mit Wasser und verbindet sich direkt mit Sauerstoff, Wasserstoff, den Halogenen u.a. wie z.B.: K_2O, KOH, KCl, K_2SO_4 und andere Salze und Komplexe.

Flammenfärbung: rot-violett

Natürliches Kalium besteht aus zwei stabilen Isotopen K 39 (93,26 %) und K 41, und einem langlebigen Isotop K 40. Weitere 19 künstliche radioaktive Isotope K 33 bis K 54 und ein Kernisomer sind bekannt.

Das Metall hat kaum technische Anwendungen, da es meistens durch das billigere Natrium ersetzt wird. K-Na-Legierungen werden als Kühlmittel in Kernreaktoren eingesetzt. Weitere Verwendungen für Chemikalien, Düngemittel u.a. Das Isotop K 40(β^-,EC,γ;1,25.10^5a) wird zur absoluten Altersbestimmungen von Gesteinen ›Kalium-Argon-Methode‹ oder ›Kalium-Calcium-Methode‹ verwendet. Einige K-Verbindungen dienen als Therapeutika und als Düngemittel wie z.B. Salpeter.

Kalium ist essentiell für alle Lebewesen, v.a. für die Erhaltung des Säure-Basen Gleichgewichtes. Auf der Haut verursacht es starke Verletzungen. Zyankali KCN ist hochgiftig.

Kohlenstoff (englisch **Carbon**) **C**

Protonenzahl Z **= 6**

Relative Atommasse (^{12}C=12,000) ***A_r*** **= 12,011**

Kohlenstoff war den Menschen in Form von Holz-, Knochenkohle, oder Ruß schon in vorgeschichtlicher Zeit bekannt. 1787 erkannte *A. L. Lavoisier* den Elementcharakter des Kohlenstoffs und 1795 stellte *S. Tenannt* das Element erstmals künstlich her. Von lateinisch *carbo* = Kohle.

Atomare Eigenschaften:

Atomradius	77 pm
Kovalenzradius (1/2/3 fach Bind.)	77; 67; 60 pm
Van-der-Waals-Radius	170 pm
Ionenradien	C^{4-} 260 pm; C^{4+} 15 pm
Elektronegativität	A: 2,5; P: 2,55; a: 6,3 eV
Elektronenaffinität $C \rightarrow C^-$	1,263 eV
Ionisierungsenergie	12,257 eV; 24,383 eV
Elektronenkonfiguration	[He] $2s^2 2p^2$

Physikalische Eigenschaften: **Nichtmetall**

Dichte ρ (bei 20 ^0C)	(D) 3515; (G) 2230 $kg.m^{-3}$
Härte (Mohs)	(D) 10; (G) 0,9
Schmelztemperatur ϑ_S	(G) 3750 ^0C; 4023 K
Siedetemperatur ϑ_V	(G) 4830 ^0C; 5103 K
Spezifische Schmelzwärme q	(G) 8750 $kJ.kg^{-1}$
Spezifische Wärmekapazität c	(G) 0,7 $kJ.kg^{-1}.K^{-1}$
Thermische Leitfähigkeit λ	(G) 45 $W.m^{-1}.K^{-1}$
Thermischer Längen-Koeff.	(G) $1{,}2.10^{-6}$ K^{-1}
Spez. elektrischer Widerstand ρ	(D) 10^{11} ; (G) 1,4 .10^{-5} Ω.m
Schallgeschwindigkeit c (20 ^0C)	18350 $m.s^{-1}$
Normalpotential E^0 C / CO	0,517 V

Kohlenstoff gehört zu den relativ häufigen Elementen auf der Erde. Er kommt elementar in Form von ›Diamant‹ und ›Graphit‹ gebunden in Kohle, Erdöl, Erdgas sowie in Form von Carbonaten als Kalkstein, Marmor $CaCO_3$, Dolomit $CaCO_3.MgCO_3$, Eisenspat $FeCO_3$, Zinkspat $ZnCO_3$ u.a. Daneben ist Kohlenstoff in allen org. Verbindungen wie Kohlenhydrate, Eiweiße, Fette, bei Pflanzen als Cellulose sowie in der Luft als CO_2 enthalten.

Es ist ein geruch- und geschmackloser Stoff, der in mehreren Modifikationen wie ›Diamant‹, ›α–Graphit‹ ›β–Graphit‹, u.a. existiert. Diamanten sind wasserklare und durchsichtige Kristalle, sie haben die beste thermische Leitfähigkeit aller Stoffe. Graphit ist eine, schwarz-graue, metallisch glänzende weiche, kristalline Substanz mit guter elektrischer Leitfähigkeit.

Kohlenstoff gehört zur Gruppe der ›Tetrele‹, 14. Gruppe, 2. Periode. Ein sehr reaktionsträges Element, das erst bei höheren Temperaturen Verbindungen eingeht. Er hat vier Außenelektronen, $2s^2\ 2p^2$, die in Verbindungen zur Bildung der Edelgaskonfiguration abgegeben $2s^2$ [He], oder auf acht ergänzt werden können $2s^22p^6$ [Ne]. Er bildet daher die Oxidationsstufen C^{-IV}, C^{II} und C^{IV} wie z.B.: CH_4, CO, CO_2 u.a., geht aber meist kovalente Bindungen mit Einfach-, Doppel- oder Dreifachbindung ein, z.B.: C–H, C–O, C=O, C≡O, C–C, C=C, C≡C, C–N, C=N, C≡N u.a.

In der Natur tritt Kohlenstoff mit zwei stabilen Isotopen C 12 (98,9 %) und C 13 (1,1 %) auf, weitere 12 künstliche, radioaktive Isotope C 8 bis C 22 sind bekannt.

Graphit dient zur Herstellung feuerfester Produkte, Elektroden, Aktivkohle, Bleistifte u.a. Diamant wird für Glasschneidegeräte, Spezialbohrer, Achsenlager, Schmuck u.a. verwendet. Die ›Radiocarbon ^{14}C-Methode‹ dient zur Altersbestimmung organischer Materie.

Kohlenstoff ist essentiell für alle Lebewesen, er ist Bestandteil der DNA. Kohlenstoff und CO_2 sind nicht giftig, CO_2 kann aber zum Ersticken führen, CO dagegen ist äußerst giftig.

Krypton (englisch **Krypton**) **Kr**

Protonenzahl Z = **36**

Relative Atommasse (^{12}C=12,000) A_r = **83,80**

Krypton wurde im Jahre 1898 von den britischen Chemikern Sir. *William Ramsay* und *Morris W. Travers* in London, GB, bei der fraktionierten Destillation von Rohargon entdeckt. Aufgrund der Schwierigkeiten seiner Entdeckung wurde der Name des Gases vom Griechischen *kryptós* = verborgen, abgeleitet.

Atomare Eigenschaften:

Atomradius	198 pm
Kovalenzradius	189 pm
Van-der-Waals-Radius	198 pm
Ionenradien	169^{+} pm
Elektronegativität	(A) 3,00; (a) 6,80 eV
Elektronenaffinität $Kr \rightarrow Kr^{-}$	0,404 eV
Ionisierungsenergie	13,998 eV; 24,359 eV
Elektronenkonfiguration	[Ar] $3d^{10} 4s^2 4p^6$

Physikalische Eigenschaften: **Nichtmetall**

Dichte ρ (gasf. bei 0 °C)	3,75 $kg.m^{-3}$
Schmelztemperatur ϑ_S	– 157,20 °C; 115,95 K
Siedetemperatur ϑ_V	– 153,35 °C; 119,80 K
Temperatur am Tripelpunkt T_t	– 169 °C; 104 K
Kritische Temperatur T_c	– 63,75 °C; 209,40 K
Kritischer Druck p_c	5,5 MPa
Spezifische Wärmekapazität c	0,252 $kJ.kg^{-1}.K^{-1}$
Thermische Leitfähigkeit λ	0,0095 $W.m^{-1}.K^{-1}$
Schallgeschwindigkeit c (20 °C)	1120 $m.s^{-1}$
Löslichkeit in Wasser (bei 20 °C)	0,20 g / Liter

Krypton gehört zu den seltensten Elementen auf der Erde, sein Volumenanteil in der Atmosphäre beträgt ca. 0,000108 %.

Großtechnisch erhält man Krypton aus verflüssigter Luft, nach dem ›*Georges Claude* -Verfahren‹.

Es ist ein farb-, geruch- und geschmackloses, diamagnetisches, einatomiges Gas das in Wasser realativ gut löslich ist.

Krypton gehört zur Gruppe der ›Edelgase‹, 18. Gruppe 4. Periode. Es besitzt eine abgeschlossene äußere Elektronenschale (N-Schale) mit 8 Elektronen $4s^2,4p^6$ [Kr] woraus sich seine chemische Trägheit erklärt. Es ist inert gegen alle Elemente außer Fluor. Von Krypton sind nur einige Fluorverbindungen wie z.B.. KrF_2 bekannt.

Natürliches Krypton besteht aus sechs stabilen Isotopen Kr 78, Kr 80, Kr 82, Kr 83, Kr 84 (57,0 %) und Kr 86. Weitere 25 künstliche, radioaktive Isotope Kr 69 bis Kr 100 sowie vier Kernisomere sind bekannt. Mit wenigen Ausnahmen haben Kr-Isotope kurze Halbwertszeiten. Einige Isotope entstehen durch Neutronenbeschuss gemäß ${}^{A}{}_{36}Kr(n, \gamma)^{A+1}{}_{36}Kr$, die schwereren Isotope sind Uranspaltprodukte. Das Isotop Kr 85 dient als radioaktiver Indikator.

Das Gas findet weit verbreitet Verwendung als Füllgas in Glühlampen sog. Kryptonlampen und Gasentladungsröhren, für Leuchtreklame: blassblaue Farbe.
* Die Wellenlänge λ der orangeroten Strahlung des Isotops Kr 86 wird zur Definition der SI-Längeneinheit 1 Meter herangezogen.

Krypton hat keine biologische Bedeutung für den menschlichen Organismus, es ist nicht toxisch, es wirkt aber erstickend.

Kupfer (englisch **Cooper**) **Cu**

Protonenzahl Z = **29**

Relative Atommasse (^{12}C=12,000) ***A_r*** = **63,546**

Kupfer ist eines der sieben Metalle des Altertums. Es war den Menschen bereits vor über 9000 Jahren bekannt. Etwa im 5. Jahrtsd. v. Chr. begann die *Kupferzeit*. Im 15–16. Jh. beschrieb *Georg Agricola* die Metallurgie des Kupfers.
Von *aes cyprium* = Erz aus Zypern, später *aes cuprum*.

Atomare Eigenschaften:

Metallatomradius	128 pm
Kovalenzradius	117 pm
Ionenradien	Cu^{+} 96 pm; Cu^{2+} 72 pm
Elektronegativität	A: 1,75; P: 1,9; a: 4,5 eV
Elektronenaffinität $Cu \rightarrow Cu^{-}$	1,23 eV
Ionisierungsenergie	7,7254 eV, 20,293 eV
Elektronenkonfiguration	[Ar] $3d^{10}\,4s^{1}$

Physikalische Eigenschaften: **Metall**

Dichte ρ (bei 20 ^{0}C)	8940 kg.m^{-3}
Härte (Mohs)	2,5 – 3
Schmelztemperatur ϑ_s	1083 ^{0}C ; 1356 K
Siedetemperatur ϑ_v	2595 ^{0}C ; 2868 K
Spezifische Schmelzwärme q	205 kJ.kg^{-1}
Spezifische Wärmekapazität c	0,385 kJ.kg^{-1}.K^{-1}
Thermische Leitfähigkeit λ	400 W.m^{-1}.K^{-1}
Thermischer Längen-Koeff. α	16,5.10^{-6} K^{-1}
Spez. elektrischer Widerstand ρ	1,67.10^{-8} Ω.m
Schallgeschwindigkeit c (20 ^{0}C)	3500 m.s^{-1}
Elektrochem. Äquivalent $Ä$ Cu^{2+}	0,3294.10^{-6} kg. A^{-1}.s^{-1}
Normalpotential E^0 Cu / Cu^{2+}	0,337 V

Kupfer gehört zu den häufigeren Elementen auf der Erde. Es tritt oft elementar auf, meistens jedoch in Erzen wie Kupferkies $CuFeS_2$, Kupferglanz Cu_2S, Buntkupfererz Cu_3FeS_3 u.a. Großtechnisch wird Kupfer meist aus Kupferkies gewonnen. Nach Rösten der Erze und Schmelzen mit Koks, Kalk und Quarzsand wird das Eisen abgetrennt wobei Cu_2O in Roh-Kupfer übergeht, das anschließend durch Elektrolyse gereinigt wird. Elektrolytkupfer hat eine Reinheit von 99,98 %.

Es ist ein rötliches, zähes, gut dehn- und schmiedbares, diamagnetisches Schwermetall, mit sehr guter elektr. und thermischer Leitfähigkeit. Neben Gold ist es das einzige farbige Metall.

Kupfer befindet sich im PSE in der 11. Gruppe, 4. Periode. Es ist ein gegenüber Luft und Wasser, einigen Säuren und Hydroxiden beständiges, halbedles Übergangsmetall, das an feuchter Luft langsam in ein grünes, basisches Carbonat ›Patina‹ übergeht. In Verbindungen bildet es die Oxidationsstufen Cu^{I}, Cu^{II}, C^{III} und Cu^{IV} wie z.B.: Cu_2O, CuCl, CuO, $CuCl_2$, sowie andere Salze und Komplexe. Flammenfärbung: grün – blau.

In der Natur kommt Kupfer mit zwei stabilen Isotopen Cu 63 (69,17 %) und Cu 65 vor. Weitere 26 künstliche, radioaktive Isotope Cu 53 bis Cu 80 sowie vier Kernisomere sind bekannt.

Der größte Teil der Kupferproduktion wird in der Elektroindustrie in Form von Draht, Stangen, Blechen u.a. verwendet. Daneben wird das Metall auch für Dachbleche, Patronen, Münzen, sowie für zahlreiche Legierungen wie:
›Messing‹: 80 – 90 % Cu, 10 – 40 % Zn (oft < 10 % Sb, < 5 % Pb)
›Bronze‹: 75 – 92 % Cu, 7 – 25 % Sn (oft Si, P) sowie auch
›Konstantan‹, ›Manganin‹, ›Nickelin‹ u.a. verwendet.

Kupfer ist essentiell für alle tierischen und pflanzlichen Organismen. Es gilt als nicht giftig. Cu^{2+}– Ionen wirken als Gift auf Mikroorganismen, daher können Münzen oder Türklinken aus Kupfer oder Messing keine Bakterien übertragen.

Lanthan (englisch **Lanthanum**) **La**

Protonenzahl Z = 57
Relative Atommasse (^{12}C=12,000) A_r = **138,9055**

Lanthan wurde im Jahre 1839 von dem schwedischen Chemiker *Carl Gustav Mosander* in Stockholm, Schweden in der Ceriterde entdeckt, die als reines Oxid galt. Das Element war in der Ceriterde buchstäblich versteckt.
Von griechisch *lanthánein* = verborgen sein.

Atomare Eigenschaften:

Metallatomradius	187 pm
Kovalenzradius	169 pm
Ionenradien	La^{3+} 122 pm
Elektronegativität	A: 1,08; P: 1,10; a: 3,1 eV
Elektronenaffinität La → La^-	0,52 eV
Ionisierungsenergie	5,5762 eV; 11,058 eV
Elektronenkonfiguration	[Xe] $5d^1\ 6s^2$

Physikalische Eigenschaften: **Metall**

Dichte ρ (γ-Cer bei 20 °C)	6162 $kg.m^{-3}$
Härte (Mohs)	
Schmelztemperatur ϑ_s	920 °C; 1193 K
Siedetemperatur ϑ_v	3469 °C; 3742 K
Spezifische Schmelzwärme q	61 $kJ.kg^{-1}$
Spezifische Wärmekapazität c	0,19 $kJ.\ kg^{-1}.\ K^{-1}$
Thermische Leitfähigkeit λ	13,4 $W.m^{-1}.K^{-1}$
Thermischer Längen-Koeff. α	4,9 $.10^{-6}\ K^{-1}$
Spez. elektrischer Widerstand ρ	57 $.10^{-8}\ \Omega.m$
Schallgeschwindigkeit c (20 °C)	2475 $m.s^{-1}$
Normalpotential E^0 La / La^{3+}	– 2,522 V

Lanthan gehört zu den selteneren Elementen auf der Erde. Es kommt in der Natur meist vergesellschaftet mit anderen Seltenerdmetallen wie Ce, Th, Dy u.a. in Form von Silikaten sowie Carbonaten und Phosphaten vor. Es wird hauptsächlich aus Monazitsand (Ce,La,Th, SE) $[(P, Si)O_4]$ durch Überführung in Halogenide und Schmelzflusselektrolyse des $LaCl_3$ oder LaF_3 oder durch Reduktion mit Ca oder Mg, dargestellt.

Es ist ein an frischen Schnittflächen glänzendes, silberweißes, weiches, duktiles Schwermetall, das an der Luft rasch blaugrau anläuft. Es bildet drei Modifikationen: α–La bis 310 ^{0}C , darüber β–La und γ–La. Das paramagnetisches Metall zeigt unterhalb 6 K Supraleitfähigkeit.

Lanthan gehört Gruppe der ›Seltenerdmetalle‹, 3. Gruppe, 6. Periode. Es ist ein sehr unedles, stark elektropositives und reaktionsfähiges Übergangsmetall und ein starkes Reduktionsmittel. Beim Erhitzen brennt es in der Luft und reagiert heftig mit Wasser. In Verbindungen bildet es die Oxidationsstufen La^{III}, wie z.B.: La_2O_3, $La(OH)_3$, $LaCl_3$, LaF_3 sowie andere Salze und Komplexe.

In der Natur kommt Lanthan in Form zweier Isotope La 138 und La 139 (99,9 %) vor, weitere 35 künstliche, radioaktive Isotope La 117 bis La 154 sowie sechs Kernisomere sind bekannt. Das Isotop La 140(β^-, γ; 40,27 h) entsteht bei der Uranspaltung, es wird als radioaktiver Indikator, Tracer verwendet.

Das Metall hat in der Technik wenig Bedeutung. Es wird als Legierungshilfsmittel zur Beseitigung von Verunreinigungen wie Sauerstoff und Schwefel aus Stählen, zur Herstellung von Spezialgläsern für Kameralinsen, Katalysatoren u.a. verwendet.

Lanthan hat keine biologische Bedeutung für den menschlichen Organismus. Es gilt als gering toxisch.

Lawrencium (englisch Lawrencium) Lr

***Protonenzahl* Z = 103**

Relative Atommasse (^{12}C=12,000) ***A_r* = 262,11**

Lawrencium wurde im Jahre 1961 von den amerikanischen Forschern *A. Ghiorso, T. Sikkeland, A. E. Larsh, M. Latimer* u.a. am ›Radiation Laboratory‹, RLB, in Berkeley, USA, entdeckt. Es entstand beim Beschuss eines Gemisches von Cf–Isotopen mit B10–Ionen und B11-Ionen im ›HILAC‹ gemäß der Kernreaktion:

$$^{249\text{-}252}_{98}Cf + {}^{10\text{-}11}_{5}B \rightarrow {}^{257}_{103}Lr + X\,{}^{1}_{0}n$$

Das Element wurde nach dem US-Physiker *Ernest O. Lawrence,* dem Erfinder des Zyklotrons, benannt.

***Atomare Eigenschaften*:**

Metallatomradius	
Kovalenzradius	
Ionenradien	Lr^{2+} 112 pm; Lr^{3+} 94 pm
Elektronegativität *	A: 1,20; P: 1,30
Elektronenaffinität $Lr \rightarrow Lr^-$	
Ionisierungsenergie *	4,3215 eV
Elektronenkonfiguration	[Rn] $5f^{14}\ 6d^1\ 7s^2$

***Physikalische Eigenschaften*:** **Metall**

Dichte ρ (bei 20 °C)	
Schmelztemperatur ϑs *	ca. 1630 °C; 1903 K
Siedetemperatur ϑv	
Spezifische Schmelzwärme q	
Thermische Leitfähigkeit λ *	10 W . m^{-1} . K^{-1}
Spez. elektrischer Widerstand ρ	
Normalpotential E^0 Lr / Lr^{3+}	– 2,062 V

* geschätzte Werte

Lawrencium kommt in der Natur nicht vor. Das Element wird ausschließlich künstlich z.B.: im Schwerionen-Linearbeschleuniger ›HILAC‹ durch Beschuss von Cf-Isotopen Cf 249 bis Cf 252 mit energiereichen Bor-Ionen B 10 bis B 11 hergestellt, wie z.B.:

$$^{246}_{98}Cf + ^{11}_{5}B \rightarrow ^{257-X}_{103}Lr + X\,^{1}_{0}n$$

Daneben kann es auch durch Beschuss von Am 243 oder Cf 249 mit Sauerstoff-, oder Stickstoff-Ionen hergestellt werden:

$$^{243}_{95}Am + ^{18}_{8}O \rightarrow ^{256}_{103}Lr + 5\,^{1}_{0}n$$

$$^{249}_{98}Cf + ^{14}_{7}N \rightarrow ^{257}_{103}Lr + ^{4}_{2}He + 2\,^{1}_{0}n$$

Die Abtrennung des Metalls von den übrigen Transuranen erfolgt durch Ionenaustausch.

Es ist ein stark radioaktives Schwermetall.

Lawrencium gehört zur Reihe der ›Actinoide‹, 3. Gruppe, 7. Periode. Es ist ein stark elektropositives, ziemlich unedles, reaktionsfähiges Übergangsmetall. In Verbindungen bildet es die Oxidationsstufe Lr^{III} wie z.B.: Lr_2O_3, $LrCl_3$ u.a.

Bekannt sind 11 künstliche, radioaktive Isotope des Lawrenciums Lr 252 bis Lr 262, sowie ein Kernisomer, sie haben alle kurze Halbwertszeiten von Minuten maximal 3,6 Stunden.

Lawrencium hat nur wissenschaftliche Bedeutung, es wird nur für Forschungszwecke verwendet.

Das Element hat keine biologische Bedeutung für den menschlichen Organismus, wirkt aber in relevanten Mengen wegen seiner Radioaktivität toxisch und kanzerogen.

Lithium (englisch **Lithium**) Li

Protonenzahl Z = **3**

Relative Atommasse (^{12}C=12,000) ***A_r*** = **6,941**

Lithium wurde im Jahre 1817 von dem schwedischen Chemiker *Johan August Arfvedson* in Stockholm, Schweden, entdeckt. 1818 erhielten *William Thomas Brande* und *Sir Humphry Davy* erstmals kleine Mengen des reinen Metalls durch Elektrolyse von Lithiumoxid Li_2O. Von griechisch *lithos* = Stein.

Atomare Eigenschaften:

Metallatomradius	152 pm
Kovalenzradius	123 pm
Ionenradien	68^+ pm
Elektronegativität	(A) 0,97; (P) 0,98; (a) 3,0 eV
Elektronenaffinität Li → Li^-	0,62 eV
Ionisierungsenergie	5,3921 eV; 75,639 eV
Elektronenkonfiguration	[He] $2s^1$

Physikalische Eigenschaften: **Metall**

Dichte ρ (bei 20 C)	534 $kg.m^{-3}$
Härte (Mohs)	0,6
Schmelztemperatur ϑ_S	180,5 ^0C ; 453,8 K
Siedetemperatur ϑ_V	1347 ^0C ; 1620 K
Spezifische Schmelzwärme q	663 $kJ.kg^{-1}$
Spezifische Wärmekapazität c	3,48 $kJ.kg^{-1}.K^{-1}$
Thermische Leitfähigkeit λ	84,5 $W.m^{-1}.K^{-1}$
Thermischer Längen-Koeff. α	56.10^{-6} K^{-1}
Spez. elektrischer Widerstand ρ	$8,55.10^{-8}$ Ω.m
Schallgeschwindigkeit c (20 ^0C)	ca. 6000 $m.s^{-1}$
Elektrochem. Äquivalent $\ddot{A}$ Li^+	$0,072.10^{-6}$ $kg.A^{-1}.s^{-1}$
Normalpotential E^0 Li / Li^+	– 3,045 V

Lithium gehört zu den relativ häufigen Elementen auf der Erde, es kommt aber nur in gebundener Form in verschiedenen Mineralien wie z.B.. Spodumen $LiAl[Si_2O_6]$, Lepidolith, Petalit u.a. vor. Das Metall wird durch Schmelzflusselektrolyse eines Gemisches von Lithiumchlorid LiCl und Kaliumchlorid KCl bei ca. 500 ^{0}C dargestellt.

Es ist ein weiches, an frischer Schnittfläche silberglänzendes Leichtmetall. Es ist das leichteste aller festen Elemente. An feuchter Luft läuft es schnell an. Es bildet zwei allotrope Modifikationen α–Li und β–Li, Übergang bei – 196 ^{0}C. Das Metall ist paramagnetisch.

Lithium ist das erste Element in der Gruppe der ›Alkalimetalle‹, 1. Gruppe, 2. Periode. Es bildet in seinen Verbindungen ausschließlich die Oxidationsstufe Li^I die durch Abgabe des 2s-Elektrons und Bildung einer Edelgaskonfiguration $2s^2$ [He] erreicht wird. Es ist das unedelste aller Elemente, stark elektropositiv und sehr reaktionsfähig. Es verbindet sich direkt mit Sauerstoff, Wasserstoff, den Halogenen u.a. zu: Li_2O, LiOH, LiH, LiCl, $LiNO_3$, u.a. Flammenfärbung: karminrot.

Natürliches Lithium enthält zwei stabile Isotope Li 6 und Li 7 (92,5 %), weitere fünf künstliche, radioaktive Isotope Li 4 bis Li 11 sind bekannt. Bei der Fusion eines Lithiumkerns und eines Deuteriumkerns entstehen zwei Heliumkerne, dabei wird gemäß der Kernreaktion:

$$^{6}_{3}Li + ^{2}_{1}H \rightarrow \mathbf{2\ ^{4}_{2}He} \qquad \Delta H = -22{,}2\ MeV$$

eine gewaltige Energie freigesetzt ›H-Bombe‹,

Das Metall ist wichtiger Legierungsbestandteil für den Flugzeugbau und Raumfahrt. Es dient zur Herstellung von Hochleistungsbatterien z.B. für Computer, Herzschrittmacher, von Kernwaffen u.a.

Lithium hat keine biologische Bedeutung für den menschlichen Organismus, es wirkt stimulierend, antidepressiv und teratogen. Größere Dosen können zu Herzstillstand führen.

Lutetium (englisch **Lutetium**) Lu

***Protonenzahl Z* = 71**
Relative Atommasse (^{12}C=12,000) ***A_r* = 174,967**

Lutetium wurde im Jahre 1907 von dem französischen Chemiker *Georges Urbain* in Paris, Frankreich, und fast zeitgleich von *Carl Auer von Welsbach* in Treibach, Österreich, und *Ch. James* an der Universität von New Hampshire, USA entdeckt.
Von lateinisch *Lutetia* = Paris

Atomare Eigenschaften:

Metallatomradius	172 pm
Kovalenzradius	156 pm
Ionenradien	Lu^{3+} 85 pm
Elektronegativität	A: 1,14; P: 1,27; a: ~ 3eV
Elektronenaffinität Lu → Lu^-	ca. 0,52 eV
Ionisierungsenergie	5,4256 eV; 13,887 eV
Elektronenkonfiguration	[Xe] $4f^{14}$ $5d^1$ $6s^2$

Physikalische Eigenschaften: **Metall**

Dichte ρ (bei 20 ^{0}C)	9842 $kg.m^{-3}$
Härte (Mohs)	3
Schmelztemperatur ϑ_s	1663 ^{0}C; 1936 K
Siedetemperatur ϑ_v	3328 ^{0}C; 3601 K
Spezifische Schmelzwärme *q*	110 $kJ.kg^{-1}$
Spezifische Wärmekapazität *c*	0,154 kJ. kg^{-1}. K^{-1}
Thermische Leitfähigkeit λ	16,4 $W.m^{-1}.K^{-1}$
Thermischer Längen-Koeff. α	10 .10^{-6} K^{-1}
Spez. elektrischer Widerstand ρ	79,4 .10^{-8} Ω.m
Schallgeschwindigkeit *c* (20 ^{0}C)	ca. 2500 $m.s^{-1}$
Normalpotential E^0 Lu / Lu^{3+}	– 2,255 V

Lutetium ist das seltenste Element in der Gruppe der Lanthanoide. Es tritt stets mit den anderen Seltenerdmetallen im Monazitsand (Ce, Lu, Y, Er, SE u.a.) $[(P,Si)O_4]$, Bastnäsit, Gadolinit u.a. auf. Das Element wird aus dem Trifluorid und Trichlorid durch Reduktion mit Calcium oder durch Schmelzelektrolyse gewonnen.

Es ist an frischen Schnittflächen ein silberglänzendes, Schwermetall, das an der Luft rasch grau anläuft. Es ist das härteste und schwerste Lanthanoid. Es bildet zwei Modifikationen α–Lu das bei Erwärmung in β–Lu übergeht. In der Nähe des abs. Nullpunktes zeigt das paramagnetische Metall supraleitfähigkeit.

Lutetium gehört zur Reihe ›Lanthanoide‹, 3. Gruppe, 6. Periode. Es ist ein sehr unedles, stark elektropositives und sehr reaktionsfähiges Übergangsmetall. Es löst sich in heißem Wasser und schwachen Säuren. In Verbindungen bildet es ausschließlich die Oxidationsstufe Lu^{III}, wie z.B.: $LuCl_3$, Lu_2O_3, $Lu(OH)_3$, sowie andere Salze und Komplexe.

Natürliches Lutetium besteht aus einem stabilen Isotop Lu 175 (97,41 %) und einem langlebigen Isotop Lu 176. Daneben sind weitere 32 künstliche, radioaktive Isotope Lu 150 bis Lu 184 sowie 20 Kernisomere bekannt.
* 1981 entdeckte *Sigurd Hofmann* bei der GSI in Darmstadt, am Isotop Lu 151 die sog. ›Grundzustands-Protonenemission‹. Diese Zerfallsart wurde inzwischen bei über 20 Isotopen nachgewiesen.

Das Metall hat keine technische Bedeutung. Es wird gelegentlich zu Forschungszwecken verwendet. Das Isotop Lu 176 wird zur kosmischen Altersbestimmung eingesetzt.

Lutetium hat keine biologische Bedeutung für den menschlichen Organismus. Es wirkt stimulierend und ist gering toxisch.

Magnesium (englisch **Magnesium**) **Mg**

Protonenzahl ***Z*** = **12**

Relative Atommasse (^{12}C=12,000) A_r = **24,3050**

Magnesium wurde im Jahre 1755 von dem schottischen Chemiker *Joseph Black* in Edinburgh, Schottland, als Element erkannt und 1808 von *Sir Humphry Davy* durch Elektrolyse von Magnesiumerde $MgO/Mg(OH)_2$ in unreiner Form dargestellt. Benannt nach der griechischen Landschaft *Magnesia.*

***Atomare Eigenschaften*:**

Metallatomradius	160 pm
Kovalenzradius	136 pm
Ionenradien	66^{2+} pm
Elektronegativität	(A) 1,23; (P) 1,3; (a) 3,75 eV
Elektronenaffinität $Mg \rightarrow Mg^-$	0,622 eV
Ionisierungsenergie	7,6455 eV; 15.035 eV
Elektronenkonfiguration	$[Ne]\ 3s^2$

***Physikalische Eigenschaften*:** **Metall**

Dichte ρ (bei 20 C)	1738 $kg.m^{-3}$
Härte (Mohs)	2
Schmelztemperatur ϑs	649 ^{C}C; 922 K
Siedetemperatur ϑv	1107 ^{0}C; 1380 K
Spezifische Schmelzwärme q	368 $kJ.kg^{-1}$
Spezifische Wärmekapazität c	1,023 $kJ.kg^{-1}.K^{-1}$
Thermische Leitfähigkeit λ	156 $W.m^{-1}.K^{-1}$
Thermischer Längen-Koeff. α	$25.10^{-6}\ K^{-1}$
Spez. elektrischer Widerstand ρ	$4{,}42.10^{-8}\ \Omega.m$
Schallgeschwindigkeit c (20 ^{0}C)	4604 $m.s^{-1}$
Elektrochem. Äquivalent $\ddot{A}$ Mg^{2+}	$0{,}126.10^{-6}\ kg.A^{-1}.s^{-1}$
Normalpotential E^0 Mg / Mg^{2+}	– 2,363 V

Magnesium gehört zu den zehn häufigsten Elementen auf der Erde, es kommt aber nur in Form von Verbindungen in verschiedenen Mineralien vor z.B.: Magnesit, Bitterspat $MgCO_3$, Olivin $(Mg,Fe)_2[SiO_4]$, Epsomit, Bittersalz $MgSO_4.7H_2O$, sowie in Meerwasser u.a. vor. Großtechnisch erhält man Magnesium durch Schmelzflusselektrolyse von wasserfreien $MgCl_2$, oder thermische Reduktion von MgO mit Calciumcarbid bei 2000 °C.

$$MgO + CaC_2 \rightarrow Mg + CaO + 2C$$

Es ist ein silberweißes, glänzendes, relativ weiches, dehn- und verformbares Leichtmetall, das an der Luft rasch anläuft. Es ist schwach paramagnetisch.

Magnesium befindet sich in der Gruppe der ›Erdalkalimetalle‹, 2. Gruppe, 3. Periode, gehört aber laut IUPAC nicht dazu. Es ist ein sehr unedles, elektropositives Metall und ein starkes Reduktionsmittel. Es brennt in der Luft (Flammentemperatur 2500 °C), in CO, CO_2, SO_2, NO und reagiert mit heißem Wasser. Es wird von Säuren, jedoch nicht von Alkalien angegriffen. In Verbindungen bildet es meist die Oxidationsstufe Mg^{II}, wie: MgO, $Mg(OH)_2$, $MgCl_2$, $MgCO_3$ u.a. Flammenfärbung: grell–weiß.

Natürliches Magnesium ist ein Gemisch aus drei stabilen Isotopen Mg 24 (78,99 %), Mg 25, Mg 26. Daneben sind weitere 16 künstliche, radioaktive Isotope Mg 20 bis Mg 39 bekannt.

Das Metall wird in der Pyrotechnik, als Reduktionsmittel sowie in der Medizin verwendet. Weiter dient es zur Herstellung von Legierungen wie DOW-Metalle: Elektron, Magnewin; Mg-Knet-Legierungen: MgMn, MgAl6, MgAl17; Mg-Guß-Legierungen: G MgAl3Zn, G MgAl9 u.a. für den Flugzeubau, Maschinen- und Kraftfahrzeugbau, für Haushaltsmaschinen u.a.

Magnesium ist essentiell für alle Spezies, auch für den Menschen. Es spielt eine wichtige Rolle als Elektrolyt und Aktivator vieler Enzyme, bei der Biosynthese von RNA und DNA sowie als Anti-Stress-Mineral, es wirkt entkrampfend. Es ist Bestandteil der Chlorophylle der Planzen.

Mangan (englisch **Manganese**) **Mn**

Protonenzahl ***Z*** **= 25**
Relative Atommasse (^{12}C=12,000) A_r = **54,93805**

Mangan wurde im Jahre 1774 von dem schwedischen Chemiker *Johann Gottlieb Gahn* in Stockholm, Schweden, entdeckt. Im gleichen Jahr gelang es ihm, elementares Mangan durch Reduktion von Braunstein MnO_2 mit Kohle herzustellen.
Von lateinisch *magnes* = Magnet

Atomare Eigenschaften:

Metallatomradius	137 pm
Kovalenzradius	118 pm
Ionenradien	Mn^{2+} 91 pm; Mn^{3+} 70 pm
Elektronegativität	A: 1,6; P: 1,55; a: 3,72 eV
Elektronenaffinität $Mn \rightarrow Mn^-$	< 0
Ionisierungsenergie	7,4353 eV; 15,639 eV
Elektronenkonfiguration	[Ar] $3d^5 4s^2$

Physikalische Eigenschaften: **Metall**

Dichte ρ (bei 20 °C)	7440 $kg.m^{-3}$
Härte (Mohs)	6
Schmelztemperatur ϑ_s	1244 °C; 1517 K
Siedetemperatur ϑ_v	2032 °C; 2305 K
Spezifische Schmelzwärme q	266 $kJ.kg^{-1}$
Spezifische Wärmekapazität c	0,479 $kJ.kg^{-1}.K^{-1}$
Thermische Leitfähigkeit λ	7,8 $W.m^{-1}.K^{-1}$
Thermischer Längen-Koeff. α	22 .10^{-6} K^{-1}
Spez. elektrischer Widerstand ρ	185,2.10^{-8} $\Omega.m$
Schallgeschwindigkeit c (20 °C)	5150 $m.s^{-1}$
Elektrochem. Äquivalent $\ddot{A}$ Mn^{2+}	0,285.10^{-6} $kg. A^{-1}.s^{-1}$
Normalpotential E^0 Mn / Mn^{2+}	– 1,185 V

Mangan gehört zu den relativ häufigen Elementen auf der Erde. Es tritt in der Natur nie elementar, sondern nur in Form von Verbindungen auf wie z.B.: Braunstein MnO_2, Mangankies MnS_2, Manganspat $MnCO_3$ u.a. Technisch wird Mangan aus Braunstein durch Reduktion mit Silicium hergestellt.

$$Mn_3O_4 + 2Si \rightarrow 3Mn + 2SiO_2$$

Wegen seiner Sprödigkeit wird Mangan kaum verwendet, wichtiger sind Fe-Mn-Legierungen die aus Gemischen von Eisen- und Manganerzen im Hochofen oder im elektrischen Schmelzofen hergestellt werden.

Es ist ein silberfarbenes, sehr hartes und sprödes paramagnetisches Schwermetall, das in vier Modifikationen α–Mn, β–Mn, γ–Mn und δ–Mn auftritt. Legierungen des Mangans mit nicht ferromagnetischen Metallen wie Cu, Al u.a. wie z.B.: ›*Heusler*-Legierungen‹ zeigen gute ferromagnetische Eigenschaften.

Mangan befindet sich im PSE in der 7. Gruppe, 4. Periode. Es ist ein ziemlich unedles, schwach elektropositives Übergangsmetall das an der Luft oberflächlich oxidiert, mit Wasser und verdünnten Säuren u.a. reagiert. In Verbindungen bildet es fast alle Oxidationsstufen von Mn^{-III} bis Mn^{VII}. wie z. B.: MnO, Mn_3O_4, $MnCl_2$, Mn_2O_3, bis Mn_2O_7 sowie zahlreiche andere Salze und Komplexe. Flammenfärbung: grün.

Es ist ein anisotopes Element, in der Natur tritt es nur mit einem stabilen Isotop Mn 55 auf. Daneben sind weitere 25 künstliche, radioaktive Isotope Mn 44 bis Mn 69 sowie fünf Kernisomere bekannt. Mit einer Ausnahme Mn 53(EC; $3{,}7.10^6$a)haben alle Isotope kurze Halbwertszeiten.

Es ist ein wichtiges Legierungsmetall für Spezialstähle für Schienen, Schneidewerkzeuge u.a. Daneben dient es als Tierfutterzusatz, für Düngemittel, Fungizide, Keramiken e u.a.

Mangan ist essentiell für Tiere und Pflanzen, es gilt als nicht toxisch. Mangandämpfe oder -Staub können zu Vergiftungen führen. Es wirkt vermutlich kanzerogen.

Meitnerium (englisch **Meitnerium**) **Mt**

Protonenzahl Z **= 109**
Nukleonenzahlen der Isotope A **= 266 – 276**

Meitnerium wurde im Jahre 1982 von den deutschen Wissenschaftlern *G. Münzenberg, P. Armbruster, S. Hofmann, F. P. Heßberger* u.a. bei der ›Gesellschaft für Schwerionenforschung‹, GSI, in Darmstadt, Deutschland, durch Beschuss von Isotopenreinem Bismut Bi 209 mit Eisenisotopen Fe 58, gemäß der Kernreaktion:

$$^{58}_{26}\mathrm{Fe} + {}^{209}_{83}\mathrm{Bi} \rightarrow [{}^{267}_{109}\mathrm{Mt}] \rightarrow {}^{266}_{109}\mathbf{Mt} + {}^{1}_{0}\mathrm{n}$$

erstmals hergestellt und nachgewiesen.

Metall

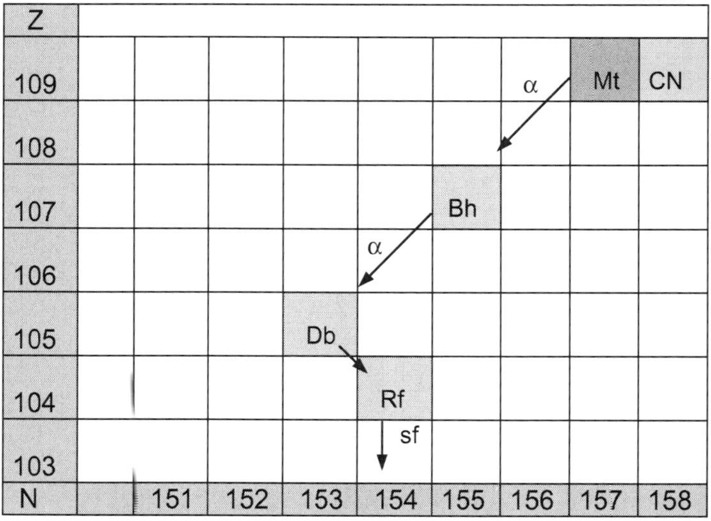

α – Zerfallskette des Elements Meitnerium

Das Element entstand durch ›kalte‹ Fusion eines Bismutkerns mit einem Eisenkern und Abgabe eines Neutrons. Der Nachweis wurde anhand der α–Zerfallskette, die am 29. August 1982 am SHIP registriert wurde, erbracht.
Es wurde nach der österreich.–schwedischen Physikerin *Lise Meitner* benannt.

Meitnerium ist wenig bekannt. Es gehört zur Reihe der ›Transactinoide‹ und befindet sich im PSE in der 9. Gruppe und 7. Periode. Es ist ein Übergangsmetall und ähnelt in seinem Verhalten vermutlich seinen Homologen Cobalt, Rhodium, Iridium. Das Element bildet vermutlich alle Oxidationsstufen von Mt^{-I} bis Mt^{VI} von denen die Stufe Mt^{IV} die Beständigste sein könnte.
Wahrscheinliche Elektronenkonfiguration im Grundzustand:

$$[Rn]\ 5f^{14}\ 6d^{7}\ 7s^{2}$$

Bekannt sind sechs Isotope Mt 266 bis Mt 276 sowie ein Kernisomer Mt 266^{m}. Sie haben alle kurze Halbwertszeiten von einigen Millisekunden bis Sekunden. Alle Mt-Isotope zerfallen durch α–Emission in Bh-Isotope gemäß der Reaktion:

$$^{A}_{109}\mathrm{Mt} \rightarrow \alpha + {}^{A-4}_{107}\mathbf{Bh} \rightarrow$$

Das Element hat nur wissenschaftliche Bedeutung, es wird ausschließlich zu Forschungszwecken verwendet.

Meitnerium hat keine biologische Bedeutung für den menschlichen Organismus, würde aber in relevanten Mengen aufgrund seiner Radioaktivität toxisch und kanzerogen wirken.

Mendelevium (englisch **Mendelevium**) **Md**

Protonenzahl ***Z*** = **101**

Relative Atommasse (^{12}C=12,000) A_r = **258,09857**

Mendelevium wurde im Jahre 1955 von den amerikanischen Forschern *A. Ghiorso, B.G.Harvey, G.R. Choppin, S.G. Thompson, Glenn T. Seaborg* u.a. in Berkeley, USA in der Kernreaktion:

$$^{253}_{99}Es + ^{4}_{2}He \rightarrow ^{256}_{101}Md + ^{1}_{0}n$$

erstmals hergestellt und nachgewiesen. Das Element wurde nach dem russischen Chemiker *D. I. Mendelejew* benannt.

Atomare Eigenschaften:

Metallatomradius	
Kovalenzradius	
Ionenradien	Md^{2+} 114 pm; Md^{3+} 96 pm
Elektronegativität	A: 1,20; P: 1,30
Ionisierungsenergie **	5,6245 eV
Elektronenkonfiguration	[Rn] $5f^{13}\,7s^2$

Physikalische Eigenschaften: **Metall**

Dichte ρ (bei 20 ^{0}C)	
Härte (Mohs)	
Schmelztemperatur ϑ_s *	ca. 830 ^{0}C ; 1103 K
Siedetemperatur ϑ_v	
Spezifische Schmelzwärme q	
Spezifische Wärmekapazität c	
Thermische Leitfähigkeit λ *	10 W. m^{-1}. K^{-1}
Spez. elektrischer Widerstand ρ	
Normalpotential E^0 Md / Md^{3+}	– 1,74 V

* geschätzte Werte; ** extrapolierte Werte

Mendelevium kommt in der Natur nicht vor, es wird ausschließlich künstlich durch Beschuss von Uran, Americium, Plutonium, Einsteinium u.a. mit leichten Ne-, C-, oder N-Ionen, gemäß den Kernreaktionen:

$$^{238}_{92}U + ^{22}_{10}Ne \rightarrow ^{256}_{101}\mathbf{Md} + ^{1}_{1}p + 3\ ^{1}_{0}n$$

$$^{243}_{95}Am + ^{12}_{6}C \rightarrow ^{250}_{101}\mathbf{Md} + 5\ ^{1}_{0}n$$

$$^{240}_{94}Pu + ^{15}_{7}N \rightarrow ^{251}_{101}\mathbf{Md} + 4\ ^{1}_{0}n$$

hergestellt.

Die Abtrennung des Metalls von den übrigen Transuranen erfolgt durch Ionenaustausch.

Es ist ein stark radioaktives Schwermetall, das an der Luft rasch anläuft.

Mendelevium gehört zur Reihe der ›Actinoide‹, 3. Gruppe, 7. Periode. Es ist ein elektropositives, unedles Übergangsmetall. In Verbindungen bildet es vermutlich die Oxidationsstufen: Md^{II}, Md^{III}. z.B.: Md_2O_3, $MdCl_3$ u.a.

Bekannt sind 16 künstliche, radioaktive Isotope des Mendeleviums Md 245 bis Md 260 sowie vier Kernisomere, sie haben alle kurze Halbwertszeiten.

Das Metall hat nur wissenschaftliche Bedeutung, es wird nur für Forschungszwecke verwendet.

Mendelevium hat keine biologische Bedeutung für den menschlichen Organismus, wirkt aber in relevanten Mengen wegen seiner Radioaktivität toxisch und kanzerogen.

Molybdän (englisch **Molybdenum**) Mo

Protonenzahl Z = **42**
Relative Atommasse (^{12}C=12,000) A_r = **95,94**

Im Jahre 1778 entdeckte der schwedische Chemiker *Carl Wilhelm Scheele* das Molybdän(VI)oxid, aus dem *Peter Jakob Hjelm* 1782 in Uppsala, Schweden, durch Reduktion mit Graphit bzw. Kohle das Metall isolierte.
Von griechisch *molybdos* = Blei

Atomare Eigenschaften:

Metallatomradius	136 pm
Kovalenzradius	130 pm
Ionenradien	Mo^{2+} 92 pm; Mo^{6+} 62 pm
Elektronegativität	A: 1,3; P: 2,16; a: 3,9 eV
Elektronenaffinität Mo → Mo^-	0,746 eV
Ionisierungsenergie	7,0994 eV; 16,147 eV
Elektronenkonfiguration	[Kr] $4d^5\ 5s^1$

Physikalische Eigenschaften: **Metall**

Dichte ρ (bei 20 °C)	10220 $kg.m^{-3}$
Härte (Mohs)	5,5
Schmelztemperatur ϑ_S	2620 °C; 2893 K
Siedetemperatur ϑ_V	4825 °C; 5098 K
Spezifische Schmelzwärme q	292 $kJ.kg^{-1}$
Spezifische Wärmekapazität c	0,251 $kJ.kg^{-1}.K^{-1}$
Thermische Leitfähigkeit λ	138 $W.m^{-1}.K^{-1}$
Thermischer Längen-Koeff. α	$5,43.10^{-6}\ K^{-1}$
Spez. elektrischer Widerstand ρ	$5,2\ .10^{-8}\ \Omega.m$
Schallgeschwindigkeit c (20 °C)	6192 $m.s^{-1}$
Elektrochem. Äquivalent $\ddot{A}$	
Normalpotential E^0 Mo / MoO_2	– 0,152 V

Molybdän gehört zu den selteneren Elementen auf der Erde. Es tritt in der Natur nie elementar auf, kommt aber in Form von Verbindungen in verschiedenen Erzen vor, wie z.B.: Molybdänit MoS_2, Gelbbleierz $PbMoO_4$ u.a. Industriell erhält man Molybdän aus MoS_2, das als Nebenprodukt der Kupferherstellung anfällt. MoS_2 wird durch Abrösten in MoO_3 überführt und bei 1100 ^{0}C im Wasserstoffstrom zu 99,9999 % reinem Molybdänpulver reduziert. Das Pulver wird anschließend durch Pressen, Sintern oder Schmelzen zu Barren verdichtet.

Es ist ein silberfarbig, glänzendes, in reinem Zustand ein ziemlich weiches und gut dehnbares paramagnetisches Schwermetall. Durch geringe Verunreinigungen wird es hart und spröde. Unterhalb 6,7 K zeigt Molybdän Supraleitfähigkeit.

Molybdän befindet sich im PSE in der 6. Gruppe, 5. Periode. Es ist ein unedles, schwach elektropositives Übergangsmetall das infolge Passivierung an der Luft und einigen Säuren nicht angegriffen wird. In Verbindungen bildet es fast alle Oxidationsstufen von Mo^{-II} bis Mo^{VI}. wie z. B.: $MoCl_3$, MoF_3, MoO_2, MoS_2, Mo_2O_5, MoF_5, MoO_3, MoF_6 sowie andere Salze und Komplexe. Flammenfärbung: grüngelb.

Natürliches Molybdän besteht aus sieben stabilen Isotopen von Mo 92 bis Mo100. Weitere 25 künstliche, radioaktive Isotope Mo 83 bis Mo115 sowie zwei Kernisomere sind bekannt. Das Isotop Mo 99 dient als radioaktiver Indikator, Mo 98 wird zur Herstellung von Tc 99^m durch Beschuss mit Deuteronen, Neutronen oder He-Kernen, gemäß $^{98}_{42}Mo(^{2}_{1}H, n)^{99m}_{43}Tc$ verwendet.

Es ist ein wichtiges Legierungsmetall für rostfreie und Hitzebeständige Spezialstähle, für die Raketen- und Raumfahrttechnik, für Hartmetalle, für Elektroden u.a. In der Ölverarbeitung dient Molybdän als Katalysator zur Schwefelentfernung.

Molybdän ist ein essentielles Spurenelement für alle Spezies und spielt als Bestandteil vieler Enzyme eine wichtige Rolle. Es gilt als bedingt toxisch und wirkt teratogen.

Natrium (englisch **Sodium**) **Na**

Protonenzahl ***Z*** = **11**
Relative Atommasse (^{12}C=12,000) ***A****r* = **22,989768**

1758 entdeckte der deutsche Chemiker *S. Marggraf* Natrium durch Flammenfärbung. Elementares Natrium erhielt erstmals *Sir Humph Davy* 1807 in London, GB, durch Schmelzelektrolyse von angefeuchteten NaOH. Er nannte das Element ›sodium‹, weil es in Soda enthalten ist. Von lateinisch *natron* = Soda,

Atomare Eigenschaften:

Metallatomradius	186 pm
Kovalenzradius	154 pm
Van-der-Waals-Radius	231 pm
Ionenradien	97^{+} pm
Elektronegativität	A: 1,0; P: 0,93; a: 2,85 eV
Elektronenaffinität Na → Na^{-}	0,55 eV
Ionisierungsenergie	5,1385 eV; 47,286 eV
Elektronenkonfiguration	[Ne] $3s^1$

Physikalische Eigenschaften: **Metall**

Dichte ρ (bei 20 °C)	971 $kg.m^{-3}$
Härte (Mohs)	0,4
Schmelztemperatur ϑ_s	97,8 °C ; 371 K
Siedetemperatur ϑ_v	883 °C ; 1156 K
Spezifische Schmelzwärme *q*	114,34 $kJ.kg^{-1}$
Spezifische Wärmekapazität *c*	1,23 $kJ.kg^{-1}.K^{-1}$
Thermische Leitfähigkeit λ	141 $W.m^{-1}.K^{-1}$
Thermischer Längen-Koeff. α	$70,6.10^{-6}$ K^{-1}
Spez. elektrischer Widerstand ρ	$4,25.10^{-8}$ $\Omega.m$
Schallgeschwindigkeit *c* (20 °C)	ca. 3204 $m.s^{-1}$
Elektrochem. Äquivalent *Ä* Na^{+}	$0,238.10^{-6}$ $kg.A^{-1}.s^{-1}$
Normalpotential E^0 Na / Na^{+}	– 2,713 V

Natrium gehört zu den zehn häufigsten Elementen auf der Erde. Es kommt nie elementar, sondern nur in Verbindungen in verschiedenen Mineralien, wie z.B.: Steinsalz NaCl, Chilesalpeter $NaNO_3$, Soda $NaCO_3 \cdot 10\ H_2O$ u.a. vor. Großtechnisch wird Natrium ausschließlich nach dem ›*Downs*-Verfahren‹ durch Schmelzflusselektrolyse aus einem Gemisch von ca. 30% NaCl, 25 % $CaCl_2$ und 45% $BaCl_2$, bei ca. 600 °C, gewonnen.

Es ist ein weiches, an frischer Schnittfläche silberweißes, paramagnetisches, Leichtmetall, das an der Luft sofort mattgrau anläuft. Es lässt sich mit dem Messer schneiden und durch enge Öffnungen pressen. Es ist das zweitleichteste aller Metalle.

Natrium ist das zweite Element in der Gruppe der ›Alkalimetalle‹, 1. Gruppe, 3. Periode. In seinen Verbindungen ist es bestrebt durch Abgabe des 3s-Elektrons eine Edelgaskonfiguration $2s^2 2p^6$ [Ne] zu erreichen und bildet ausschließlich die Oxidationsstufe Na^I. Es ist ein sehr unedles, stark elektropositives und sehr reaktionsfähiges Metall. Es reagiert heftig mit Wasser und verbindet sich direkt mit Sauerstoff, Wasserstoff, den Halogenen u.a. z.B.: Na_2O, NaOH, NaH, NaCl, $NaHCO_3$, u.a. Salze und einige Komplexe. Flammenfärbung: intensivgelb

Natürliches Natrium ist anisotop, es besteht aus einem stabilen Isotop Na 23. Weitere 17 künstliche, radioaktive Isotope Na 18 bis Na 37 und ein Kernisomer sind bekannt.

Das Metall wird in Wärmeaustauschern, als Kühlmittel in Kernreaktoren, in Na-S-Batterien u.a. eingesetzt. Daneben ist es ein wichtiges Ausgangsprodukt in der chemischen Industrie, zur Herstellung verschiedener Natriumverbindungen.

Natrium ist essentiell für die meisten Spezies auch für den Menschen. Es gehört zu den elf Elementen aus denen die Körpersubstanz aufgebaut ist. Es gilt als nicht toxisch kann aber auf der Haut erhebliche Verletzungen verursachen.

Neodym (englisch **Neodymium**) **Nd**

Protonenzahl ***Z*** **= 60**
Relative Atommasse (^{12}C=12,000) A_r **= 144,24**

Neodym wurde zusammen mit Praseodym im Jahre 1885 von dem österreichischen Chemiker *Carl Auer von Welsbach* in Wien, Österreich, entdeckt und erstmals hergestellt. Es wurde aufgrund seiner violetten Spektrallinien als Element identifiziert. Von griechisch *neos didymos* = neuer Zwilling.

Atomare Eigenschaften:

Metallatomradius	181 pm
Kovalenzradius	164 pm
Ionenradien	Nd^{3+} 98 pm
Elektronegativität	A: 1,07; P: 1,14; a: ~ 3 eV
Elektronenaffinität Nd → Nd^-	0,52 eV
Ionisierungsenergie	5,488 eV; 10,727 eV
Elektronenkonfiguration	[Xe] $4f^4$ $6s^2$

Physikalische Eigenschaften: **Metall**

Dichte ρ (bei 20 ^{0}C)	7005 kg.m^{-3}
Härte (Mohs)	2 – 3
Schmelztemperatur ϑ_S	1021 ^{0}C; 1294 K
Siedetemperatur ϑ_V	3074 ^{0}C; 3347 K
Spezifische Schmelzwärme q	50 kJ.kg^{-1}
Spezifische Wärmekapazität c	0,19 kJ. kg^{-1}. K^{-1}
Thermische Leitfähigkeit λ	16,5 W.m^{-1}.K^{-1}
Thermischer Längen-Koeff. α	6,7.10^{-6} K^{-1}
Spez. elektrischer Widerstand ρ	64.10^{-8} Ω.m
Schallgeschwindigkeit c (20 ^{0}C)	2330 m.s^{-1}
Normalpotential E^0 Nd / Nd^{3+}	– 2,43 V

Neodym gehört zu den weniger häufigen Elementen auf der Erde. Es kommt in der Natur meist vergesellschaftet mit den anderen Seltenerdmetallen vor allem im Monazitsand (Ce, La, Nd, Dy u.a.) $[(P,Si)O_4]$, Bastnäsit, Cerit u.a. vor. Das Element erhält man durch Schmelzflusselektrolyse oder metallothermisch durch Reduktion der wasserfreien Chloride mit Calcium.

Es ist ein silberglänzendes bis schwach gelbliches, relativ weiches, paramagnetisches Schwermetall, das an der Luft rasch grau anläuft. Es bildet zwei allotrope Modifikationen α–Nd und ab 861,8 ^{0}C β–Nd.

Neodym gehört zur Reihe der ›Lanthanoide‹, 3. Gruppe, 6. Periode. Es ist ein sehr unedles, elektropositives, reaktionsfähiges Übergangsmetall, es reagiert langsam mit kaltem Wasser und löst sich in schwachen Säuren. In Verbindungen bildet es die Oxidationsstufen Nd^{II} und Nd^{III} und Nd^{IV} wie z.B.: NdO, $NdCl_2$, Nd_2O_3, Cs_3NdF_7 sowie andere Salze und Komplexe.

Natürliches Neodym besteht aus einem Gemisch von sieben stabilen Isotopen Nd 142 (27,13 %) bis Nd 150. Daneben sind weitere 26 künstliche, radioaktive Isotope Nd 125 bis Nd 158 und fünf Kernisomere bekannt.

Im Gemisch mit Cer, Praseodym u.a. wird es in Form von ›Mischmetall‹ (Ce 53 %, La+Yb 24 %, Pr 5 % und Gd 2 %) oder ›Didymmetall‹ (Nd 72 %, Pr 18 %, La+Yb 7,8%, Gd 2%, Ce 0,2 %), als Legierungsbestandteil für Mg-, Fe- und B-Legierungen, zur Herstellung von Permanentmagneten u.a. verwendet. Daneben dient es zur Herstellung von Feuersteinen, zum Färben von Gläsern, Email und ist ein wichtiger Bestandteil des Nd-YAG-(Yttrium-Aluminium-Granat) Lasers.

Neodym hat keine biologische Bedeutung für den menschlichen Organismus. Es reizt die Augen und ist gering toxisch.

Neon (englisch **Neon**) **Ne**

Protonenzahl Z = **10**
Relative Atommasse (^{12}C=12,000) A_r = **20,1797**

Neon wurde 1898 von den britischen Chemikern *Sir William Ramsay* und *Morris William Travers* in London, GB, bei der fraktionierten Destillation von Rohargon entdeckt. Das Gas wurde aufgrund seiner scharlachroten Spektrallinien identifiziert.
Von griechisch *neós* = neu.

Atomare Eigenschaften:

Atomradius	
Kovalenzradius	
Van-der-Waals-Radius	160 pm
Ionenradien	
Elektronegativität	(A) 4,40; (a) 10,6 eV
Elektronenaffinität $Ne \rightarrow Ne^{-*}$	0,30 eV
Ionisierungsenergie	21,564 eV; 40,962 eV
Elektronenkonfiguration	[He] $2s^2 2p^6$

Physikalische Eigenschaften: **Nichtmetall**

Dichte ρ (gasf. Bei 0 ^{0}C)	0,8999 $kg.m^{-3}$
Schmelztemperatur ϑs	– 248,61 ^{0}C ; 24,55 K
Siedetemperatur ϑv	– 246,06 ^{0}C ; 27,09 K
Temperatur am Tripelpunkt T_t	– 248,59 ^{0}C ; 24,56 K
Kritische Temperat T_c	– 228,75 ^{0}C; 44,4 K
Kritischer Druck p_c	2,654 MPa
Spezifische Wärmekapazität c	1,03 $kJ.kg^{-1}.K^{-1}$
Thermische Leitfähigkeit λ	0,157 $W.m^{-1}.K^{-1}$
Schallgeschwindigkeit c (20 ^{0}C)	965 $m.s^{-1}$
Löslichkeit in Wasser (bei 20 ^{0}C)	ca. 0,1 g / Liter

* berechnet

Neon ist ein äußerst seltenes Element, sein Volumenanteil in der Atmosphäre beträgt ca. 0,0016 %. Es kommt in der Natur ausschließlich elementar vor. Großtechnisch erhält man Neon als Nebenprodukt bei der fraktionierten Destillation aus verflüssigter Luft.

Es ist ein farb-, geruch- und geschmackloses einatomiges Gas. Nach Wasserstoff und Helium ist es das leichteste aller Gase. Bei Glimmentladungen zeigt Neon eine charakteristische scharlachrote Färbung.

Neon gehört zur Gruppe der ›Edelgase‹, 18. Gruppe 2. Periode. Es besitzt eine abgeschlossene äußere Elektronenschale (L-Schale) mit 8 Elektronen $2s^2,2p^6$ [Ne] woraus sich seine chemische Trägheit erklärt. Von Neon sind keine Verbindungen bekannt.

Natürliches Neon besteht aus drei stabilen Isotopen Ne 20 (90,48 %), Ne 21 und Ne 22, weitere 15 radioaktive künstliche Isotope sind bekannt Ne16 bis Ne 34 sie haben alle kurze Halbwertszeiten von millisekunden bis Minuten.

Die wichtigste technische Anwendung findet Neon als Füllgas in Gasentladungsröhren, sog. Neonröhren, ›Rotlichtröhren‹ als Lichtreklame, als Kältemittel in der Kryotechnik sowie als Laser Material He-Ne-Laser. Hochbeschleunigte Ne-Ionen werden zur Herstellung schwererer Transurane eingesetzt, wie z. B.:

$$^{232}_{90}Th + ^{22}_{10}Ne \rightarrow ^{250}_{100}\mathbf{Fm} + 4\ ^{1}_{0}n$$

$$^{242}_{94}Pu + ^{22}_{10}Ne \rightarrow ^{260}_{104}\mathbf{Rf} + 4\ ^{1}_{0}n$$

$$^{241}_{95}Am + ^{22}_{10}Ne \rightarrow ^{260}_{105}\mathbf{Db} + 3\ ^{1}_{0}n$$

Neon hat keine biologische Bedeutung für den menschlichen Organismus, es ist nicht toxisch, wirkt aber erstickend.

Neptunium (englisch **Neptunium**) **Np**

Protonenzahl Z = **93**
Relative Atommasse (^{12}C=12,000) A_r = **237,04817**

Neptunium wurde als erstes Transuran-Element im Jahre 1940 von den amerikanischen Physikern *E. M. McMillan* und *P. H. Abelson* in Berkeley, USA, entdeckt. Es entstand im Kernreaktor aus Uran 238 durch Neutroneneinfang und anschließenden β^-–Zerfall. Es wurde nach dem Planeten *Neptun* benannt.

Atomare Eigenschaften:

Metallatomradius	(α) 130 pm
Kovalenzradius	
Ionenradien	Np^{3+} 110pm; Np^{4+} 95 pm
Elektronegativität	A: 1,22; P: 1,36
Elektronenaffinität	
Ionisierungsenergie	5,4934 eV
Elektronenkonfiguration	[Rn] $5f^4\ 6d^1\ 7s^2$

Physikalische Eigenschaften: **Metall**

Dichte ρ (bei 20 ^{0}C)	20450 $kg.m^{-3}$
Härte (Mohs)	
Schmelztemperatur ϑ_S	640 ^{0}C; 913 K
Siedetemperatur ϑ_V	3900 ^{0}C; 4173 K
Spezifische Schmelzwärme q	39,9 kJ. kg^{-1}
Spezifische Wärmekapazität c	
Thermische Leitfähigkeit λ	6,3 W. m^{-1}. K^{-1}
Thermischer Längen-Koeff. α	27,5 .10^{-6} K^{-1}
Spez. elektrischer Widerstand ρ	122 .10^{-8} Ω.m
Schallgeschwindigkeit c (20 ^{0}C)	
Normalpotential E^0 Np / Np^{3+}	– 1,85 V

Neptunium kommt in der Natur nur in geringen Spuren vor. Das wichtigste Isotop Np 237 (α; $2{,}14 \cdot 10^6$ a) entsteht als Nebenprodukt in Kernreaktoren durch Neutronenbeschuss von U 235 oder U 238 und anschließenden β^-Zerfall, gemäß der Kernreaktion:

$$^{235}_{92}U + 2\,^{1}_{0}n \rightarrow {}^{237}_{92}U \rightarrow {}^{237}_{93}Np + \beta^-$$

$$^{238}_{92}U\,(^{1}_{0}n;\,2\,^{1}_{0}n)\,^{237}_{92}U \rightarrow {}^{237}_{93}Np + \beta^-$$

Weitere Np–Isotope erhielten *McMillan* und *G.T.Seaborg* beim Beschuss von U 235 und U 238 mit beschleunigten Deuteronen gemäß:

$$^{235/238}_{92}U + {}^{2}_{1}H \rightarrow {}^{235/238}_{93}Np + 2\,^{1}_{0}n$$

Es ist ein silberweißes, glänzendes, dehnbares, stark radioaktives Schwermetall. das an der Luft rasch anläuft. Es tritt in drei allotropen Modifikationen auf: α–Np, β–Np und γ–Np auf.

Neptunium gehört zur Reihe der ›Actinoide‹, 3. Gruppe, 7. Periode. Es ist ein elektropositives, sehr unedles Übergangsmetall und starkes Reduktionsmittel. Es wird von Sauerstoff, Dampf und Säuren angegriffen, jedoch nicht von Basen. In Verbindungen bildet es die Oxidationsstufen: Np^{II}, bis Np^{VII} die wichtigste ist Np^{V} z.B.: NpO, Np_2O_3, $NpCl_3$, NpO_2, $Np(OH)_3$, $NpCl_4$, NpF_5, Np_2O_5, NpF_6 u.a. Salze und Komplexe.

Bekannt sind 19 Isotope und vier Kernisomere des Neptuniums Np 225 bis Np 244, sie sind alle radioaktiv. Die Isotope Np 235 bis Np 237 sind spaltbar, die krit. Masse liegt bei 6,8 kg bis ca. 70 kg (reflekt. 3 kg bis ca 40 kg).

Das Metall dient hauptsächlich zur Herstellung schwererer Transurane wie: Pu, Am, Cm, Bk u.a. Np 236 und Np 237 könnten für Kernwaffen eingesetzt werden,

Neptunium hat keine Bedeutung für den menschlichen Organismus, wirkt aber in relevanten Mengen wegen seiner Radioaktivität toxisch und kanzerogen.

Nickel (englisch **Nickel**) Ni

Protonenzahl Z = **28**
Relative Atommasse (^{12}C=12,000) A_r = **58,6934**

Nickel wurde im Jahre 1751 von dem schwedischen Chemiker *Axel Frederik Cronstedt* bei der Analyse des Rotnickelkies in Stockholm, Schweden, entdeckt und durch Reduktion des Oxids in unreiner Form isoliert.
Mit *Nickel* bezeichnete man einen Kobold oder Geist.

Atomare Eigenschaften:

Metallatomradius	124,5 pm
Kovalenzradius	115 pm
Ionenradien	Ni^{2+} 69 pm; Ni^{3+} 62 pm
Elektronegativität	A: 1,75; P: 1,91; a: 4,4 eV
Elektronenaffinität $Ni \rightarrow Ni^-$	0,162 eV
Ionisierungsenergie	7,6355 eV; 18,168 eV
Elektronenkonfiguration	[Ar] $3d^8 4s^2$

Physikalische Eigenschaften: **Metall**

Dichte ρ (bei 20 ^{0}C)	8906 kg.m^{-3}
Härte (Mohs)	3,8 - 4
Schmelztemperatur ϑ_S	1455 ^{0}C; 1728 K
Siedetemperatur ϑ_V	2732 ^{0}C; 3005 K
Spezifische Schmelzwärme *q*	299,5 kJ.kg^{-1}
Spezifische Wärmekapazität *c*	0,444 kJ. kg^{-1}.K^{-1}
Thermische Leitfähigkeit λ	91 W.m^{-1}.K^{-1}
Thermischer Längen-Koeff. α	13,4 .10^{-6} K^{-1}
Spez. elektrischer Widerstand ρ	6,85.10^{-8} Ω.m
Schallgeschwindigkeit *c* (20 ^{0}C)	4974 m.s^{-1}
Elektrochem. Äquivalent *Ä* Ni^{2+}	0,304.10^{-6} kg. A^{-1}.s^{-1}
Normalpotential E^0 Ni / Ni^{2+}	– 0,257 V

Nickel ist ein relativ häufiges Elementen auf der Erde, kommt aber nie elementar vor, sondern hauptsächlich in Form von Verbindungen, wie z.B.: Pentlandit $(Fe,Ni)_9S_8$, Nickelin NiAs, Millerit NiS u.a. Großtechnisch wird Nickel aus sulfidischen Erzen gewonnen. Diese werden durch Abrösten in Ni(II)-Oxid überführt das mit Wassergas oder CO reduziert wird.

Es ist ein silberglänzendes, relativ weiches, zähes und duktiles Schwermetall, das sich gut schmieden, walzen, zu Drähten ziehen und schweißen lässt. Es ist schwach ferromagnetisch, die Curie-Temperatur beträgt 354 ^{0}C. In fein zerteilten Zustand kann Nickel erhebliche Mengen molekularen Wasserstoff absorbieren, der in atomaren Wasserstoff übergeht.

Nickel gehört zur sogenannten ›Eisengruppe‹, es befindet sich im PSE in der 10. Gruppe, 4. Periode. Es ist ein schwach elektropositives, unedles Übergangsmetall, gegen Luft, Wasser und Alkalien sehr beständig, löst sich aber in Säuren. In Verbindungen bildet es fast alle Oxidationsstufen von Ni^{-I} bis Ni^{VI}. wie z.B.: $NiCl_2$, NiO, $Ni(OH)_2$, $Ni(NO_3)_2{\cdot}6H_2O$, $NiSO_4{\cdot}6H_2O$, NiF_3, NiO_2 u.a. Salze und Komplexe.

Natürliches Nickel ist ein Gemisch von fünf stabilen Isotopen Ni 58(68,1%), bis Ni 64. Weitere 27 künstliche, radioaktive Isotope Ni 46 bis Ni 78 sind bekannt. Ni 63 ensteht beim Beschuss von Cobalt mit Protonen gemäß $^{62}_{27}Co(^{1}_{1}H, \gamma)^{63}_{28}Ni$, es wird als radioaktiver Indikator verwendet.

Das Metall dient hauptsächlich zur Stahlveredelung, ferner zur Vernickelung von Stahloberflächen, als Anodenmaterial, zur Herstellung von Münzen, Akkumulatoren, medizinischer Instrumente u.a. Daneben eignet sich Nickel als Hydrierungs- und Dehydrierungskatalysator, sogenannte ›*Raney*-Katalysatoren‹.

Nickel ist essentiell für einige Spezies. Es wirkt stimulierend und nachweißlich kanzerogen. Nickel (v.a. Nickelstaub) und einige seiner Verbindungen sind hochgiftig.

Niob (englisch **Niobium**) **Nb**

Protonenzahl ***Z*** = **41**

Relative Atommasse (^{12}C=12,000) A_r = **92,90638**

Niob wurde im Jahre 1801 von dem englischen Chemiker *Charles Hatchett* in London, GB, in Form des Oxids entdeckt. Er nannte es Columbium. 1844 zeigte *H. Rose,* dass es sich dabei um zwei Elemente handelte, Tantal und ein unbekanntes Element. Nach *Niobe* der Tochter des *Tantalus.*

Atomare Eigenschaften:

Metallatomradius	143 pm
Kovalenzradius	134 pm
Ionenradien	Nb^{4+} 69 pm; Nb^{5+} 64 pm
Elektronegativität	A: 1,23; P: 1, 6; a: 4,0 eV
Elektronenaffinität $Nb \rightarrow Nb^-$	0,893 eV
Ionisierungsenergie	6,8818 eV; 14,324 eV
Elektronenkonfiguration	[Kr] $4d^4$ $5s^1$

Physikalische Eigenschaften: **Metall**

Dichte ρ (bei 20 ^{0}C)	8580 $kg.m^{-3}$
Härte (Mohs)	4
Schmelztemperatur ϑs	2468 ^{0}C; 2741 K
Siedetemperatur ϑv	4920 ^{0}C; 5193 K
Spezifische Schmelzwärme *q*	293 $kJ.kg^{-1}$
Spezifische Wärmekapazität *c*	0,265 $kJ.kg^{-1}.K^{-1}$
Thermische Leitfähigkeit λ	54 $W.m^{-1}.K^{-1}$
Thermischer Längen-Koeff. α	7,1 .10^{-6} K^{-1}
Spez. elektrfischer Widerstand ρ	12,8 .10^{-8} Ω.m
Schallgeschwindigkeit *c* (20 ^{0}C)	3480 $m.s^{-1}$
Normalpotential E^0 Nb / Nb^{3+}	– 1,1 V

Niob gehört zu den weniger häufigen Elementen auf der Erde. Es tritt in der Natur nie elementar auf, kommt aber hauptsächlich in Form von Verbindungen in verschiedenen Erzen vor, wie z.B.: Columbit (Fe,Mn) $(Nb,Ta)_2O_6$, Fergusonit $Y(Ta,Nb)O_4$ u.a. Technisch erhält man Niob aus Columbit. Nach Überführung in Niob(V)-Oxid wird das Metall durch Reduktion mit Kohlenstoff bei 2000 ^{0}C gewonnen.

Es ist ein hellgrau glänzendes, paramagnetisches, in reinem Zustand relativ weiches Schwermetall, das sich gut schmieden, walzen und schweißen lässt. Durch geringe Verunreinigungen wird es hart und spröde. Unterhalb 10,7 K zeigt das Metall Supraleitfähigkeit.

Niob befindet sich im PSE in der 5. Gruppe, 5. Periode. Es ist ein ziemlich unedles, schwach elektropositives sehr beständiges Übergangsmetall das infolge Passivierung, an der Luft und von einigen Säuren nicht angegriffen wird. In Verbindungen bildet es mehrere Oxidationsstufen von Nb^{-III} bis Nb^{V} wie z. B.: NbO, $NbCl_4$, NbF_4, NbO_2, Nb_2O_5, NbF_5, $NbCl_5$, NiO_2F u.a. Salze und Komplexe.

Niob ist ein anisotopes Element, in der Natur kommt es nur als Nb 93 vor. Weitere 31 künstliche, radioaktive Isotope Nb 81 bis Nb 113 und 17 Kernisomere sind bekannt.

Es ist ein wichtiges Legierungsmetall für rostfreie Spezialstähle wie z.B. Ferroniob, Ferroniobtantal u.a. Es dient ferner als Hüllenmaterial für Kernbrennstäbe, für Hochtemperaturlegierungen mit hoher Verschleißfestigkeit, die zur Herstellung von Gasturbinen sowie im Flugzeug- und Raketenbau verwendet werden. Einige Legierungen und Verbindungen wie z.B.: Nb_3Al, Nb_3Sn, $Nb_{12}Al_3Ge$, Nb_3Ge,zeigen gute Supraleitereigenschaften.

Niob hat keine biologische Bedeutung für den menschlichen Organismus, das Element gilt als nicht toxisch.

Nobelium (englisch **Nobelium**) **No**

Protonenzahl Z = **102**

Relative Atommasse (^{12}C=12,000) A_r = **259,100931**

Nobelium wurde im Jahre 1958 von den amerikanischen Forschern *A. Ghiorso, T. Sikkeland, J.R. Walton G. T.Seaborg* u.a. in Berkeley, USA, durch Beschuss von Curium mit hochbeschleunigten Kohlenstoffionen $^{13}C^{+6}$ erstmals hergestellt und nachgewiesen. Das erste No-Isotop entstand in der Kernreaktion:

$$^{246}_{96}Cm + ^{12}_{6}C \rightarrow ^{254}_{102}No + 4\,^{1}_{0}n$$

Es wurde nach dem schwedischen Ingenieur *Alfred Nobel* benannt.

Atomare Eigenschaften:

Metallatomradius	
Kovalenzradius	
Ionenradien	No^{2+} 112 pm; No^{3+} 96 pm
Elektronegativität	A: 1,20; P: 1,30
Elektronenaffinität No → No^-	
Ionisierungsenergie	5,6975 eV
Elektronenkonfiguration	[Rn] $5f^{14}\,7s^2$

Physikalische Eigenschaften: **Metall**

Dichte ρ (bei 20 °C)	
Härte (Mohs)	
Schmelztemperatur ϑ_s	
Siedetemperatur ϑ_v	
Spezifische Schmelzwärme q	
Spezifische Wärmekapazität c	
Spez. elektrischer Widerstand ρ	
Normalpotential E^0 No / No^{3+}	– 1,26 V

* geschätzte Werte

Nobelium kommt in der Natur nicht vor, es wird ausschließlich künstlich, durch Beschuss von Curium, Plutonium, u.a. mit leichten Kohlenstoff- bzw. Sauerstoffionen hergestellt, wie z.B.:

$$^{244}_{96}Cm + ^{12}_{6}C \rightarrow ^{252}_{102}No + 4\, ^{1}_{0}n$$

$$^{241}_{94}Pu + ^{18}_{8}O \rightarrow ^{A-X}_{102}No + X\, ^{1}_{0}n$$

Die Abtrennung des Metalls von den übrigen Transuranen erfolgt durch Ionenaustausch.

Es ist ein stark radioaktives Schwermetall. das an der Luft rasch anläuft.

Nobelium gehört zur Reihe der ›Actinoide‹, 3. Gruppe, 7. Periode. Es ist ein elektropositives, unedles Übergangsmetall. In Verbindungen bildet es vermutlich die Oxidationsstufen: No^{II}, No^{III} wie z.B.: $[No(H_2O)_x]^{2+}$ (aq) , $[No(H_2O)_x]^{3+}$ (aq) u.a.

Bekannt sind 12 künstliche, radioaktive Isotope des Nobeliums No 250 bis No 262 und drei Kernisomere, sie haben alle kurze Halbwertszeiten.

Nobelium hat nur wissenschaftliche Bedeutung, es wird nur für Forschungszwecke verwendet.

Das Element hat keine biologische Bedeutung für den menschlichen Organismus, wirkt aber wegen seiner Radioaktivität toxisch und kanzerogen.

Osmium (englisch **Osmium**) **Os**

Protonenzahl Z = **76**

Relative Atommasse (^{12}C=12,000) ***A_r*** = **190,23**

Osmium wurde zusammen mit Iridium im Jahre 1804 von dem britischen Chemiker *Smithson Tenannt* in London, GB, bei der Analyse der in Königswasser unlöslichen Rückständen von Rohplatinerzen entdeckt und isoliert.
Von griechisch *osme* = Geruch.

Atomare Eigenschaften:

Metallatomradius	134 pm
Kovalenzradius	126 pm
Ionenradien	Os^{2+} 89 pm; Os^{4+} 69 pm
Elektronegativität	A: 1,52; P: 2,2; a: 4,9 eV
Elektronenaffinität Os → Os^-	1,098 V
Ionisierungsenergie	8,7065 eV 16,582 eV
Elektronenkonfiguration	[Xe] $4f^{14}$ $5d^6$ $6s^2$

Physikalische Eigenschaften: **Metall**

Dichte ρ (bei 20 °C)	22590 kg.m^{-3}
Härte (Mohs)	7
Schmelztemperatur ϑ_s	3050 °C; 3323 K
Siedetemperatur ϑ_v	5028 °C; 5301 K
Spezifische Schmelzwärme q	154 kJ.kg^{-1}
Spezifische Wärmekapazität c	0,130 kJ. kg^{-1}.K^{-1}
Thermische Leitfähigkeit λ	88 W.m^{-1}.K^{-1}
Thermischer Längen-Koeff. α	4,4 .10^{-6} K^{-1}
Spez. elektrischer Widerstand ρ	8,12 .10^{-8} Ω.m
Schallgeschwindigkeit c (20 °C)	4938 m.s^{-1}
Normalpotential E^0 Os / Os^{2+}	0,852 V

Osmium gehört zu den sehr seltenen Elementen auf der Erde. Es kommt in der Natur nur elementar, meist als Begleiter des Platins und anderer Platinmetalle vor, z.B.: als Osmiridium (30-50 % Os, 50-70 % Ir) oder Iridosmium (55-80 % Os, 20-45 % Ir,). Osmium erhält man allgemein aus den Platinkonzentraten die als Anodenschlamm bei der elektrolytischen Nickelraffination anfallen

Es ist ein silberfarbenes, glänzendes, sprödes, sehr hartes, paramagnetisches Schwermetall. Es hat die größte Dichte und ist damit das schwerste aller Elemente. In der Nähe des absoluten Nullpunktes zeigt das Metall Supraleitfähigkeit.

Osmium gehört zur sogenannten Gruppe der ›schweren Platinmetalle‹, es befindet sich im PSE in der 8. Gruppe, 6. Periode. Es ist ein edles und sehr reaktionsträges Übergangsmetall, beständig gegen Luft, Wasser und allen Säuren, wird aber von geschmolzenem NaOH angegriffen. In seinen Verbindungen bildet es fast alle Oxidationsstufen von Os^{-II} bis Os^{VIII} wie z. B.: $OsCl_2$, $OsBr_3$, OsO_2, OsF_4, OsF_5, OsF_6, OsF_7, OsO_4 und verschiedene Salze und Komplexe.

Osmium kommt in der Natur als Gemisch von sieben stabilen Isotopen Os 162 bis Os 192(41,0 %) vor. Weitere 27 künstliche, radioaktive Isotope Os 162 bis Os 196 und sechs Kernisomer sind bekannt.

Es wird nur in Form von Legierungen mit anderen Platinmetallen verwendet, wie z.B.: als Spitzen für Goldfedern von Füllhaltern, für Injektionsnadeln und Dentalinstrumente, sowie als Katalysator. Die Isotope Os 187 und Os 189 werden als radioaktive Indikatoren verwendet.

Osmium hat keine biologische Bedeutung für den menschlichen Organismus. Das Metall und besonders OsO_4 gelten als sehr toxisch.

Palladium (englisch **Palladium**) **Pd**

Protonenzahl Z = **46**
Relative Atommasse (^{12}C=12,000) ***A_r*** = **106,42**

Palladium wurde im Jahre 1803 von dem englischen Arzt und Chemiker *William Hyde Wollaston* in London, GB, entdeckt und aus der Mutterlauge der Lösung von Rohplatin in Königswasser, isoliert.
Benannt nach dem 1802 entdeckten Planetoiden *Pallas.*

Atomare Eigenschaften:

Metallatomradius	138 pm
Kovalenzradius	128 pm
Ionenradien	Pd^{2+} 86 pm; Pd^{4+} 65 pm
Elektronegativität	A: 1,35; P: 2,2; a: 4,5 eV
Elektronenaffinität Pd → Pd^-	0,556 eV
Ionisierungsenergie	8,3435 eV; 19,432 eV
Elektronenkonfiguration	[Kr] $4d^{10}$

Physikalische Eigenschaften: **Metall**

Dichte ρ (bei 20 °C)	12020 $kg.m^{-3}$
Härte (Mohs)	5
Schmelztemperatur ϑ_S	1554 °C; 1827 K
Siedetemperatur ϑ_V	3125 °C; 3398 K
Spezifische Schmelzwärme *q*	165 $kJ.kg^{-1}$
Spezifische Wärmekapazität *c*	0,244 $kJ.kg^{-1}.K^{-1}$
Thermische Leitfähigkeit λ	72 $W.m^{-1}.K^{-1}$
Thermischer Längen-Koeff. α	11,6 $.10^{-6}$ K^{-1}
Spez. elektrischer Widerstand ρ	10,8 $.10^{-8}$ $\Omega.m$
Schallgeschwindigkeit *c* (20 °C)	3070 $m.s^{-1}$
Elektrochem. Äquivalent *Ä*	
Normalpotential E^0 Pd / Pd^{2+}	0,987 V

Palladium ist ein sehr seltenes Element auf der Erde. Es kommt in der Natur meist zusammen mit anderen Platinmetallen in Eisen-, Chrom-, Kupfer- oder Nickelerzlagern sowie in Mineralien wie Sperrylith $(Pt,Pd)As_2$, Braggit (Pt,Pd,Ni)S u.a. vor. Das Metall fällt bei der Bearbeitung des Rohplatins mit Königswasser an, aus dem es als Aminkomplex gefällt und durch Glühen im Wasserstoffstrom isoliert wird.

Es ist ein silberweißes, glänzendes, duktiles und gut verformbares, paramagnetisches Schwermetall, das sich wie Gold in dünne Plättchen und Folien hämmern lässt. Es tritt in mehreren Formen, kompakt, kolloidal, als Schwamm, oder fein verteilt als Pulver auf. Es hat ein großes Absorptionsvermögen für Wasserstoff, wobei vermutlich Hydride (Pd_2H_4) enstehen.

Palladium gehört zur Gruppe der ›leichten Platinmetalle‹ und befindet sich im PSE in der 10. Gruppe, 5. Periode. Es ist ein edles Übergangsmetall das nicht korrodiert. Es ist aber das reaktionsfähigste und legierungsfreundlichste aller Platinmetalle. Von Salz- und Schwefelsäure wird es nicht angegriffen, jedoch in der Hitze von Salpetersäure geschmolzenen Alkalien. In Verbindungen bildet es die Oxidationsstufen von Pd^{II} bis Pd^{IV}. wie z.B.: $PdCl_2$, PdF_2, PdO, PdO_2, PdF_4, sowie andere Salze und Komplexe.

Natürliches Palladium besteht aus sechs stabilen Isotopen von Pd 102 bis Pd 108 (26,46 %) und Pd 110. Weitere 27 künstliche, radioaktive Isotope Pd 91 bis Pd 124 und fünf Kernisomere sind bekannt.

Es ist ein wichtiges Metall für Katalysatoren, für Forschungsarbeiten in Laboratorien. In Legierungen mit Gold, Silber und Platin dient es als Schmuck und Dentallegierungen.

Palladium hat keine biologische Bedeutung für den menschlichen Organismus, das Metall gilt als nicht toxisch.

Phosphor (englisch **Phosphorus**) P

Protonenzahl Z = **15**

Relative Atommasse (^{12}C=12,000) A_r = **30,973762**

Phosphor wurde im Jahre 1669 von dem deutschen Alchimisten *Henning Brand* in Hamburg, Deutschland, bei der Suche nach dem ›Stein der Weisen‹ in Harnrückständen entdeckt. 1743 wurde Phosphor von *Andreas Sigismund Marggraf* als Element erkannt. Von griechisch *phosphoros* = Lichtträger.

Atomare Eigenschaften: (weißer Phosphor P_4)

Atomradius	94 pm
Kovalenzradius	110 pm
Van-der-Waals-Radius	212 pm
Ionenradien	P^{3+} 44pm
Elektronegativität	A: 2,06; P: 2,19; a: 5,62 eV
Elektronenaffinität $P \rightarrow P^-$	0,747 eV
Ionisierungsenergie	10,486 eV, 19.725 eV
Elektronenkonfiguration	[Ne] $3s^2\ 3p^3$

Physikalische Eigenschaften: (weißer Phosphor P_4)

Nichtmetall

Dichte ρ (bei 20 ^{0}C)	1823 $kg.m^{-3}$
Härte (Mohs)	1,5– 2
Schmelztemperatur ϑs	44 ^{0}C; 317 K
Siedetemperatur ϑv	280 ^{0}C; 553 K
Spezifische Schmelzwärme q	81 $kJ.kg^{-1}$
Spezifische Wärmekapazität c	0,686 $kJ.kg^{-1}.K^{-1}$
Thermische Leitfähigkeit λ	0,23 $W.m^{-1}.K^{-1}$
Thermischer Längen-Koeff. α	125 $.10^{-6}$ K^{-1}
Spez. elektrischer Widerstand ρ	1 $.10^9$ Ω.m
Schallgeschwindigkeit c (20 ^{0}C)	
Normalpotential E^0 P / H_3PO_3	– 0,502 V

Phosphor ist ein relativ häufiges Element auf der Erde. Er kommt in der Natur nur in Derivaten der Phosphorsäure vor: Apatit $Ca_5(F,Cl,OH)|(PO_4)_3]$, Fluorapatit $Ca_5[F|(PO_4)_3]$u.a. Großtechnisch wird Phosphor aus Fluorapatit mit Quarzsand und Koks im elektrischen Lichtbogen bei ca. 1400 °C umgesetzt und durch Destillation gereinigt.

Das Element tritt in drei kristallinen Modifikationen als ›weißer‹, ›violetter‹ und ›schwarzer‹ Phosphor sowie einer amorphen Form als ›roter‹ Phosphor auf. Weißer Phosphor (P_4) ist eine weiße, weiche unangenehm riechende, ab 50 °C selbstentzündliche Substanz, die im Dunkeln leuchtet.

Phosphor gehört zur Gruppe der ›Pentele‹, 15. Gruppe, 3. Periode. Der Weiße Phosphor ist chemisch sehr reaktionsfähig und ein gutes Reduktionsmittel. Er reagiert nicht mit Wasser und verdünnten Säuren aber mit Laugen. In Verbindungen bildet Phosphor die Oxidationsstufen P^{-III} bis P^{III} wie z.B.. PH_3, P_2H_4, H_3PO_2, P_4O_6, H_3PO_3, PCl_3, PF_3 u.a. geht aber auch kovalente Bindungen ein wie: P–P, P–H, P–O, P=O, P–C, P–Cl, u.a.

Es ist ein anisotopes Element und findet sich in der Natur ausschließlich als P 31. Weitere 20 künstliche, radioaktive Isotope von P 25 bis P 46 sind bekannt. Die Isotope P 32 und P33 entstehen in Kernreaktionen wie z.B.: ${}^{35}{}_{17}Cl(n, {}^{4}{}_{2}He){}^{32}{}_{15}P$ oder ${}^{32}{}_{16}S(n, {}^{1}{}_{1}H){}^{32}{}_{15}P$ u.a., sie dienen als radioaktive Indikatoren.

Weißer Phosphor dient hauptsächlich zur Herstellung von Phosphorsäure und Phosphaten die zu Dünge- und Pflanzenschutzmitteln verarbeitet werden. Der restliche Phosphor wird zu Chloriden wie PCl_5 und Sulfiden P_4S_{10} verarbeitet, die zur Herstellung von Waschmitteln, Weichmachern, Schmieröl-Additives u.v.a. verwendet werden. Roter Phosphor wird in der Pyrotechnik und für Streichhölzer verwendet.

Phosphor ist für alle Spezies essentiell, er ist Bestandteil der DNA. P_4 und viele seiner Verbindungen sind äußerst toxisch.

Platin (englisch **Platinum**) **Pt**

Protonenzahl ***Z*** **= 78**

Relative Atommasse (^{12}C=12,000) A_r **= 195,08**

Unreines Platin war vermutlich schon den alten Ägyptern bekannt. Die Mayas hielten es für Silber und stellten kleinere Plastiken daraus her. 1557 wurde Platin von dem italienischen Gelehrten *G. C. Scaliger* als eigenständiges Metall erkannt.
Von spanisch *platina* = Silber.

Atomare Eigenschaften:

Metallatomradius	139 pm
Kovalenzradius	130 pm
Ionenradien	Pt^{2+} 80 pm; Pd^{4+} 68 pm
Elektronegativität	A: 1,44; P: 2,28; a: 5,6 eV
Elektronenaffinität $Pt \rightarrow Pt^-$	2,127 eV
Ionisierungsenergie	9,0175 eV; 18,562 eV
Elektronenkonfiguration	[Xe] $4f^{14}$ $5d^9$ $6s^1$

Physikalische Eigenschaften: **Metall**

Dichte ρ (bei 20 ^{0}C)	21450 kg.m^{-3}
Härte (Mohs)	4,3
Schmelztemperatur ϑ_s	1772 ^{0}C; 2045 K
Siedetemperatur ϑ_v	3827 ^{0}C; 4100 K
Spezifische Schmelzwärme q	101 kJ.kg^{-1}
Spezifische Wärmekapazität c	0,133 kJ.kg^{-1}.K^{-1}
Thermische Leitfähigkeit λ	72 W.m^{-1}.K^{-1}
Thermischer Längen-Koeff. α	9,0 .10^{-6} K^{-1}
Spez. elektrischer Widerstand ρ	10,55 .10^{-8} Ω.m
Schallgeschwindigkeit c (20 ^{0}C)	2682 m.s^{-1}
Elektrochem. Äquivalent $Ä$	0,51 .10^{-6} kg. A^{-1}. s^{-1}
Normalpotential E^0 Pt / Pt^{2+}	1,188 V

Platin gehört zu den äußerst seltenen Elementen auf der Erde. Es kommt in der Natur meist vergesellschaftet mit anderen Platinmetallen in wie Ru, Rh, Pd, Os, Ir sowie in Fe-, Cr,-, Cu- oder Ni-Erzen vor. Wichtige Mineralien sind Sperrylith $(Pt,Pd)As_2$, Braggit [(Pt,Pd,Ni)S] u.a. Das Metall fällt bei der Bearbeitung des Rohplatins mit Königswasser an, woraus es nach Behandlung mit NH_4Cl als $(NH_4)_2[PtCl_6]$ gefällt und isoliert wird.

Es ist ein silberglänzendes, relativ weiches, duktiles und gut verformbares, paramagnetisches Schwermetall, das sich zu feinsten Fäden und Folien verarbeiten lässt. Die Wärmeausdehnung entspricht der von Glas, so dass Platin in Glas eingeschmolzen werden kann. Es ist gut legierbar mit Gold. Silber und Blei und besitzt die Fähigkeit in fein verteilter Form große Mengen Wasserstoff aufzunehmen.

Platin gehört zu der Gruppe der sog. ›schweren Platinmetalle‹, es befindet sich im PSE in der 10. Gruppe, 6. Periode. Es ist ein sehr edles und sehr reaktionsträges Übergangsmetall, das von Sauerstoff, Wasser und nichtoxidierenden Säuren nicht angegriffen wird. Es löst sich nur in Königswasser und geschmolzenen Alkalien. In Verbindungen bildet es die Oxidationsstufen von Pt^{II} bis Pt^{VI} wie z. B.: $PtCl_2$, $PtBr_2$, PtO, PtO_2, $PtCl_4$, PtO_3, PtF_6 sowie zahlreiche andere Salze und Komplex.

Natürliches Platin besteht aus fünf stabilen Isotopen von Pt 192, Pt 195 (33,8 %) bis Pt 198 und einem sehr langlebigen Isotop Pt 190 (α; $6{,}5.10^{11}$a). Weitere 29 künstliche, radioaktive Isotope Pt 166 bis Pt 202 und sechs Kernisomere sind bekannt.

Es ist ein wichtiges Metall für Katalysatoren v.a. Entgiftungskatalysatoren für Autoabgase und dient zur Herstellung von Laborgeräten, Schaltkontakten, Thermoelementen, Schmuck u. a. *Das Urmeter in Sévres bei Paris besteht aus 90 % Pt +10 % Ir.

Platin hat keine biologische Bedeutung für den menschlichen Organismus. Das Metall gilt als nicht toxisch.

Plutonium (englisch **Plutonium**) **Pu**

***Protonenzahl* *Z* = 94**

Relative Atommasse (^{12}C=12,000) ***A_r* = 244,064199**

Plutonium wurde im Jahre 1940 von den amerikanischen Physikern *G. T. Seaborg, E. M. McMillan, J.W. Kennedy* und *A. C Wahl* in Berkeley, USA, entdeckt. Das Isotop Pu 238 entstand beim Beschuss von U 238 mit hochbeschleunigten Deuteronen. Aus Sicherheitsgründen wurde es damals u.a. *cooper* genannt. Benannt nach dem Planeten *Pluto*.

Atomare Eigenschaften:

Metallatomradius	(α) 151pm
Kovalenzradius	
Ionenradien	Pu^{3+} 108pm; Pu^{4+} 93 pm
Elektronegativität	A: 1,22; P: 1,28
Elektronenaffinität	
Ionisierungsenergie	6,0630 eV
Elektronenkonfiguration	[Rn] $5f^6$ $7s^2$

Physikalische Eigenschaften: **Metall**

Dichte ρ (bei 20 ^{0}C)	19840 kg.m^{-3}
Härte (Mohs)	
Schmelztemperatur ϑ_s	641 ^{0}C; 914 K
Siedetemperatur ϑ_v	3232 ^{0}C; 3505 K
Spezifische Schmelzwärme *q*	11,5 kJ. kg^{-1}
Spezifische Wärmekapazität *c*	
Thermische Leitfähigkeit λ	6,7 W. m^{-1}. K^{-1}
Thermischer Längen-Koeff. α	55 .10^{-6} K^{-1}
Spez. elektrischer Widerstand ρ	147 .10^{-8} Ω .m
Schallgeschwindigkeit *c* (20 ^{0}C)	2260 m. s^{-1}
Normalpotential E^0 Pu / Pu^{3+}	– 2,03 V

Plutonium kommt in der Natur nur in Spuren in einigen Uranerzen, wie Uranpechblende, Carnotit u.a. vor. Im technischen Maßstab wird Pu 239 im ›schnellen Brüter‹ aus U 238 durch Bestrahlung mit schnellen Neutronen hergestellt. Das wichtigste Isotop Pu 239 (α; $2{,}4.10^4$ a) entsteht als Nebenprodukt in Kernreaktoren durch Neutronenbeschuss von U 238 und anschließenden β^-Zerfall, gemäß der Kernreaktion:

$$^{238}_{92}U + ^{1}_{0}n \xrightarrow{\gamma} ^{239}_{92}U \xrightarrow{\beta} ^{239}_{93}Np \rightarrow ^{239}_{94}Pu + \beta$$

Die Abtrennung des Metalls von den übrigen Transuranen erfolgt durch Ionenaustausch.

Es ist ein silberweißes, glänzendes, stark radioaktives, paramagnetisches Schwermetall. das an der Luft rasch anläuft. Es tritt in 6 allotropen Modifikationen auf: α–Pu (bis 122 ^{0}C), β–Pu, γ–Pu, δ–Pu, δ'–Pu und ε–Pu.

Plutonium gehört zur Reihe der ›Actinoide‹, 3. Gruppe, 7. Periode. Es ist ein stark elektropositives, sehr unedles und sehr reaktionsfreudiges Übergangsmetall. Es wird von Sauerstoff, Dampf und Säuren angegriffen, jedoch nicht von Alkalien. In Verbindungen bildet es die Oxidationsstufen: Pu^{II} bis Pu^{VII} die wichtigste ist Pu^{IV}. z.B.: PuO, Pu_2O_3, $PuCl_3$, $Pu(OH)_3$, $PuCl_3$, Pu_2O_3, $Pu(OH)_3$, PuF_4, PuF_5 u.a. Salze und Komplexe.

Pu 239 und Pu 244 finden sich in der Natur in Spuren. Bekannt sind 19 Isotope des Plutoniums Pu 228 bis Pu 247 sowie elf Kernisomere, sie sind alle radioaktiv. Die Isotope Pu 236 bis Pu 242 sind spaltbar, die krit. Masse liegt bei ca. 3 kg bis 85 kg.

Das Metall dient hauptsächlich zur Herstellung schwererer Transurane wie: Am, Cm, Bk u.a., als Energiequelle, und Kernbrennstoff. Pu 238, Pu 239, und Pu 240 eignen sich für Kernwaffen. Mittlere krit. Masse 10 kg (reflekt. 5 kg – 20 kg)

Plutonium hat keine Bedeutung für den menschlichen Organismus, wirkt aber wegen seiner Radioaktivität toxisch und kanzerogen.

Polonium (englisch **Polonium**) **Po**

Protonenzahl ***Z*** = **84**

Relative Atommasse (^{12}C=12,000) A_r = **208,98240**

Polonium wurde im Jahre 1898 von der polnisch/französischen Physikerin *Marie Curie* in Paris, Frankreich, bei der Untersuchung von Uranpechblende aus St. Joachimsthal, aufgrund seiner intensiven α–Strahlung, entdeckt.
Benannt nach *Polen* der Heimat von *Marie Curie*.

Atomare Eigenschaften:

Metallatomradius	167 pm
Kovalenzradius	153 pm
Ionenradien	Po^{2-} 230 pm; Po^{6+} 67 pm
Elektronegativität	A: 1,76; P: 2,0; a: 5,2 eV
Elektronenaffinität Po $\rightarrow$ Po^-	1,895 eV
Ionisierungsenergie	8,4157 eV, 18,655 eV
Elektronenkonfiguration	[Xe] $4f^{14}$ $5d^{10}$ $6s^2$ $6p^4$

Physikalische Eigenschaften: **Halbmetall**

Dichte ρ (bei 20 ^{0}C)	9196 $kg.m^{-3}$
Härte (Mohs)	
Schmelztemperatur ϑ_S	254 ^{0}C; 527 K
Siedetemperatur ϑ_V	962 ^{0}C; 1235 K
Spezifische Schmelzwärme	48 $kJ.kg^{-1}$
Spezifische Wärmekapazität *c*	
Thermische Leitfähigkeit λ	20 $W.m^{-1}.K^{-1}$
Thermischer Längen-Koeff. α	23.10^{-6} K^{-1}
Spez. elektrischer Widerstand ρ	141.10^{-8} Ω.m
Schallgeschwindigkeit *c* (20 ^{0}C)	
Normalpotential E^0 Po / PoO_2	0,73 V

Polonium gehört zu den äußerst seltenen Element auf der Erde. Es kommt in Spuren als Zerfallsprodukt von Uran und Thorium in Uran und Thoriumerzen wie der Pechblende u.a. vor. Das Element reichert sich bei der Aufarbeitung der Pechblende in der Bismut-Fraktion an. Von da wird es in Form des Sulfids gefällt und durch Elektrolyse isoliert. Heute wird Polonium hauptsächlich im Kernreaktor durch Bestrahlung von Bismut mit Neutronen hergestellt, gemäß:

$$^{209}_{83}Bi + ^{1}_{0}n \xrightarrow{\gamma} ^{210}_{83}Bi \xrightarrow{\beta-} ^{210}_{84}Po$$

Es ist ein silbergraues, glänzendes radioaktives Schwermetall, das in zwei allotropen Modifikationen α–Po (bis 36 ^{0}C) und β–Po auftritt. Aufgrund seiner Radioaktivität leuchtet es im Dunkeln hellblau.

Polonium gehört zur Gruppe der ›Chalkogene‹, 16. Gruppe, 6. Periode. Es ist ein edles Halbmetall, bei dem der metallische Charakter überwiegt. An der Luft oxidiert es und löst sich in Säuren. In Verbindungen bildet es mehrere Oxidationsstufen von Po^{-II} bis Po^{VI}, wie z:B.: H_2Po, PoO, $PoCl_2$, PoO_2, $PoCl_4$, PoO_3, PoF_6 u.a. Kovalente Bindungen sind: Po–Cl, Po–Po u.a.

Insgesamt sind 34 Isotope des Poloniums Po 186 bis Po 220 und zehn Kernisomere bekannt. Sieben Isotope zwischen Po 210 bis Po 218 findet man in Spuren als Glieder der radioaktiven Zerfallsreihen in Uran- und Thoriumerzen. Das Isotop Po 210 wird als radioaktiver Indikator, Tracer, verwendet.

Das Halbmetall wird als Energiequelle in Satelliten, als α–Strahlenquelle in der Radiobiologie und im Gemisch mit Beryllium als Neutronenquelle verwendet.

Polonium hat keine Bedeutung für den menschlichen Organismus. Das Halbmetall ist aber wegen seiner Radioaktivität toxisch und kanzerogen.

Praseodym (englisch **Praseodymium**) **Pr**

***Protonenzahl Z* = 59**
Relative Atommasse (^{12}C=12,000) ***A_r* = 140,90765**

Praseodym wurde zusammen mit Neodym im Jahre 1885 von dem österreichischen Chemiker *Carl Auer von Welsbach* in Wien, Österreich, bei der Zerlegung der Didymerde entdeckt und erstmals hergestellt. Wegen der grünen Farbe seiner Salze, von griechisch *praseios didymos* = lauchgrüner Zwilling benannt.

Atomare Eigenschaften:

Metallatomradius	182 pm
Kovalenzradius	165 pm
Ionenradien	Pr^{3+} 106 pm
Elektronegativität	A: 1,07; P: 1,13; a: ~ 3 eV
Elektronenaffinität $Pr \rightarrow Pr^-$	0,52 eV
Ionisierungsenergie	5,422 eV; 10,551 eV
Elektronenkonfiguration	[Xe] $4f^3$ $6s^2$

Physikalische Eigenschaften: **Metall**

Dichte ρ (bei 20 ^{0}C)	6475 kg.m^{-3}
Härte (Mohs)	ca. 2 - 3
Schmelztemperatur ϑ_s	935 ^{0}C; 1208 K
Siedetemperatur ϑ_v	3250 ^{0}C; 3523K
Spezifische Schmelzwärme q	80 kJ.kg^{-1}
Spezifische Wärmekapazität c	0,19 kJ. kg^{-1}. K^{-1}
Thermische Leitfähigkeit λ	12,5 W.m^{-1}.K^{-1}
Thermischer Längen-Koeff. α	6,8 .10^{-6} K^{-1}
Elektrische Leitfähigkeit κ	1,47.10^6 S.m^{-1}
Spez. elektrischer Widerstand ρ	68.10^{-8} Ω.m
Schallgeschwindigkeit c (20 ^{0}C)	2280 m.s^{-1}
Normalpotential E^0 Pr / Pr^{3+}	– 2,46 V

Praseodym gehört zu den weniger häufigen Elementen auf der Erde. Es kommt in der Natur meist vergesellschaftet mit den anderen Seltenerdmetallen vor allem im Monazitsand (Ce, La, Nd, Dy u.a.) [$(P,Si)O_4$], Bastnäsit, Cerit u.a. vor. Das Element erhält man mittels Schmelzflusselektrolyse oder metallothermisch durch Reduktion der Fluoride mit Calcium.

Es ist ein silberglänzendes, relativ weiches, verformbares parammagnetisches Schwermetall, das an der Luft grau anläuft. Es tritt in zwei allotropen Modifikationen auf α–Pr (bis 798 ^{0}C) und β–Pr. Praseodym-Eisen-Bor Verbindungen wie $Pr_2Fe_{14}B$ u.a. besitzen hervorragende ferromagnetische Eigenschaften.

Praseodym gehört zur Reihe der ›Lanthanoide‹, 3. Gruppe, 6. Periode. Es ist ein ziemlich unedles, sehr reaktionsfähiges Übergangsmetall, es reagiert langsam mit Wasser und löst sich in schwachen Säuren. In Verbindungen bildet es die Oxidationsstufen Pr^{III} und Pr^{IV} wie z.B.: $PrCl_3$, Pr_2O_3, PrO_2, PrF_4 sowie andere Salze und Komplexe.

Praseodym ist ein anisotopes Element, es tritt in der Natur nur als Pr 141 auf. Daneben sind weitere 35 künstliche, radioaktive Isotope Pr 121 bis Pr 157, mit relativ kurzen Halbwertszeiten, sowie acht Kernisomere bekannt. Die Isotope Pr 142 und Pr 143 werden als radioaktive Indikatoren, Tracer, verwendet.

Das reine Metall hat keine technischen Anwendungen. In Form von Legierungen wie $PrCo_5$ und Pr_2Co_{17} sowie in Verbindungen mit Fe, B u.a. wird es zur Herstellung von Dauermagneten verwendet. Verbindungen mit Ce, La und Nd eignen sich als Katalysatoren. Pr_2O_3 Verbindungen dienen zur Grün-, und Blaufärbung von Porzellan und Keramiken, zur Verbesserung der UV Absorption von Augenschutzglas beim Schweißen, sowie für Feuersteine.

Praseodym hat keine biologische Bedeutung für den menschlichen Organismus. Es ist gering toxisch und wirkt stimulierend.

Promethium (englisch **Promethium**) **Pm**

Protonenzahl ***Z*** = **61**

Relative Atommasse (^{12}C=12,000) A_r = **144,9151**

Promethium wurde im Jahre 1885 von dem amerikanischen Forschern *J. A. Marinsky, L. E. Glendenin, C. D. Coryell* in Oak Ridge, USA, in Uranspaltprodukten aus Kernreaktoren, in Form der Isotope Pm 147 und Pm 149 nachgewiesen.
Benannt nach dem Titanensohn *Prometheus*.

Atomare Eigenschaften:

Metallatomradius	183 pm
Kovalenzradius	161 pm
Ionenradien	Pm^{3+} 106pm
Elektronegativität	A: 1,07; P: 1,20; a: ~ 3 eV
Elektronenaffinität $Pm \rightarrow Pm^-$	0,52 eV
Ionisierungsenergie	5,554 eV; 10,903 eV
Elektronenkonfiguration	[Xe] $4f^6$ $6s^2$

Physikalische Eigenschaften: **Metall**

Dichte ρ (bei 20 ^{0}C)	7220 $kg.m^{-3}$
Härte (Mohs)	
Schmelztemperatur ϑ_s	1168 ^{0}C; 1441 K
Siedetemperatur ϑ_v	2730 ^{0}C; 3003 K
Spezifische Schmelzwärme q	87 $kJ.kg^{-1}$
Spezifische Wärmekapazität c	
Thermische Leitfähigkeit λ	15 $W.m^{-1}.K^{-1}$
Thermischer Längen-Koeff. α	11 $.10^{-6}$ K^{-1}
Spez. elektrischer Widerstand ρ	50.10^{-8} $\Omega.m$
Schallgeschwindigkeit c (20 ^{0}C)	
Normalpotential E^0 Pm / Pm^{3+}	– 2,42 V

Promethium kommt auf der Erde nur in geringen Spuren, in Form des Isotops Pm 147, als Produkt der natürlichen Kernspaltung des Urans, in uranhaltigen Erzen vor. Das Element erhält man heute in Form des Oxids, bei der Aufarbeitung der Brennelemente in Kernreaktoren. Nach Überführung ins Chlorid, kann das Metall durch Reduktion mit Calcium dargestellt werden. Promethium kann auch durch Neutronenbestrahlung von Sm oder Nd hergestellt werden wie z.B.: $^{144}{}_{62}Sm(n, {}^{1}{}_{1}H)^{144}{}_{61}Pm$

Es ist ein silberweiß, glänzendes, radioaktives Schwermetall.

Promethium gehört zur Reihe der ›Lanthanoide‹, 3. Gruppe, 6. Periode. Es ist ein ziemlich unedles Übergangsmetall. In Verbindungen bildet es ausschließlich die Oxidationsstufe Pm^{III} wie z.B.: $PmCl_3$, Pm_2O_3, $PmBr_3$ u.a. sowie verschiedene Salze und Komplexe.

Promethium ist ein anisotopes Element. In der Natur finden sich ausschließlich geringen Spuren von Pm 147. Daneben sind weitere 30 künstliche, radioaktive Isotope Pm 128 bis Pm 159 sowie sieben Kernisomere bekannt. Die Isotope Pm 147 und Pm 149 dienen als radioaktive Indikatoren.

Einige langlebige Isotope wie Pm 145 (EC; 17,7 a), Pm 146 (EC; 5,53 a) und Pm 147 (β^-; 2,62 a) werden zur Herstellung von Radionuklidbatterien z.B. für Herzschrittmacher, als Wärmequelle, als Indikatoren zur Dickemessung, in der Raumfahrt u.a. verwendet.

Promethium hat keine biologische Bedeutung für den menschlichen Organismus. Es ist aber wegen seiner starken Radioaktivität sehr toxisch und kanzerogen.

Protactinium (englisch Protactinium) Pa

***Protonenzahl* Z = 91**
Relative Atommasse (^{12}C=12,000) A_r = **231,03588**

Im Jahre 1913 entdeckten *Kasimir Fajans* und *O. H. Göhring* in Karlsruhe, Deutschland, das Isotop Pa 234. 1917 fanden *Otto. Hahn* und *Lise Meitner* in Berlin und unabhängig *Frederick Soddy* und *John A. Cranston* in Glasgow das langlebige Isotop Pa 231. Von griechisch *prótos* = Erster bzw. Vorläufer (von Actinium).

***Atomare Eigenschaften*:**

Metallatomradius	161pm
Kovalenzradius	
Ionenradien	Pa^{3+} 114pm; Pa^{4+} 94pm
Elektronegativität	A: 1,14; P: 1,50
Elektronenaffinität Pa → Pa^-	
Ionisierungsenergie	5,3345 eV
Elektronenkonfiguration	[Rn] $5f^2 6d^1 7s^2$

***Physikalische Eigenschaften*:** **Metall**

Dichte ρ (bei 20 °C) *	15370 kg.m^{-3}
Härte (Mohs)	
Schmelztemperatur ϑ_S	1840 °C; 2113 K
Siedetemperatur ϑ_V	4027 °C; 4300 K
Spezifische Schmelzwärme q	72 kJ. kg^{-1}
Spezifische Wärmekapazität c	
Thermische Leitfähigkeit λ *	47 W. m^{-1}. K^{-1}
Thermischer Längen-Koeff. λ	7,5 .10^{-6} K^{-1}
Spez. elektrischer Widerstand ρ	17,7 .10^{-8} Ω.m
Schallgeschwindigkeit c (20 °C)	
Normalpotential E^0 Pa / Pa^{4+}	– 1,49 V

* geschätzte Werte

Protactinium gehört zu den äußerst seltenen Elementen auf der Erde. Es findet sich in Spuren in einigen Uranmineralien wie z.B. in der St. Joachimstahler Pechblende wo es als Glied der Uran-Radium-Zerfallsreihe gemäß der Kernreaktion entsteht:

$$^{235}_{92}U \xrightarrow{\alpha} {}^{231}_{90}Th \xrightarrow{\beta^-} {}^{231}_{91}\mathbf{Pa} \xrightarrow{\alpha} {}^{227}_{89}Ac$$

Die Trennung und Reinigung des Elements ist sehr aufwendig und erfolgt mittels Ionenaustauscher oder Lösungsmittelextraktion. Das Metall erhält man durch Reduktion des PaF_4 mit Barium oder Lithium.

Reines Protactinium ist ein silberglänzendes, duktiles, Schwermetall. das an der Luft rasch anläuft. Unterhalb 1,4 K besteht Supraleitfähigkeit.

Protactinium gehört zur Reihe der ›Actinoide‹, 3. Gruppe, 7. Periode. Es ist ein elektropositives, ziemlich unedles Übergangsmetall. Es wird von Sauerstoff, Dampf und Säuren angegriffen, jedoch nicht von Alkalien. In Verbindungen bildet es die Oxidationsstufen Pa^{III}, Pa^{IV} und Pa^{V}, wie z.B.: PaI_3, $PaCl_4$, PaO_2, Pa_2O_5, $PaCl_5$, PaF_5, u.a. Salze und Komplexe.

In der Natur tritt das Element in geringen Spuren in Form von zwei Isotopen Pa 231 und Pa 234 auf. Weitere 24 künstliche, radioaktive Isotope Pa 212 bis Pa 239 und 2 Kernisomere sind bekannt. Das Isotop Pa 231 ist mit schnellen Neutronen oder anderer energiereicher Teilchen spaltbar, die Isotope Pa 230 und Pa 232 können mit thermischen Neutronen gespalten werden. Die meisten Isotope entstehen durch Beschuß von Thorium oder Uran mit beschleunigten Deuteronen wie z.B. das Isotop Pa 233 $^{232}_{90}Th(^{2}_{1}H, ^{1}_{0}n)^{233}_{91}Pa$, es wird als readioakt. Tracer verwendet.

Das Metall dient hauptsächlich zu Forschungszwecken.

Protactinium hat keine Bedeutung für den menschlichen Organismus, wirkt aber wegen seiner Radioaktivität toxisch und kanzerogen.

Quecksilber (englisch **Mercury**)	**Hg**

***Protonenzahl* *Z* = 80**

Relative Atommasse (^{12}C=12,000) ***A_r* = 200,59**

Quecksilber war schon in der Antike bekannt, es wurde schon von Aristoteles im 4-3. Jh. v. Chr. als *hydrargyros* erwähnt. Der Name geht auf althochdeutsch *quecksilabar* = lebendiges Silber zurück, der lateinische Name *hydrargyrum* = flüssiges Silber, der englische Name *Mercury* bezieht sich auf den Planeten Merkur.

Atomare Eigenschaften:

Metallatomradius	151 pm
Kovalenzradius	144 pm
Ionenradien	Hg^+ 127 pm; Hg^{2+} 110 pm
Elektronegativität	A: 1,44; P: 2,0; a: 4,9 eV
Elektronenaffinität $Hg \rightarrow Hg^-$	0,19 eV
Ionisierungsenergie	10,437 eV; 18.756 eV
Elektronenkonfiguration	[Xe] $4f^{14}$ $5d^{10}$ $6s^2$

Physikalische Eigenschaften: **Metall**

Dichte ρ (flüssig bei 20 ^{0}C)	13546 kg.m^{-3}
Schmelztemperatur ϑ_S	– 38,9 ^{0}C; 234 K
Siedetemperatur ϑ_V	356,6 ^{0}C; 630 K
Spezifische Schmelzwärme q	11,46 kJ.kg^{-1}
Spezifische Wärmekapazität c	0,14 kJ.kg^{-1}.K^{-1}
Thermische Leitfähigkeit λ	8,5 W.m^{-1}.K^{-1}
Thermischer Längen-Koeff. α	18 .10^{-6} K^{-1}
Spez. elektrischer Widerstand ρ	94,1 .10^{-8} Ω.m
Schallgeschwindigkeit c (20 ^{0}C)	1460 m.s^{-1}
Elektrochem. Äquivalent $Ä$ Hg^+	2,08.10^{-6} kg.A^{-1}.s^{-1}
Normalpotential E^0 Hg / Hg^{2+}	0,854 V

Quecksilber gehört zu den selteneren Elementen auf der Erde. Elementar kommt es nur selten, fein verteilt in Form von Tröpfchen in verschiedenen Gesteinen, vor. Das wichtigste Mineral ist Zinnober HgS oder Cinnabarit HgS. Das Metall wird hauptsächlich aus Zinnober in Schüttröstöfen bei ca. 600 °C im Luftstrom, oder durch Umsetzung mit Eisenspänen oder gebranntem Kalk dargestellt, wie z.B.: $HgS + O_2 \rightarrow Hg\uparrow + SO_2\uparrow$

$HgS + Fe \rightarrow FeS + Hg\uparrow$

Es ist ein silberweißes, glänzendes, schweres, flüssiges, diamagnetisches, Schwermetall. In festem Zustand ist es sehr weich und gut dehnbar. Zwischen 0 und 100 °C dehnt es sich proportional zur Temperaturerhöhung aus. Supraleitfähigkeit < 4,15 K. * Der Widerstand einer Quecksilbersäule von 1mm² Querschnitt und einer Länge von 1,063 m bei 0 °C wurde früher als Einheit des elektrischen Widerstandes 1 Ohm, 1Ω festgelegt.

Quecksilber befindet sich im PSE in der 12. Gruppe, 6. Periode. Es ist ein Übergangsmetall und ein dem Silber ähnliches Edelmetall. An der Luft und im Wasser ist es beständig und reagiert nicht mit Säuren und Basen, verbindet sich aber direkt mit einigen Nichtmetallen. In Verbindungen bildet es die Oxidationsstufen Hg^{I} und Hg^{II} wie z.B.: Hg_2F_2, Hg_2Cl_2, HgO, HgS, HgF_2, sowie mehrere Salze und Komplexe.

Natürliches Quecksilber ist ein Gemisch aus sieben stabilen Isotopen zwischen Hg 196 und Hg 204. Weitere 27 künstliche, radioaktive Isotope Hg 171 bis Hg 210 und acht Kernisomere sind bekannt.

Das Metall wird hauptsächlich als Kathodenmaterial bei der Alkalichlorid-Elektrolyse sowie zur Herstellung von Batterien in der Elektroindustrie, für Fungizide u.a. verwendet. Ferner diente es als Amalgam in der Zahnmedizin.

Quecksilber hat keine biologische Bedeutung für den menschlichen Organismus. Es wirkt teratogen, Quecksilberdämpfe und einige Verbindungen wie Methylquecksilber sind sehr toxisch.

Radium (englisch **Radium**) **Ra**

Protonenzahl Z = **88**
Relative Atommasse (^{12}C=12,000) ***A_r*** = **226,0254**

Radium wurde im Jahre 1898 von der französischen Chemikerin *Marie Curie* und dem Physiker *Pierre Curie* in Paris, Frankreich, bei der Analyse der St. Joachimsthaler Pechblende, aufgrund seiner intensiven α–Strahlung entdeckt und nachgewiesen. Das Metall erhielten *M. Curie* und *A.L. Debierne* 1910 durch Elektrolyse von $RaCl_2$. Von lateinisch *radius* = Strahl.

Atomare Eigenschaften:

Metallatomradius	215 pm
Kovalenzradius	222 pm
Van-der-Waals-Radius	283 pm
Ionenradien	Ra^{2+} 152 pm
Elektronegativität	A: 0,97; P: 0,89
Elektronenaffinität Ra → Ra^- *	0,4 eV
Ionisierungsenergie	5,2784 eV; 10,146 eV
Elektronenkonfiguration	[Rn] $7s^2$

Physikalische Eigenschaften: **Metall**

Dichte ρ (bei 20 ^{0}C)	5500 $kg.m^{-3}$
Härte (Mohs)	ca. 2 – 3
Schmelztemperatur ϑ_S	700 ^{0}C; 973 K
Siedetemperatur ϑ_V	1140 ^{0}C; 1413 K
Spezifische Schmelzwärme q	32 $kJ.kg^{-1}$
Spezifische Wärmekapazität c	
Thermische Leitfähigkeit λ *	18,5 $W.m^{-1}.K^{-1}$
Thermischer Längen-Koeff. α	20 .10^{-6} K^{-1}
Spez. elektrischer Widerstand ρ	100 .10^{-8} Ω.m
Schallgeschwindigkeit c (20 ^{0}C)	
Normalpotential E^0 Ra / Ra^{2+}	– 2,92 V

* geschätzte Werte

Radium ist ein äußerst seltenes Element auf der Erde. Es tritt als Zwischenprodukt der natürlichen Zerfallsreihen in geringen Spuren in allen Uran- und Thoriumhaltigen Erzen auf. Technisch wird Radium hauptsächlich aus Pechblende hergestellt. Dazu wird Radium vom Barium getrennt und durch Schmelzflusselektrolyse des Chlorids isoliert. Das Radium scheidet sich als Amalgam an der Hg-Kathode ab und wird durch Abdestillieren in H_2-Atmosphäre bei ca. 700 ^{0}C isoliert. Heute erhält man Radium vorwiegend als Nebenprodukt der Urangewinnung.

Es ist ein glänzendes, hellbläulichweißes, weiches, radioaktives Schwermetall, das an der Luft rasch schwarz anläuft. Radium und Radiumpräparate leuchten im Dunkeln.

Radium gehört zur Gruppe der ›Erdalkalimetalle‹, 2. Gruppe, 7. Periode. Es ist ein sehr unedles, elektropositives, reaktionsfreudiges Metall das mit Wasser, Sauerstoff und Säuren sehr heftig reagiert. In Verbindungen bildet es ausschließlich die Oxidationsstufe Ra^{II} wie z.B.: RaO, $Ra(OH)_2$, $RaCl_2$, RaF_2 u.a. Salze und Komplexe. Flammenfärbung: karminrot.

Natürliches Radium kommt in geringen Spuren als Gemisch von vier Isotopen Ra 223, Ra 224, Ra 226 und Ra 228 vor, die als kurzlebige Zwischenprodukte der radioaktiven Zerfallsreihen entstehen. Daneben sind 27 künstliche Isotope Ra 201 bis Ra 234 und sechs Kernisomere bekannt. Alle Ra-Isotope sind radioaktiv und haben, mit wenigen Ausnahmen, kurze Halbwertszeiten.

Das Metall hat heute kaum noch Anwendungen. Es wurde früher in der Medizin zur Behandlung bösartiger Tumoren eingesetzt und diente zur Herstellung von Leuchtstoffen für Zeiger und Ziffernblätter.

Radium hat keine biologische Bedeutung für den menschlichen Organismus. Es ist aufgrund seiner radioaktiven Strahlung hochgiftig und kanzerogen.

Radon (englisch **Radon**) **Rn**

Protonenzahl ***Z*** = **86**

Relative Atommasse (^{12}C=12,000) ***A_r*** = **222,01757**

Radon wurde im Jahre 1900 von dem deutschen Physiker *Ernst Dorn* in Halle, Deutschland, entdeckt. Er stellte fest, dass in der Umgebung von Radiumpräparaten ein radioaktives Gas ausgesandt wird, dass sich in der Nähe niederschlägt.
Von **Ra**dium + **on** = Radon.

Atomare Eigenschaften:

Atomradius	
Kovalenzradius *	150 pm
Van-der-Waals-Radius *	ca. 220 pm
Ionenradien	
Elektronegativität	(A) 2,40; (as) 5,10 eV
Elektronenaffinität Rn → Rn^- **	0,420 eV
Ionisierungsenergie	10,747 eV; 21,41 eV
Elektronenkonfiguration	[Xe] $4f^{14}$ $5d^{10}$ $6s^2$ $6p^6$

Physikalische Eigenschaften: **Nichtmetall**

Dichte ρ (gasf. bei 273 K)	9,73 kg.m^{-3}
Schmelztemperatur ϑ_S	– 71 ^{0}C; 202 K
Siedetemperatur ϑ_V	– 61,9 ^{0}C; 211,5 K
Temperatur am Tripelpunkt T_t	
Kritische Temperatur T_c	– 104,5 ^{0}C; 377,65 K
Kritischer Druck p_c	62,8 MPa
Spezifische Wärmekapazität c	
Thermische Leitfähigkeit λ *	0,0036 W.m^{-1}.K^{-1}
Schallgeschwindigkeit c (20 ^{0}C)	1090 m.s^{-1}
Löslichkeit in Wasser (bei 20 ^{0}C) *	23 g / Liter

* geschätzte Werte; ** extrapolierte Werte

Radon gehört zu den seltensten Elementen auf der Erde, es ist auf der Erde nur in geringen Spuren zu finden.

Das Gas erhält man, indem man eine Radiumsalzlösung des Isotops Ra 222 mehrere Wochen in einem geschlossenen Gefäß aufbewahrt. Das entstandene Radon wird anschließend abgepumpt.

Es ist ein farb-, geruch- und geschmackloses, einatomiges, radioaktives, diamagnetisches Gas, das im Dunkeln leuchtet. Im festen und flüssigen Zustand phosphoresziert Radon graublau, bei abnehmender Temperatur gelblich bis orangerot. Es ist das schwerste aller Gase. In Wasser und organischen Lösungsmitteln ist es gut löslich.

Radon gehört zur Gruppe der ›Edelgase‹, 18. Gruppe 6. Periode. Es besitzt eine abgeschlossene äußere Elektronenschale (P-Schale) mit 8 Elektronen $6s^2 6p^6$ [Rn] woraus sich seine chemische Trägheit erklärt. Chemisch ähnelt es dem Xenon, es bildet die einzige Oxidationsstufe Rn^{II}, reagiert direkt mit Fluor, und bildet Fluorverbindungen wie z.B. RnF_2, sowie einige komplexe Verbindungen. Einige Clathrate sind bekannt.

Natürliches Radon besteht aus drei natürlichen radioaktiven Isotopen Rn 219, Rn 220, Rn 222, sie sind Glieder der Uran-Radium-Zerfallsreihe. Daneben sind 30 künstliche Isotope Rn 195 bis Rn 228 und sechs Kernisomere bekannt. Alle Isotope sind kurzlebig. Das langlebigste Isotop Rn 222 (α,γ; 3,825 d) wird als radioaktiver Indikator in der Medizin verwendet.

Radon findet Anwendung bei Dickemessungen, Messungen der Durchgangszeiten von Gasen in Hochöfen, Dichteprüfungen u.a.

Das Gas hat keine biologische Bedeutung für den menschlichen Organismus, es ist wegen seiner starken Radioaktivität äußerst toxisch und kanzerogen.

Rhenium (englisch **Rhenium**) **Re**

***Protonenzahl* Z = 75**
Relative Atommasse (^{12}C=12,000) A_r = **186,207**

Rhenium wurde im Jahre 1925 von den deutschen Chemikern *Ida Eva Noddack-Tacke, Walter Karl Friedrich Tacke* und *Otto Berg,* bei der Firma Siemens in Berlin, Deutschland, in dem Mineral Columbit, durch Röntgenspektroskopie nachgewiesen.
Von lateinisch *Rhenus* = Rhein.

***Atomare Eigenschaften*:**

Metallatomradius	137 pm
Kovalenzradius	128 pm
Ionenradien	Re^{4+} 72 pm; Re^{6+} 61 pm
Elektronegativität	A: 1,46; P: 1,9; a: 4,0 eV
Elektronenaffinität Re → Re^-	0,145 V
Ionisierungsenergie	7,8767 eV; 16,058 eV
Elektronenkonfiguration	[Xe] $4f^{14}\ 5d^5\ 6s^2$

***Physikalische Eigenschaften*:** **Metall**

Dichte ρ (bei 20 ^{0}C)	21040 kg.m^{-3}
Härte (Mohs)	7 – 8
Schmelztemperatur ϑ_S	3180 ^{0}C; 3453 K
Siedetemperatur ϑ_V	5630 ^{0}C; 5903 K
Spezifische Schmelzwärme q	183 kJ.kg^{-1}
Spezifische Wärmekapazität c	0,137 kJ. kg^{-1}.K^{-1}
Thermische Leitfähigkeit λ	48 W.m^{-1}.K^{-1}
Thermischer Längen-Koeff. α	6,6 .10^{-6} K^{-1}
Spez. elektrischer Widerstand ρ	19,2 .10^{-8} Ω.m
Schallgeschwindigkeit c (20 ^{0}C)	4710 m.s^{-1}
Normalpotential E^0 Re / ReO_2	0,259 V

Rhenium gehört zu den sehr seltenen Elementen auf der Erde. In der Natur ist es in geringen Konzentrationen in vielen Mineralen wie Columbit, Gadolinit, Molybdänglanz u.a. weit verbreitet. Technisch erhält man Rhenium als Nebenprodukt der Molybdängewinnung. Beim Rösten von Molybdänerzen gelangt Rhenium als Re_2O_7 in den Flugstaub, aus dem es ausgewaschen und mit Wasserstoff reduziert wird.

Reines Rhenium ist ein silberfarbenes, glänzendes, sprödes, sehr hartes, paramagnetisches Schwermetall. Unterhalb 1,7 K ist das Metall supraleitend

Rhenium befindet sich im PSE in der 7. Gruppe, 6. Periode. Es ist ein relativ edles und sehr reaktionsträges Übergangsmetall. Es ist beständig gegen Luft, Wasser und vielen Säuren, löst sich aber in Salpeter- und konz. Schwefelsäure und in wird von geschmolzenen NaOH angegriffen. In seinen Verbindungen bildet es fast alle Oxidationsstufen von Re^{-III} bis Re^{VII}, wie z. B.: $ReCl_2$, $ReBr_3$, Re_2O_3, $ReCl_4$, ReO_2, Re_2O_5, ReO_3, Re_2O_7, ReF_X (X=2-7) u.a. Salze und Komplexe.

Rhenium kommt in der Natur mit zwei stabilen Isotopen Re 185 und Re 187(62,6 %) vor. Weitere 32 Isotope Re 160 bis Re 194 sowie 12 Kernisomere sind bekannt. Die Isotope Re 183 und Re 186 entstehen beim Beschuss von Wolfram mit Deuterium oder Protonen gemäß:

$$^{183}{}_{74}W(^{2}{}_{1}H,2n)^{183}{}_{75}Re$$
$$^{186}{}_{74}W(^{1}{}_{1}H,\ n)^{186}{}_{75}Re$$

oder durch Neutronenbeschuss von Re 185, sie werden als radioaktive Indikatoren, Tracer, verwendet.

Das Metall wird zur Herstellung spezieller Spiegel, von Heizdrähten, Thermoelementen, Katalysatoren sowie in der Supraleittechnik verwendet. Die ›Rhenium-Osmium-Methode‹ wird zur Altersbestimmung von Meteoriten eingesetzt.

Rhenium hat keine biologische Bedeutung für den menschlichen Organismus. Es ist gering toxisch.

Rhodium (englisch **Rhodium**) **Rh**

Protonenzahl Z = **45**
Relative Atommasse (^{12}C=12,000) ***A_r*** = **102,90550**

Rhodium wurde im Jahre 1803 von dem englischen Chemiker *William Hyde Wollaston* in London, GB, in den in Königswasser unlöslichen Rückständen des Rohplatins entdeckt und isoliert. Die Rhodiumverbindungen waren überwiegend Rosa.
Von griechisch *rhódon* = Rose bzw. *rhódeis* = rosenrot.

Atomare Eigenschaften:

Metallatomradius	135 pm
Kovalenzradius	125 pm
Ionenradien	Rh^{2+} 86 pm; Rh^{3+} 75 pm
Elektronegativität	A: 1,45; P: 2,28; a: 4,3 eV
Elektronenaffinität $Rh \rightarrow Rh^-$	1,136 eV
Ionisierungsenergie	7,4622 eV; 18,075 eV
Elektronenkonfiguration	[Kr] $4d^8\ 5s^1$

Physikalische Eigenschaften: **Metall**

Dichte ρ (bei 20 ^{0}C)	12410 $kg.m^{-3}$
Härte (Mohs)	6
Schmelztemperatur ϑ_S	1966 ^{0}C; 2239 K
Siedetemperatur ϑ_V	3730 ^{0}C; 4003 K
Spezifische Schmelzwärme q	210 $kJ.kg^{-1}$
Spezifische Wärmekapazität c	0,243 $kJ.\ kg^{-1}.K^{-1}$
Thermische Leitfähigkeit λ	150 $W.m^{-1}.K^{-1}$
Thermischer Längen-Koeff. α	8,4 $.10^{-6}\ K^{-1}$
Spez. elektrischer Widerstand ρ	4,55$.10^{-8}\ \Omega.m$
Schallgeschwindigkeit c (20 ^{0}C)	4700 $m.s^{-1}$
Normalpotential E^0 Rh / Rh^{3+}	0,758 V

Rhodium gehört zu den sehr seltenen Elementen auf der Erde. Es kommt nur elementar und stets vergesellschaftet mit seinen Gruppennachbarn wie Osmium, Iridium, Ruthenium und Silber vor. Rhodiumminerale sind nicht bekannt. Nach aufwendiger Aufarbeitung der in Königswasser unlöslichen Rückstände der Rohplatinbehandlung, wird das Metall schließlich aus dem Ammonium-hexachlororhodat durch Glühen im Wasserstoffstrom gewonnen.

Es ist ein silberweißes, glänzendes, hartes und zähes, dehnbares und gut hämmerbares, paramagnegtisches Schwermetall, das in zwei allotropen Modifikationen existiert. α–Rh bei niedrigen und bei höheren Temperaturen β–Rh.

Rhodium befindet sich im PSE in der 9. Gruppe, 5. Periode, und gehört zur Gruppe der sog. ›leichten Platinmetalle‹ Es ist ein elektropositives Edelmetall, das gegen Luft, Wasser und Säuren beständig ist, es wird aber von geschmolzenen Alkalien angegriffen. Das Übergangsmetall bildet in Verbindungen fast alle Oxidationsstufen von Rh^{-I} bis Rh^{VI} wie z. B.: RhO, Rh_2O_3, $RhCl_3$, RhF_3, RhO_2, RhF_4, RhF_6, $Rh(NO_3)_3$, RhF_6 u.a. sowie andere Salze und Komplexe.

Rhodium ist ein anisotopes Element, in der Natur gibt es nur das stabile Isotop Rh 103. Weitere 32 künstliche, radioaktive Isotope Rh 89 bis Rh 122 sowie 21 Kernisomere sind bekannt, sie haben allgemein kurze Halbwertszeiten.

Das Metall dient hauptsächlich in Form von Platin-Rhodium-Legierungen zur Herstellung von Katalysatoren. Daneben dient es zur Herstellung von Pt/Rh-Pt Thermoelementen, Beschichtungen hochwertiger Spiegel für Teleskope, für elektrische Kontakte, für Schmuck u.a.

Rhodium hat keine biologische Bedeutung für den menschlichen Organismus, es ist vermutlich kanzerogen. Es gilt als nicht toxisch.

Roentgenium (englisch **Roentgenium**) **Rg**

Protonenzahl Z **= 111**

Nukleonanzahlen der Isotope A **= 272 – 280**

Roentgenium wurde im Jahre 1994 von den deutschen Wissenschaftlern *S. Hofmann, G. Münzenberg, P. Armbruster* u.a. bei der ›Gesellschaft für Schwerionenforschung‹, GSI, in Darmstadt, Deutschland, am SHIP durch Beschuss von Isotopenreinem Bismut Bi 209 mit Nickelionen $^{64}_{28}Ni^{9+}$ gemäß der Kernreaktion:

$$^{64}_{28}Ni + ^{209}_{83}Bi \rightarrow ^{273}_{111}Rg \rightarrow \mathbf{^{272}_{111}Rg} + ^{1}_{0}n$$

erstmals hergestellt und nachgewiesen.

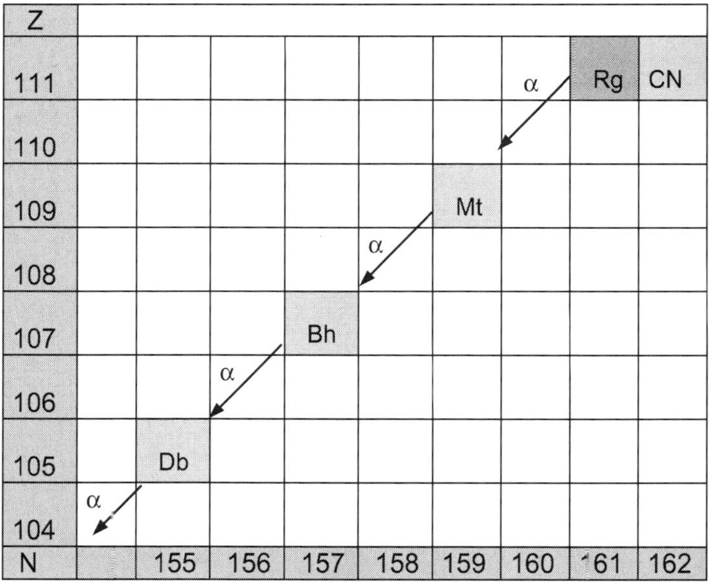

α – Zerfallskette des Elements Roentgenium

Das Element entstand durch ›kalte‹ Fusion eines Bismutkerns mit einem Nickelkern unter Abgabe eines Neutrons. Der Nachweis wurde anhand der α–Zerfallskette, die am 17. Dezember 1994 am SHIP registriert wurde, erbracht.
Das Element wurde nach dem deutschen Physiker *Wilhelm Conrad Röntgen*, dem Entdecker der ›Röntgenstrahlen‹, benannt.

Roentgenium ist wenig bekannt. Es gehört zur Reihe der ›Transactinoide‹ und befindet sich im PSE in der 11. Gruppe und 7. Periode. Es ist ein Übergangsmetall und ähnelt in seinem Verhalten vermutlich seinen Homologen Kupfer, Gold und Silber. Das Element bildet wahrscheinlich mehrere Oxidationsstufen von den die Stufe Rg^{II} die Beständigste sein dürfte.
Wahrscheinliche Elektronenkonfiguration im Grundzustand:

$$[Rn]\ 5f^{14}\ 6d^{10}\ 7s^{1}$$

Bekannt sind fünf Isotope Rg 272 bis Rg 280. Sie haben alle kurze Halbwertszeiten von einigen Millisekunden bis einigen Sekunden. Alle Rg-Isotope zerfallen durch α–Emission in Mt-Isotope, gemäß:

$$^{A}_{111}Rg \rightarrow \alpha + {}^{A-4}_{109}Mt \rightarrow$$

Das Element hat nur wissenschaftliche Bedeutung, es wird ausschließlich zu Forschungszwecken verwendet.

Roentgenium hat keine biologische Bedeutung für den menschlichen Organismus, würde aber in relevanten Mengen aufgrund seiner Radioaktivität toxisch und kanzerogen wirken.

Rubidium (englisch **Rubidium**) **Rb**

***Protonenzahl Z* = 37**
Relative Atommasse (^{12}C=12,000) ***A_r* = 85,4678**

Rubidium wurde 1861 von dem deutschen Chemiker *Robert W. Bunsen* und dem deutschen Physiker *Gustav R. Kirchhoff* bei der spektralanalytischen Untersuchung des Minerals Lepidolith in Heidelberg, Deutschl., entdeckt. Rubidiumchlorid konnte *Bunsen* aus Quellwasser isolieren. Von lateinisch: *rubidus* = dunkelrot.

Atomare Eigenschaften:

Metallatomradius	247 pm
Kovalenzradius	216 pm
Van-der-Waals-Radius	244 pm
Ionenradien	147^+ pm
Elektronegativität	(A) 0,89; (P) 0,82; (a) 2,3 eV
Elektronenaffinität Rb → Rb^-	0,49 eV
Ionisierungsenergie	4,1762 eV; 27,278 eV
Elektronenkonfiguration	[Kr] $5s^1$

Physikalische Eigenschaften: **Metall**

Dichte ρ (bei 20 ^{0}C)	1530 kg.m^{-3}
Härte (Mohs)	0,3
Schmelztemperatur ϑ_s	39 ^{0}C ; 312 K
Siedetemperatur ϑ_v	688 ^{0}C ; 961 K
Spezifische Schmelzwärme q	26 kJ.kg^{-1}
Spezifische Wärmekapazität c	0,36 kJ.kg^{-1}.K^{-1}
Thermische Leitfähigkeit λ	58 W.m^{-1}.K^{-1}
Thermischer Längen-Koeff. α	90.10^{-6} K^{-1}
Spez. elektrischer Widerstand ρ	12,5.10^{-8} Ω.m
Schallgeschwindigkeit c (20 ^{0}C)	1300 m.s^{-1}
Normalpotential E^0 Rb / Rb^+	- 2,925 V

Rubidium gehört zu den weniger häufigen Elementen auf der Erde. Es kommt nur in Verbindungen in verschiedenen Mineralien, wie z.B.: Lepidolith, Pollucit u.a. vor. Rubidium wird aus Lepidolith gewonnen, aus dem man nach der Verarbeitung Rb-Salze erhält. Rb-Metall wird durch metallotherm. Reduktion des Chlorids, Hydroxids u.a. Salze mit Ca, Li oder Mg hergestellt.

Es ist ein wachsweiches Leichtmetall, das sich mit dem Messer schneiden lässt. An frischen Schnittflächen ist es silberweiß glänzend, läuft aber an der Luft sofort mattgrau an.
* In der Nähe des abs. Nullpunktes (> O K), wurde ein neuer Quantenzustand, eine sogenannte ›*Bose-Einstein*-Kondensation‹ erzielt, in dem alle Teilchen im Grundzustand vorliegen.

Rubidium gehört zur Gruppe der ›Alkalimetalle‹, 1. Gruppe, 5. Periode. Zur Bildung einer Edelgaskonfiguration $4s^2 4p^6$ [Kr] ist das Metall bestrebt ein 5s-Elektron abzugeben und bildet daher ausschließlich die Oxidationsstufe Rb^I. Es ist ein sehr unedles, stark elektropositives und sehr reaktionsfähiges Metall. Es entzündet sich an der Luft und reagiert heftig mit Wasser, verbindet sich direkt mit Sauerstoff, Wasserstoff, den Halogenen u.a. z.B.: Rb_2O, RbOH, RbH, RbF, RbCl, Rb_2CO_3 u.a. Flammenfärbung: rot-violettt.

Natürliches Rubidium besteht aus einem stabilen Isotop Rb 85 und einem sehr langlebigen Isotop Rb 87. Weitere 28 künstliche radioaktive Isotope Rb 72 bis Rb 102 und sieben Kernisomere sind bekannt. Die ›Rubidium-Strontium-Methode‹ wird zur Altersbestimmung Rb-haltiger Gesteine und Minerale verwendet, sie beruht auf den β^-–Zerfall des Isotops Rb 87 in das stabile Isotop Sr 87. Die Isotope Rb 83 (EC; 86,2 d) und Rb 86 (β^-;18,6 d) dienen als radioaktive Indikatoren in der Biologie.

Das Metall hat kaum technische Anwendungen, es wird in der Halbleitertechnik für Photokatoden und zu Forschungszwecken verwendet.

Rubidium hat keine biologische Bedeutung für den menschlichen Organismus, es ist gering toxisch und wirkt stimulierend.

Ruthenium (englisch **Ruthenium**) Ru

Protonenzahl Z = **44**

Relative Atommasse (^{12}C=12,000) A_r = **101,07**

Ruthenium wurde im Jahre 1808 von *Jedrzej A. Sniadecki* in Vilno, Polen, entdeckt und 1828 von *G. W. Osann* in Tartu, Russland in Form des Oxids isoliert. 1844 wurde Ru-Metall von dem russischen Chemiker *Karl Ernst Claus* in Kasan, Russland in geringen Mengen hergestellt. Da die vorherigen Entdeckungen nicht bewiesen werden konnten, gilt *Claus* als Entdecker.
Von lateinisch *Ruthenia* = Russland

Atomare Eigenschaften:

Metallatomradius	133 pm
Kovalenzradius	124 pm
Ionenradien	Ru^{3+} 77 pm; Rh^{4+} 67 pm
Elektronegativität	A: 1,42; P: 2,20; a: 4,5 eV
Elektronenaffinität Ru → Ru^-	1,046 eV
Ionisierungsenergie	7,3689 eV; 16,758 eV
Elektronenkonfiguration	[Kr] $4d^7\ 5s^1$

Physikalische Eigenschaften: **Metall**

Dichte ρ (bei 20 °C)	12370 $kg.m^{-3}$
Härte (Mohs)	6,5
Schmelztemperatur ϑ_s	2310 °C; 2583 K
Siedetemperatur ϑ_v	3900 °C; 4173 K
Spezifische Schmelzwärme q	234 $kJ.kg^{-1}$
Spezifische Wärmekapazität c	0,238 $kJ.\ kg^{-1}.K^{-1}$
Thermische Leitfähigkeit λ	117 $W.m^{-1}.K^{-1}$
Thermischer Längen-Koeff. α	9,1 $.10^{-6}\ K^{-1}$
Spez. elektrischer Widerstand ρ	7,76.10^{-8} Ω.m
Schallgeschwindigkeit c (20 °C)	5970 $m.s^{-1}$
Normalpotential E^0 Ru / Ru^{2+}	0,455 V

Ruthenium gehört zu den sehr seltenen Elementen auf der Erde. Es tritt meist in Begleitung von Platin und anderer Platinmetalle auf. In sehr geringen Mengen ist es in dem Mineral Laurit RuS_2 enthalten. Es fällt zusammen mit Os, Ir und Rh in den in Königswasser unlöslichen Rückständen des Rohplatins an. Von hier wird das Metall in aufwendigen Verfahren in das Ammonium-hexachlororuthenat überführt und durch Glühen im Wasserstoffstrom gewonnen.

Es ist ein silberweißes, glänzendes, sehr hartes und sprödes paramagnetisches Schwermetall. Unterhalb 0,5 K ist das Metall supraleitend.

Ruthenium befindet sich im PSE in der 8. Gruppe, 5. Periode, und gehört zur Gruppe der sog. ›leichten Platinmetalle‹. Es ist ein edles, sehr reaktionsträges Übergangsmetall das gegen Luft und Wasser beständig und inert gegen Säuren ist, löst sich aber in geschmolzenen Alkalien. In Verbindungen bildet es fast alle Oxidationsstufen von Rh^{-II} bis Rh^{VIII} wie z.B.: RuO, $RuBr_2$, Ru_2O_3, $RuCl_3$, RuF_3, RuO_2, RuF_4, RuF_6, RuO_3, RuF_6, RuO_4 u.a. sowie weitere Salze und Komplexe.

Ruthenium kommt in der Natur als Gemisch von sieben stabilen Isotopen Ru 96 bis Ru 104 vor. Daneben sind 26 weitere künstliche, radioaktive Isotope Ru 87 bis Ru 120 sowie drei Kernisomere bekannt, sie haben allgemein kurze Halbwertszeiten. Die Isotope Ru 97(EC,γ;2,9 d), Ru 103(β^-,γ; 39,35 d) und Ru 106(β^-; 373,6 d) werden als radioaktive Indikatoren verwendet, Ru 106 dient außerdem in der Medizin zu therapeutischen Zwecken.

Das Metall dient hauptsächlich als härtender Bestandteil von Platin–, Palladium– und Titanlegierungen sowie zur Herstellung von Katalysatoren und Heizwiderständen.

Ruthenium hat keine biologische Bedeutung für den menschlichen Organismus. Es gilt als nicht toxisch, RuO_4 ist sehr giftig.

Rutherfordium (englisch **Rutherfordium**) **Rf**

Protonenzahl Z = **104**

Relative Atommasse (^{12}C=12,000) ***A_r*** = **261,1087**

Im Jahre 1964 meldeten die sowjetische Forscher um *G.N. Flerov* aus Dubna, SU, die Synthese des Elements 104, das beim Beschuss von Plutonium mit energiereichen Neonionen gemäß:

$$^{242}_{94}Pu + ^{22}_{10}Ne \rightarrow ^{260}_{104}Rf + 4\ ^{1}_{0}n$$

entstanden sein soll. Sie nannten es ›Kurtschatovium‹.

Das Isotop konnte jedoch nicht nachgewiesen werden. Später wurde es es nach dem englischen Physiker *Ernest Rutherford* benannt.

Atomare Eigenschaften:

Metallatomradius **	160 pm
Kovalenzradius	
Ionenradien **	Rf^{2+} 78 pm
Elektronegativität **	A: 1,20
Ionisierungsenergie	
Elektronenkonfiguration	[Rn] $5f^{14}\ 6d^2\ 7s^2$

Physikalische Eigenschaften: **Metall**

Dichte ρ (bei 20 °C) **	18100 kg.m^{-3}
Härte (Mohs) **	
Schmelztemperatur ϑ_s	2100 °C; 2373 K
Siedetemperatur ϑ_v	5500 °C; 5773 K
Spezifische Schmelzwärme *q*	
Thermische Leitfähigkeit λ **	10 W. m^{-1}. K^{-1}
Thermischer Längen-Koeff. α	
Normalpotential E^0 Rf / RfO^{2+} **	< – 1,7 V

** extrapolierte Werte

Die erste nachgewiesene Synthesereaktion gelang 1968 den amerikanischen Forschern *A. Ghiorso, Matti Nurmi* u.a. in Berkeley, USA, am Schwerionen-Linearbeschleuniger ›HILAC‹ durch Beschuss von Cf 249 mit energiereichen Kohlenstoffkernen $^{12}_{6}C^{6+}$ gemäß:

$$^{249}_{98}Cf + ^{12}_{6}C \rightarrow ^{257}_{104}\mathbf{Rf} + 4\,^{1}_{0}n$$

Weitere Isotope entstanden beim Beschuss von Cf 249 mit C 13 oder beim Beschuss von Cm 248 mit O 18 u.a. gemäß:

$$^{249}_{98}Cf + ^{13}_{6}C \rightarrow ^{259}_{104}\mathbf{Rf} + 3\,^{1}_{0}n$$

$$^{248}_{96}Cm + ^{18}_{8}O \rightarrow ^{261}_{104}\mathbf{Lr} + 5\,^{1}_{0}n$$

Rutherfordium kommt in der Natur nicht vor, es wird ausschließlich künstlich hergestellt. Es ist ein stark radioaktives Schwermetall aus der Reihe der ›Transactinoide‹, 4. Gruppe, 7. Periode. In seinen chemischen Eigenschaften ähnelt es wahrscheinlich seinen Homologen Hafnium, Zirkonium und Titan. Es dürfte ein elektropositives, ziemlich unedles, reaktionsfähiges Metall sein das in Verbindungen vermutlich die Oxidationsstufe Rf^{IV} bildet, wie z.B.: RfO_2, RfF_4 u.a.

Bekannt sind 12 künstliche, radioaktive Isotope des Rutherfordiums Rf 253 bis Rf 268 sowie zwei Kernisomere. Sie haben alle kurze Halbwertszeiten von einigen Millisekunden bis Sekunden. Die meisten zerfallen durch Spontanspaltung, einige durch α–Zerfall.

Rutherfordium ist ausschließlich von wissenschaftlichem Interesse, es wird nur für Forschungszwecke verwendet.

Das Element hat keine biologische Bedeutung für den menschlichen Organismus, wirkt aber wegen seiner Radioaktivität toxisch und kanzerogen.

Samarium (englisch Samarium) Sm

***Protonenzahl Z* = 62**
Relative Atommasse (^{12}C=12,000) ***A_r* = 150,36**

Samarium wurde im Jahre 1879 von dem französischen Chemiker *Paul-Émil Lecoq de Boisbaudran* in Paris, Frankreich, im Mineral Samarskit spektralanalytisch nachgewiesen und 1880 von *Per Theodor Cleve* in Uppsala, Schweden, erstmals isoliert. Es wurde nach dem Mineral *Samarskit* benannt.

Atomare Eigenschaften:

Metallatomradius	180 pm
Kovalenzradius	166 pm
Ionenradien	Sm^{2+} 111 pm; Sm^{3+} 96 pm
Elektronegativität	A: 1,07; P: 1,17; a: 3,1 eV
Elektronenaffinität $Sm \rightarrow Sm^-$	ca. 0,52 eV
Ionisierungsenergie	5,6308 eV; 11,068 eV
Elektronenkonfiguration	[Xe] $4f^6 6s^2$

Physikalische Eigenschaften: **Metall**

Dichte ρ (bei 20 ^{0}C)	7540 kg.m^{-3}
Härte (Mohs) *	2,5
Schmelztemperatur ϑ_S	1074 ^{0}C; 1347 K
Siedetemperatur ϑ_V	1794 ^{0}C; 2067 K
Spezifische Schmelzwärme q	73 kJ.kg^{-1}
Spezifische Wärmekapazität c	0,197 kJ. kg^{-1}. K^{-1}
Thermische Leitfähigkeit λ	13 W.m^{-1}.K^{-1}
Thermischer Längen-Koeff. α	10,5 .10^{-6} K^{-1}
Spez. elektrischer Widerstand ρ	94.10^{-8} Ω.m
Schallgeschwindigkeit c (20 ^{0}C)	2130 m.s^{-1}
Normalpotential E^0 Sm / Sm^{3+}	– 2,41 V

* geschätzte Werte

Samarium ist ein weniger häufiges Element auf der Erde. Es kommt in der Natur meist vergesellschaftet mit den anderen Lanthanoiden vor allem im Monazit (Sm, Eu, u.a.) [$(P,Si)O_4$], Bastnäsit, Samarskit u.a. vor. Das Element erhält man nach Trennung der Lanthanoide hauptsächlich durch Reduktion des Oxids Sm_2O_3 mit Calcium oder Lanthan.

Es ist ein silbergraues, an frischen Schnittflächen glänzendes, paramagnetisches Schwermetall, das an der Luft rasch grau anläuft. Es tritt in zwei Modifikationben auf α–Sm, ab 917 ^{0}C β–Sm. Unterhalb 15 K ist es antiferromagnetisch.

Samarium gehört zur Reihe der ›Lanthanoide‹, 3. Gruppe, 6. Periode. Es ist ein elektropositives, sehr unedles, reaktionsfähiges Übergangsmetall und starkes Reduktionsmittel. In trockener Luft ist es ziemlich beständig, an feuchter Luft bildet sich eine Oxidschicht, die das Metall schützt. Es reagiert schnell mit Wasser, löst sich in einigen Säuren. In Verbindungen bildet es die Oxidationsstufen Sm^{II} und Sm^{III} wie z.B.: SmO, SmS, $SmCl_2$, Sm_2O_3, $Sm(OH)_3$, $SmCl_3$, SmF_3 sowie verschiedene andere Salze und Komplexe.

Natürliches Samarium besteht aus sieben stabilen Isotopen Sm 131 bis Sm 154. Daneben sind weitere 25 künstliche, radioaktive Isotope Sm 129 bis Sm 162 und vier Kernisomere bekannt. Die Isotope Sm 149 und Sm 151 haben äußerst große Wirkungsquerchnitte für thermische Neutronen, und dienen als Neutronenabsorber in Kernreaktoren Das Isotop Sm 147 dient zur Altersbestimmung von Gesteinen, ›Samarium-Neodym-Methode‹.

Das Metall wird überwiegend zur Herstellung hochwertiger Legierungen für Dauermagnete, für Katalysatoren, in Spezialgläsern und in der Elektronik u.a. verwendet.

Samarium hat keine biologische Bedeutung für den menschlichen Organismus. Es wirkt stimulierend und ist gering toxisch.

Sauerstoff (englisch Oxygen) O

Protonenzahl ***Z*** **= 8**

Relative Atommasse (^{12}C=12,000) A_r **= 15,9994**

Sauerstoff wurde 1771 von dem Chemiker *Carl W. Scheele* in Uppsala, Schweden und unabhängig 1774 von *Joseph Priestley* in Leeds, GB, entdeckt und dargestellt. *A.L. Lavoisier* erkannte als erster den Elementcharakter des Gases. Von griech.: *oxys* = sauer und *gennáo* = erzeugen, bilden, d.h. Säurebildner.

Atomare Eigenschaften:

Atomradius	60,5 pm
Kovalenzradius	66 pm
Van-der-Waals-Radius	140 pm
Ionenradien	O^+ 22 pm ; O^{2-} 138 pm
Elektronegativität	A: 3,5; P: 3,44; a: 7,54 eV
Elektronenaffinität $O \rightarrow O^-$	1,465 eV
Ionisierungsenergie	13.618 eV; 35,116 eV
Elektronenkonfiguration	[He] $2s^2$ $2p^4$

Physikalische Eigenschaften: **Nichtmetall**

Dichte ρ (gasf. bei 273 K)	1,429 $kg.m^{-3}$
Schmelztemperatur ϑ_S	– 218,80 ^0C ; 54,35 K
Siedetemperatur ϑ_V	– 182,96 ^0C ; 90,2 K
Temperatur am Tripelpunkt T_t	– 218,80 ^0C ; 54,36 K
Kritische Temperatur T_c	– 118,4 ^0C ; 154,75 K
Kritischer Druck p_c	5,04 MPa
Spezifische Wärmekapazität c	0,919 $kJ.kg^{-1}.K^{-1}$
Thermische Leitfähigkeit λ	0,0267 $W.m^{-1}.K^{-1}$
Schallgeschwindigkeit c (20 ^0C)	316 $m.s^{-1}$
Löslichkeit in Wasser (bei 20 ^0C)	0,04 g / Liter
Normalpotential E^0 H_2O / O_2	1,23 V

Sauerstoff ist das häufigste Element auf der Erde. Er tritt in der Natur, als ›Disauerstoff‹ O_2 und ›Trisauerstoff‹ O_3 ›Ozon‹ in der Atmosphäre (20,95 %), sowie als O_2 gelöst in allen Gewässern auf. In gebundener Form kommt das Element im Wasser, in Oxiden wie Quarzsand SiO_2, Magnetit Fe_2O_3, Kalkstein $CaCO_3$ u.a. vor. Sauerstoff wird nach dem ›*Linde*–Verfahren‹ durch fraktionierte Destillation verflüssigter Luft hergestellt.

Bei normaler Temperatur ist Sauerstoff ein farb-, geruch- und geschmackloses Gas, das ein zweiatomiges Molekül O_2 bildet. Unterhalb –183 ^{0}C bildet Sauerstoff eine bläuliche Flüssigkeit.

Sauerstoff gehört zur Gruppe der ›Chalkogene‹, er befindet sich im PSE in der 16. Gruppe und 2. Periode. Er ist nach Fluor das elektronegativste Element, das mit fast allen Elementen außer den Edelgasen heftig reagiert. In seinen Verbindungen bildet er die Oxidationsstufen O^{-II}, O^{-I}, O^{I} und O^{II} wie z.B.: H_2O, H_3O^+, OH^-, Peroxide H_2O_2, Na_2O_2 u.a. sowie zahlreiche Oxide, Säuren, Salze und Komplexe. Das Element geht zahlreiche kovalente Bindungen ein wie z.B.: O–O, O=O, N–O, N=O, N≡O, C–O, C=O, Br–O u.a. Aufgrund der Doppelbindung O=O hat Sauerstoff O_2 nach Stickstoff N≡N, N_2 die höchste Dissoziationsenergie aller Gase $O_2 \rightarrow 2\ O$; $\Delta H = 498$ kJ.mol^{-1}.

Natürlicher Sauerstoff besteht aus einem Gemisch aus drei stabilen Isotopen O 16(99,762 %), O 17 und O 18. Weitere zehn künstliche, radioaktive Isotope O 12 bis O 24 sind bekannt.

Sauerstoff dient hauptsächlich in Verbrennungsprozessen zur Erzeugung hoher Temperaturen, bei der Stahlherstellung und Stahlbearbeitung, in der chemischen Industrie, Medizin u.a. Die Isotope O 16 und O 18 dienen als Projektile bei der Herstellung von Transactinoiden, wie z.B.: ${}^{243}_{95}Am({}^{16}_{8}O, 4n){}^{255}_{103}Lr$ u.a.

Das Gas ist essentiell für alle Lebewesen, es ist Bestandteil der DNA. Ein Erwachsener enthält ca. 40 kg O_2 gebunden in Eiweißen, Fetten und Kohlenhydraten, er benötigt ca. 8 l O_2 pro Min.

Scandium (englisch **Scandium**) Sc

Protonenzahl ***Z*** = **21**
Relative Atommasse (^{12}C=12,000) A_r = **44,955910**

Scandium wurde im Jahre 1879 von dem schwedischen Chemiker *L. F. Nilson* in Uppsala, Schweden, in den Mineralien *Gadolinit* und *Euxenit* in Form des Oxids entdeckt. Metallisches Scandium wurde erst 1937 durch Schmelzelektrolyse hergestellt. Von *Scandia*, dem lateinischen Namen von Skandinavien.

Atomare Eigenschaften:

Metallatomradius	161 pm
Kovalenzradius	144 pm
Ionenradien	Sc^{3+} 81 pm
Elektronegativität	A: 1,20; P: 1,36; a: 3,3 eV
Elektronenaffinität $Sc \rightarrow Sc^-$	0,187 eV
Ionisierungsenergie	6,4398 eV; 12,799 eV
Elektronenkonfiguration	[Ar] $3d^1$ $4s^2$

Physikalische Eigenschaften: **Metall**

Dichte ρ (bei 20 ^{0}C)	2989 kg.m^{-3}
Härte (Mohs)	2,5
Schmelztemperatur ϑ_s	1540 ^{0}C; 1813 K
Siedetemperatur ϑ_v	2836 ^{0}C; 3109 K
Spezifische Schmelzwärme q	354 kJ.kg^{-1}
Spezifische Wärmekapazität c	0,568 kJ.kg^{-1}.K^{-1}
Thermische Leitfähigkeit λ	16 W.m^{-1}.K^{-1}
Thermischer Längen-Koeff. α	10,2 .10^{-6} K^{-1}
Spez. elektrischer Widerstand ρ	61.10^{-8} Ω.m
Schallgeschwindigkeit c (20 ^{0}C)	ca. 500 m.s^{-1}
Normalpotential E^0 Sc / Sc^{3+}	– 2 ,08 V

Scandium gehört zu den selteneren Elementen auf der Erde. Es kommt in sehr geringen Mengen in den Mineralen der Seltenen Erden sowie auch in Wolfram-, Zinn- und Uranerzen vor. Das wichtigste Mineral ist der Thortveitit $(Y,Sc)_2$ $[Si_2O_7]$. Das Metall erhält man, nach Überführung in das Chlorid $ScCl_3$ oder Fluorid ScF_3, aus dem Chlorid durch Schmelzflusselektrolyse oder aus dem Fluorid durch Reduktion mit Calcium. Heute fällt Scandium als Nebenprodukt der Uranaufbereitung an.

Es ist ein silberweißes, ziemlich weiches, leicht paramagnetisches Leichtmetall, das sich auch im kalten Zustand leicht zu dünnen Folien walzen lässt. Es tritt in zwei allotropen Modifikationen auf α–Sc und ab 950 ^{0}C β–Sc.

Scandium gehört zur Gruppe der ›Seltenerdmetalle‹, 3. Gruppe, 4. Periode. Es ist ein sehr unedles, elektropositives, sehr reaktionsfähiges Übergangsmetall und ein starkes Reduktionsmittel. Es brennt leicht und reagiert mit Wasser und Säuren. In Verbindungen bildet es die Oxidationsstufen Sc^{II} und Sc^{III}, wie z.B.: $CeScCl_3$, Sc_2O_3, $Sc(OH)_3$, $ScCl_3$, ScF_3 u.a. sowie andere Salze und Komplexe.

Scandium ist ein anisotopes Element, es tritt in der Natur nur in Form des Isotops Sc 45 auf. Weitere 18 künstlichen, radioaktive Isotope Sc 39 bis Sc 58 und vier Kernisomere sind bekannt. Die Isotope Sc 44, Sc 46 und Sc 47 kurzlebige β^- und γ-Strahler, werden als radioaktive Indikatoren in Erdöllagerstätten bei der Ölraffination, zur Beobachtung von Seesandströmungen, u.a. verwendet.

Das Metall hat keine besondere Bedeutung in der Technik. Es wird als Legierungsbestandteil für Titan-, Nickel- und andere Legierungen geprüft. Angesichts seiner kleinen Dichte und hohen Schmelztemperatur könnte sich das Metall für die Luft- und Raumfahrt eignen.

Scandium hat keine biologische Bedeutung für den menschlichen Organismus. Es gilt als kanzerogen und ist gering toxisch.

Schwefel (englisch Sulphur/Sulfur) S

***Protonenzahl Z* = 16**

Relative Atommasse (^{12}C=12,000) A_r **= 32,066**

Schwefel war bereits in der Antike bekannt. Im 1. Jh. n. Chr. beschrieb *Plinius D. Ä.* Schwefellagerstätten auf Sizilien sowie dessen Verwendung für medizinische Zwecke. *Louis Joseph Gay-Lussac* und *Louis J. Thenard* erkannten 1809 die Elementnatur des Schwefels. Von sanskrit *sulvere* = Schwefel.

Atomare Eigenschaften:

Atomradius (S_8)	104 pm
Kovalenzradius	104 pm
Van-der-Waals-Radius	185 pm
Ionenradien	S^{4+} 37pm; S^{6+} 29 pm
Elektronegativität	A: 2,44; P: 2,58; a 6,22 eV
Elektronenaffinität $S \rightarrow S^-$	2,075 eV
Ionisierungsenergie	10,360 eV, 23,328 eV
Elektronenkonfiguration	[Ne] $3s^2\,3p^4$

Physikalische Eigenschaften: **Nichtmetall**

Dichte ρ (α bei 20 °C)	2070 kg.m^{-3}
Härte (Mohs) (α)	ca. 2
Schmelztemperatur ϑ_S (α)	119,6 °C; 392,75 K
Siedetemperatur ϑ_V (β)	444,7 °C; 717,8 K
Spezifische Schmelzwärme q	38 kJ.kg^{-1}
Spezifische Wärmekapazität c	0,736 kJ.kg^{-1}.K^{-1}
Thermische Leitfähigkeit λ	0,27 W.m^{-1}.K^{-1}
Thermischer Längen-Koeff. α	74 .10^{-6} K^{-1}
Spez. elektrischer Widerstand ρ	2 .10^{15} Ω.m
Schallgeschwindigkeit c (20 °C)	
Normalpotential E^0 H_2S / S_2	0,142 V

Schwefel ist ein relativ häufiges Element auf der Erde. Das Element kommt in der Natur sowohl elementar in verschiedenen Gesteinen, als auch gebunden in Form von Sulfiden FeS_2, PbS, Cu_2S u.a. Sulfaten $CaSO_4$, $MgSO_4.H_2O$, Na_2SO_4, u.a. sowie in Erdölen, Erdgasen, Kohle usw. vor. Aus unterirdischen Lagerstätten wird schwefelhaltiges Gestein bergmännisch abgebaut und der Schwefel herausgeschmolzen, oder aus tieferen Lagern, nach dem ›*Frasch*-Verfahren‹, durch Ausschmelzen mit überhitzten Wasser, gewonnen. Von Bedeutung ist die Gewinnung aus H_2S das in Erd-, oder Raffineriegasen enthalten ist.

Das Element ist ein geruchloses, gelbes Nichtmetall, das in mehreren Modifikationen α–S, ab 95,6 ^{0}C β–S, ab 119,6 ^{0}C flüssige Phase λ–S, π–S, μ–S und ab 444,7 ^{0}C gasförmig auftritt. α–Schwefel besteht aus S_8 Ringmolekülen, es ist die beständigste Form.

Schwefel gehört zur Gruppe der ›Chalkogene‹, 16. Gruppe, 3. Periode. Er ist beständig gegen Luft, Wasser und einigen Säuren, verbrennt aber beim Erhitzen. Er verbindet sich direkt mit fast allen Elementen. In Verbindungen bildet Schwefel mehrere Oxidationsstufen von S^{-II} bis S^{V} wie z.B.. H_2S, H_2S_2, S_2Cl_2, SCl_2, H_2SO_4, Na_2SO_4, $Na_2S_2O_6$, u.a. geht aber auch kovalente Bindungen ein wie S–S, S–H, S–F, S–Cl, S–O, S=O, S–N, S–C, S=C, zahlreiche Oxide, Säuren und Salze sind bekannt.

In der Natur kommt Schwefel als Gemisch von vier stabilen Isotopen S 32 (95,02 %) bis S 36 vor, daneben sind weitere 18 künstliche, radioaktive Isotope S 27 bis S 49 bekannt.

Das Element dient zur Herstellung von Schwefelsäure für Düngemittel, zur Herstellung von Kunststoffen, Streichhölzern, Kautschuk sowie für medizinische Zwecke, wie Salben, Badzusätze, gegen Gicht u.a.

Schwefel ist essentiell für alle Lebewesen. Er ist nicht giftig, Schwefelverbindungen wie H_2S sind jedoch äußerst toxisch.

Seaborgium (englisch **Seaborgium**) **Sg**

Protonenzahl ***Z*** **= 106**

Relative Atommasse (^{12}C=12,000) A_r **= 263,1182**

Seaborgium wurde im Jahre 1974 von den amerikanischen Wissenschaftlern *A. Ghiorso, J. M. Nitschke, G.T. Seaborg* u.a. in Berkeley, USA durch Beschuss von Californium mit hochbeschleunigten Sauerstoffionen O 18 gemäß:

$$^{249}_{98}Cf + ^{18}_{8}O \rightarrow ^{263}_{106}Sg + 4\,^{1}_{0}n$$

erstmals hergestellt und nachgewiesen.

Metall

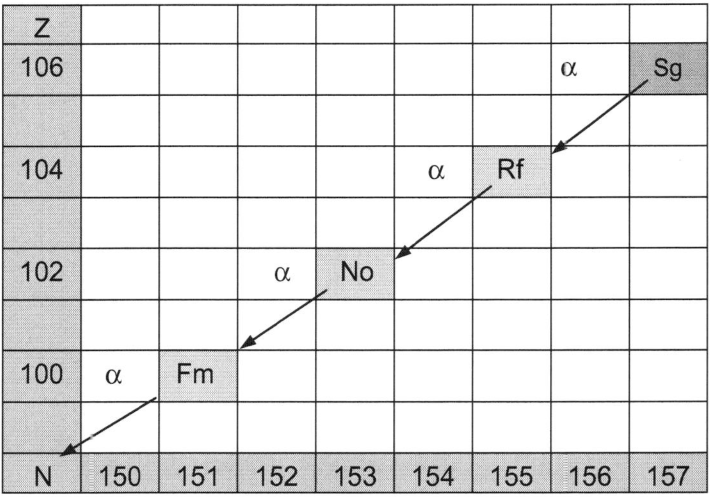

α – Zerfallskette des Elements Seaborgium

Das Element entstand durch ›heiße‹ Fusion beim Zusammenstoß eines Californiumkerns mit einem Sauerstoffkern unter Abgabe von vier Neutronen. Der Nachweis wurde anhand der α– Zerfallskette, erbracht.
Das Element wurde nach dem amerikanischen Physiker *Glenn T. Seaborg* benannt.

Seaborgium ist wenig bekannt. Es gehört zur Reihe der ›Transactinoide‹ und befindet sich im PSE in der 6. Gruppe und 7. Periode. Es ist ein Übergangsmetall und ähnelt in seinem Verhalten vermutlich seinen Homologen Wolfram, Molybdän und Chrom. Das Element bildet vermutlich mehrere Oxidationsstufen von den die Stufe Sg^{VII} die Beständigste sein dürfte.

Wahrscheinliche Elektronenkonfiguration im Grundzustand:

$$[Rn]\ 5f^{14}\ 6d^{4}\ 7s^{2}$$

Bekannt sind zehn Isotope von Sg 258 bis Sg 271 sowie ein Kernisomer. Alle haben kurze Halbwertszeiten von einigen Millisekunden bis einigen Sekunden, sie verwandeln sich alle durch α–Zerfall in die entsprechenden Rf-Isotope. Einige zerfallen zusätzlich durch Spontanspaltung gemäß:

$$^{A}_{106}Sg \rightarrow {}^{A-4}_{104}Rf + {}^{4}_{2}He$$

Das Element dient ausschließlich zu Forschungszwecken.

Seaborgium hat keine biologische Bedeutung für den menschlichen Organismus, wirkt aber in relevanten Mengen aufgrund seiner Radioaktivität toxisch und kanzerogen.

Selen (englisch **Selenium**) **Se**

Protonenzahl ***Z*** **= 34**

Relative Atommasse (^{12}C=12,000) A_r **= 78,96**

Selen wurde im Jahre 1817 von dem schwedischen Chemiker *Jöns Jacob Berzelius* in Stockholm, Schweden, im Bleikammerschlamm einer Schwefelsäurefabrik entdeckt und nach langwieriger Aufbereitung isoliert.
Von griechisch *seléne* = Mond.

Atomare Eigenschaften: (graues Selen)

Atomradius	116 pm
Kovalenzradius	117 pm
Van-der-Waals-Radius	200 pm
Ionenradien	Se^{2-} 198 pm; Se^{6+} 42 pm
Elektronegativität	A: 2,48; P: 2,55; a: 5,9 eV
Elektronenaffinität $Se \rightarrow Se^-$	– 2,02 eV
Ionisierungsenergie	9,7516 eV, 21,184 eV
Elektronenkonfiguration	[Ar] $3d^{10}4s^24p^4$

Physikalische Eigenschaften: **Halbmetall**

Dichte ρ (grau, bei 20 ^{0}C)	4790 kg.m^{-3}
Härte (Mohs)	2
Schmelztemperatur ϑ_S	217 ^{0}C; 490 K
Siedetemperatur ϑ_V (subl.)	685 ^{0}C; 958 K
Spezifische Schmelzwärme q	65 kJ.kg^{-1}
Spezifische Wärmekapazität c	0,32 kJ.kg^{-1}.K^{-1}
Thermische Leitfähigkeit λ	2 W.m^{-1}.K^{-1}
Thermischer Längen-Koeff. α	37 .10^{-6} K^{-1}
Spez. elektrischer Widerstand ρ	0,01 Ω.m
Schallgeschwindigkeit c (20 ^{0}C)	3350 m.s^{-1}
Normalpotential E^0 Se /H_2SeO_3	0,742 V

Selen gehört zu den selteneren Elementen auf der Erde. Es kommt selten in Form reiner Selenidminerale vor, meist findet es sich zusammen mit Tellur in vielen sulfidischen Schwermetallerzen wie Pyrit FeS_2, Kupferkies $CuFeS_2$, Zinkblende ZnS u.a. Selenminerale sind Kupferselenid Cu_2Se, Silberselenid Ag_2Se u.a. Großtechnisch erhält man Selen überwiegend aus dem Anodenschlamm der Kupferraffination oder aus den Flugstäuben der Röstanlagen sulfidischer Erze, aus denen das Selen in aufwendiger Aufarbeitung dargestellt wird.

Es kommt in mehreren Modifikationen vor: ›graues, metallisches‹ Selen, ein guter Halbleiter, die stabilste Form. Bei Belichtung nimmt die elektrische Leitfähigkeit stark zu. In der metallischen Hochdruckphase zeigt Selen unterhalb 6,9 K Supraleitfähigkei. ›rotes‹ Selen ein rotes, amorphes Pulver, ist eine unbeständige, nichtmetallische Modifikation und ein elektrischer Nichtleiter.

Selen gehört zur Gruppe der ›Chalkogene‹, 16. Gruppe, 4. Periode. Das Halbmetall wird von Wasser nicht angegriffen löst sich aber in konz. Salpetersäure und in Alkalien. In Verbindungen bildet es die Oxydationsstufen Se^{-II} bis Se^{VI} wie z.B.: H_2Se, SeO_2, H_2SeO_3, SeF_4, $SeCl_4$, $SeCl_6$, H_2SeO_4, SeF_6, u.a. Kovalente Bindungen sind z.B.: Se–Se, Se–C, Se–O, Se–F u.a. Flammenfärbung : blau.

Natürliches Selen ist ein Gemisch aus sechs stabilen Isotopen Se 74 bis Se 80 (49,61 %) und Se 82. Weitere 24 künstliche, radioaktive Isotope Se 64 bis Se 94 und fünf Kernisom. sind bekannt.

Es dient hauptsächlich zur Herstellung von Halbleitern, Photozellen, Solarzellen, elektronischen Bauteilen sowie zum Färben von Gläsern und Keramiken.

Selen ist essentiell für viele Spezies, auch für den Menschen. Es wirkt stimulierend, kanzerogen und teratogen. Selen und seine Verbindungen v.a. H_2Se sind stark toxisch.

Silber (englisch **Silver**) **Ag**

Protonenzahl Z = **47**

Relative Atommasse (^{12}C=12,000) ***A_r*** = **107,8682**

Silber war vermutlich wie Gold und Kupfer bereits in der Antike bekannt. Die Sumerer nannten es *Ku-baba*, die Ägypter *hat*, was soviel wie *weißer Glanz* bedeutet. Die Griechen nannten das Metall *argyros* und die Römer *argentum*.
Von althochdeutsch *silabar* = Silber.

Atomare Eigenschaften:

Metallatomradius	144,5 pm
Kovalenzradius	134 pm
Ionenradien	Ag^+ 126 pm; Ag^{2+} 94 pm
Elektronegativität	A: 1,42; P: 1,93; a: 4,5 eV
Elektronenaffinität $Ag \rightarrow Ag^-$	1,31 eV
Ionisierungsenergie	7,5762 eV, 21,484 eV
Elektronenkonfiguration	[Kr] $4d^{10}\ 5s^1$

Physikalische Eigenschaften: **Metall**

Dichte ρ (bei 20 ^{0}C)	10500 $kg.m^{-3}$
Härte (Mohs)	2,7
Schmelztemperatur ϑ_s	961 ^{0}C ; 1234 K
Siedetemperatur ϑ_v	2210 ^{0}C ; 2483 K
Spezifische Schmelzwärme q	105 $kJ.kg^{-1}$
Spezifische Wärmekapazität c	0,235 $kJ.kg^{-1}.K^{-1}$
Thermische Leitfähigkeit λ	429 $W.m^{-1}.K^{-1}$
Thermischer Längen-Koeff. α	$19{,}2.10^{-6}\ K^{-1}$
Spez. elektrischer Widerstand ρ	$1{,}59.10^{-8}\ \Omega.m$
Schallgeschwindigkeit c (20 ^{0}C)	3650 $m.s^{-1}$
Elektrochem. Äquivalent $Ä$ Cu^{2+}	$1{,}1179.10^{-6}$ kg. $A^{-1}.s^{-1}$
Normalpotential E^0 Ag / Ag^+	0,799 V

Silber gehört zu den selteneren Elementen auf der Erde. Es tritt oft elementar auf, meistens jedoch in Erzen wie Silberglanz Ag_2S, Kupfersilberglanz CuAgS, Antimonsilberblende Ag_3SbS_3 u.a. Die Herstellung erfolgt hauptsächlich durch die sogenannte ›Cyanidlaugerei‹, bei der das fein gemahlene Silbererz ausgelaugt und das Silber komplex in Lösung geht. Aus dem erhaltenen Natriumdicyanoargentat wird das Silber mit Zink- oder Aluminiumstaub gemäß:

$$2\,Na[Ag(CN)_2] + Zn \rightarrow Na_2[Zn[CN)_4] + 2\,Ag$$

ausgefällt, abgefiltert, gereinigt und zusammengeschmolzen.

Es ist ein charakteristisch silber-weiß, glänzendes, weiches, sehr dehnbares und gut verformbares, diamagnetisches Schwermetall, mit der höchsten thermischen und elektrischen Leitfähigkeit. Das Metall lässt sich leicht zu feinsten Folien hämmern sowie zu dünnen Drähten ›Filigrandraht‹, ziehen.

Silber befindet sich im PSE in der 11. Gruppe, 5. Periode. Es ist ein Edelmetall, gegenüber Sauerstoff und Wasser beständig löst sich aber in Salpeter- und Schwefelsäure.. Das Metall wird von Schwefelverbindungen angegriffen und bildet im Beisein von H_2S in der Luft eine dunkle Sulfidhaut Ag_2S, man spricht vom ›Anlaufen‹ des Silbers. Silber ist ein chemisch wenig aktives Metall, in Verbindungen bildet es die Oxidationsstufen Ag^{I}, Ag^{II} seltener Ag^{III}, wie z.B.: Ag_2O, $Ag(OH)_2^-$, AgCl, AgF, Ag_2S, AgO, AgF_6^{3-} u.a. Salze und Komplexe.

Natürliches Silber besteht aus zwei stabilen Isotopen Ag 107 (51,8%) und Ag 109 (48,2 %). Weitere 32 künstliche, radioaktive Isotope Ag 93 bis Ag127 sowie 26 Kernisomere sind bekannt.

Das Metall wird in der Elektroindustrie, in der Photographie, für Schmuck- und Silberwaren, für Spiegel, in der Zahnheilkunde, zum Entkeimen von Trinkwasser u.a. verwendet. Der Feingehalt von Silber wird in Prozent angegeben.

Silber hat kein biologische Bedeutung für den Menschen, es ist vermutlich kanzerogen und wirkt antiseptisch.

Silicium (englisch Silicon) Si

Protonenzahl ***Z*** **= 14**
Relative Atommasse (^{12}C=12,000) ***A_r*** **= 28,0855**

Silicium wurde im Jahre 1823 von dem schwedischen Chemiker *Jöns Jakob Berzelius* in Stockholm, Schweden, entdeckt und erstmals durch Reduktion von Siliciumtetrafluorid SiF_4 mit geschmolzenem Kalium isoliert.
Von lateinisch *silicis* = Kiesel.

Atomare Eigenschaften:

Atomradius	118 pm
Kovalenzradius	117 pm
Van-der-Waals-Radius	200 pm
Ionenradien	Si^{4+} 26 pm
Elektronegativität	A: 1,74; P: 1,9; a: 4,8 eV
Elektronenaffinität Si → Si^-	1,385 eV
Ionisierungsenergie	8,1514 eV; 16,345 eV
Elektronenkonfiguration	[Ne] $3s^2$ $3p^2$

Physikalische Eigenschaften: **Halbmetall**

Dichte ρ (bei 20 ^{0}C)	2330 $kg.m^{-3}$
Härte (Mohs)	7
Schmelztemperatur ϑs	1412 ^{0}C; 1685 K
Siedetemnperatur ϑv	2355 ^{0}C; 2628 K
Spezifische Schmelzwärme *q*	1409 $kJ.kg^{-1}$
Spezifische Wärmekapazität *c*	0,7$kJ.kg^{-1}.K^{-1}$
Thermische Leitfähigkeit λ	148 $W.m^{-1}.K^{-1}$
Thermischer Längen-Koeff. α	$4,2.10^{-6}$ K^{-1}
Spez.elektrischer Widerstand ρ	0,001 Ω.m
Schallgeschwindigkeit *c* (20 ^{0}C)	2210 $m.s^{-1}$
Normalpotential E^0 SiH_4 / Si	– 0,143 V

Silicium ist nach Sauerstoff das häufigste Elementen auf der Erde. Es tritt in der Natur nie elementar auf, in Verbindungen, meist in Form von Quarz, Silicaten, Feldspäten, Glimmer u.a. ist es weit verbreitet. Großtechnisch wird Silicium durch Reduktion von Quarz SiO_2 mit Kohlenstoff bzw. Koks, Anthrazit u.a. im elektrischen Lichtbogenofen bei ca. 2000 ^{0}C hergestellt. Durch Zonenschmelzverfahren erhält man 99,9999999 % iges ultrareines Silicium das in der Mikroelektronik benötigt wird.

Je nach Herstellungsverfahren erhält man Silicium als amorphes, mikrokristallines, braunes Pulver, oder dunkelgraue, metallisch glänzende, sehr harte und spröde Kristalle. Das Halbmetall dehnt sich beim Erstarren aus der Schmelze aus. Es ist diamagnetisch und zeigt in reinem Zustand Halbleitereigenschaften. Durch Verunreinigungen, kann die elektrische Leitfähigkeit gezielt erhöht werden, man spricht von ›Dotieren‹.

Silicium gehört zur Gruppe der ›Tetrele‹, 14. Gruppe, 3. Periode. Es ist ein unedles Element, aber wegen Passivierung ziemlich reaktionsträge. Mit Sauerstoff, Wasser und Säuren reagiert es nicht, löst sich aber in heißen Alkalien. In Verbindungen bildet es die Oxidationszustände Si^{II} und Si^{IV} wie z.B.: SiF_2, SiO_2, SiF_4, $SiCl_4$, H_4SiO_4 und bildet viele Säuren, Silicate, Silane, Silicone usw. Daneben geht es kovalente Bindungen ein wie z.B.: Si–Cl, Si–F, Si–O, Si–H, Si–C, Si–Si u.a.

Natürliches Silicium ist ein Gemisch aus drei stabilen Isotopen Si 28(92,23 %), Si 29 und Si 30. Daneben sind 18 künstliche, radioaktive Isotope Si 22 bis Si 43 bekannt.

Das Halbmetall dient in der Metallurgie als Desoxidationsmittel und als Legierungsbestandteil für Gusslegierungen. Hochreines Silicium wird v.a. in der Mikroelektronik verwendet.

Silicium ist essentiell für einige Spezies, es ist ein wichtiges Spurenelement. Es gilt als nicht giftig. Silicium-Halogen-Verbindungen sind jedoch sehr giftig und kanzerogen.

Stickstoff (englisch **Nitrogen**) N

Protonenzahl ***Z*** **= 7**

Relative Atommasse (^{12}C=12,000) A_r = **14,006794**

Stickstoff wurde im Jahre 1771 von dem schwedischen Apotheker *Carl W. Scheele* in Uppsala, Schweden entdeckt und als Bestandteil der Luft nachgewiesen. Unabhängig wurde Stickstoff 1772 von dem Chemiker *Daniel Rutherford* in Edinburgh, Schottland, entdeckt. Von griechisch *nitron* = Salpeter und *genes* = bilden, d.h. Salpeterbildner.

Atomare Eigenschaften:

Atomradius	71 pm
Kovalenzradius	70 pm
Van-der-Waals-Radius	154 pm
Ionenradien	N^{3-} 171 pm ; N^{3+} 16 pm
Elektronegativität	A: 3,07; P: 3,04; a: 7,3 eV
Elektronenaffinität $N \rightarrow N^-$	0,073 eV
Ionisierungsenergie	14.534 eV; 29,601 eV
Elektronenkonfiguration	[He] $2s^2\ 2p^3$

Physikalische Eigenschaften: **Nichtmetall**

Dichte ρ (gasf. bei 273 K)	1,251 $kg.m^{-3}$
Schmelztemperatur ϑ_s	– 209,86 °C ; 63,29 K
Siedetemperatur ϑ_v	– 195,82 °C ; 77,33 K
Temperatur am Tripelpunkt T_t	– 210,01 °C ; 63,14 K
Kritische Temperatur T_c	– 147,1 °C ; 126,05 K
Kritischer Druck p_c	3,39 MPa
Spezifische Wärmekapazität c	1,04 $kJ.kg^{-1}.K^{-1}$
Thermische Leitfähigkeit λ	0 026 $W.m^{-1}.K^{-1}$
Schallgeschwindigkeit c (20 °C)	334 $m.s^{-1}$
Löslichkeit in Wasser (bei 20 °C)	0,017 g / Liter
Normalpotential E^0 NH_3 / N_2	0,27 V

Stickstoff ist ein relativ häufiges Element auf der Erde. 99 % der gesamten Menge sind in der atmosphärischen Luft enthalten. In gebundener Form findet man das Element im Chilesalpeter $NaNO_3$, Kaliumsalpeter KNO_3, in biochemischen Substanzen u.a. Großtechnisch wird Stickstoff fast ausschließlich durch fraktionierte Destillation verflüssigter Luft hergestellt.

Es ist ein farb-, geruch- und geschmackloses, diamagnetisches, zweiatomiges Gas. Unterhalb –195,82 ^{0}C kondensiert es zu einer farblosen Flüssigkeit. In Wasser löst es sich weniger gut als Sauerstoff.

Stickstoff gehört zur Gruppe der ›Pentele‹, 15. Gruppe, 2. Periode. Es ist ein sehr reaktionsträges Element. Die Trägheit beruht auf die besonders feste Dreifachbindung N≡N zwischen den N-Atomen. Stickstoff hat die höchste Dissoziationsenergie aller Elemente $N_2 \rightarrow 2N$; ΔH = 946,04 kJ.mol^{-1}. In Verbindungen bildet es mehrere Oxidationsstufen N^{-III} bis N^{V} wie z.B.: NH_3, NH_4^+, N_2H_4, NH_2OH, NO, H_2NO_2, HNO_3 u.a. Kovalente Bindungen findet man bei N–N, N=N, N≡N, N–Cl, N–S, N–B, N–O, N=O, N–C, N=C, N≡C, N–Sb, N=Sb u.a.

Natürlicher Stickstoff N_2 ist ein Gemisch aus zwei Isotopen N 14 (99,63 %) und N15. Weitere elf künstliche, radioaktive Isotope N 10 bis N 23 und ein Kernisomer sind bekannt.

* 1919 gelang *Ernst Rutherford* die erste künstliche Kernumwandlung, durch Beschuss von N 14 mit $^4{}_2He$ gemäß der Kernreaktion: $^{14}{}_7N(^4{}_2He, ^1{}_1H)^{17}{}_8O$

Das Gas wird hauptsächlich als Rohstoff zur Synthese zahlreicher Stickstoffverbindungen wie Salpetersäure, Ammoniak, Düngemittel, Kunststoffe, Sprengstoffe, Farbstoffe u.a. ferner in der Medizin und flüssig als Kältemittel verwendet.

Stickstoff ist essentiell für Pflanzen und Tiere, er ist Bestandteil der DNA, Eiweiße und zahlreicher Coenzyme. Stickstoff ist nicht giftig, wirkt aber erstickend. Stickstoffverbindungen wie z.B. Blausäure HCN, Zyankali KCN u.a. sind äußerst giftig.

Strontium (englisch **Strontium**) **Sr**

Protonenzahl ***Z*** = **38**
Relative Atommasse (^{12}C=12,000) A_r = **87,62**

Strontium wurde im Jahre 1790 von dem schottischen Arzt *Adair Crawford* in Edinburgh, Schottland, entdeckt und als Element erkannt. 1808 gelang es *Sir Humphry Davy* das Metall durch Elektrolyse in unreiner Form darzustellen.
Benannt nach der Ortschaft *Strontian* in Schottland.

Atomare Eigenschaften:

Metallatomradius	215 pm
Kovalenzradius	191 pm
Ionenradien	112^{2+} pm
Elektronegativität	(A) 0,99; (P) 0,95; (a) 2,0 eV
Elektronenaffinität Sr → Sr^-	1,513 eV
Ionisierungsenergie	5,6952 eV; 11,029 eV
Elektronenkonfiguration	[Kr] $5s^2$

Physikalische Eigenschaften: **Metall**

Dichte ρ (bei 20 C)	2630 $kg.m^{-3}$
Härte (Mohs)	1,5
Schmelztemperatur ϑs	769 ^{0}C; 1042 K
Siedetemperatur ϑv	1384 ^{0}C; 1657 K
Spezifische Schmelzwärme q	93,6 $kJ.kg^{-1}$
Spezifische Wärmekapazität c	0,301 $kJ.kg^{-1}.K^{-1}$
Thermische Leitfähigkeit λ	35,3 $W.m^{-1}.K^{-1}$
Thermischer Längen-Koeff. α	$22,5.10^{-6}$ K^{-1}
Spez. elektrischer Widerstand ρ	$23,1.10^{-8}$ Ω.m
Schallgeschwindigkeit c (20 ^{0}C)	
Elektrochem. Äquivalent $Ä$ Al^{3+}	$0,454.10^{-6}$ $kg.A^{-1}.s^{-1}$
Normalpotential E^0 Sr / Sr^{2+}	– 2,89 V

Strontium gehört zu den häufigeren Elementen auf der Erde. Es tritt in der Natur nie elementar auf, die wichtigsten Minerale sind Coelestin $SrSO_4$ und Strontianit $SrCO_3$. In der Technik wird Strontium, nach Umwandlung in das Chlorid oder Oxid, durch Schmelzflusselektrolyse von $SrCl_2$ im Gemisch mit KCl, oder durch Reduktion von SrO mit Aluminiumgrieß bei hohen Temperaturen hergestellt.

Es ist ein an frischen Schnittstellen silberweißes, weiches, gut formbares, paramagnetisches Leichtmetall, das an der Luft rasch gelbgrau anläuft. Es bildet drei allotrope Modifikationen: α–Sr bis 232 ^{0}C, darüber β–Sr und ab 540 ^{0}C γ–Sr.

Strontium gehört Gruppe der ›Erdalkalimetalle‹, 2. Gruppe, 5. Periode. Es ist ein sehr unedles, stark elektropositives, sehr reaktionsfähiges Metall und starkes Reduktionsmittel. Es entzündet sich bereits durch Reibung und brennt in Luft, in Pulverform entzündet es sich spontan. Es reagiert heftig mit Wasser und verdünnten Säuren. In Verbindungen bildet es nur die Oxidationsstufe Sr^{II}, wie z.B.: SrO, $Sr(OH)_2$, $SrCl_2$, $SrCO_3$ u.a. Salze und Komplexe. Flammenfärbung: intensiv rot.

Natürliches Strontium ist ein Gemisch aus vier stabilen Isotopen Sr 84, Sr 86, Sr 87, Sr 88 (82,58 %). Daneben sind weitere 28 künstliche, radioaktive Isotope Sr 73 bis Sr 105 und drei Kernisomere bekannt.

Das Metall dient v.a. als Zusatz von Aluminiumlegierungen, zum Härten von Akku-Bleiplatten, als Getter in der Vakuumtechnik, zur Herstellung von Spezialglas u.a. Einige Isotope wie Sr 82 (EC; 25,6 d), Sr 85 (EC; 4,8 d) und Sr 90 (β^-; 29 a), dienen als Tracer in der Medizin und werden zur Dickemessung, Messung von Flüssigkeitspegeln sowie als Energiequelle in Batterien verwendet.

Strontium hat keine biologische Bedeutung für den menschlichen Organismus. Es gilt als nicht toxisch. Sr 90 ist kanzerogen.

Tantal (englisch **Tantalum**) **Ta**

***Protonenzahl* *Z* = 73**

Relative Atommasse (^{12}C=12,000) ***A_r* = 180,9479**

Tantal wurde im Jahre 1802 von dem schwedischen Chemiker *Anders Gustav Eckeberg* in Uppsala, Schweden, in Form des Oxids entdeckt und isoliert. Reines Tantal erhielt 1903 *Werner von Bolton* durch Reduktion eines Kaliumtantalats mit Natrium. Benannt nach *Tantalos* Sohn des *Zeus* und Vater von *Niobe.*

Atomare Eigenschaften:

Metallatomradius	143 pm
Kovalenzradius	134 pm
Ionenradien	Ta^{4+} 70 pm; Ta^{5+} 68 pm
Elektronegativität	A: 1,33; P: 1,5; a: 4,1 eV
Elektronenaffinität Ta → Ta^-	0,145 eV
Ionisierungsenergie	7,8817 eV; 15,546 eV
Elektronenkonfiguration	[Xe] $4f^{14}$ $5d^3$ $6s^2$

Physikalische Eigenschaften: **Metall**

Dichte ρ (bei 20 ^{0}C)	16654 $kg.m^{-3}$
Härte (Mohs)	6,5
Schmelztemperatur ϑ_S	2996 ^{0}C; 3269 K
Siedetemperatur ϑ_V	5425 ^{0}C; 5698 K
Spezifische Schmelzwärme q	174 $kJ.kg^{-1}$
Spezifische Wärmekapazität c	0,145 $kJ.kg^{-1}.K^{-1}$
Thermische Leitfähigkeit λ	58 $W.m^{-1}.K^{-1}$
Thermischer Längen-Koeff. α	6,4 $.10^{-6}$ K^{-1}
Spez. elektrischer Widerstand ρ	12,5 $.10^{-8}$ $\Omega.m$
Schallgeschwindigkeit c (20 ^{0}C)	3400 $m.s^{-1}$
Elektrochem. Äquivalent	
Normalpotential E^0 Ta_2O_5 / Ta	– 0,812 V

Tantal gehört zu den relativ seltenen Elementen auf der Erde. Es tritt in der Natur nie elementar auf, ist aber in Form von Verbindungen in verschiedenen Erzen sehr verbreitet, wie z.B.: Columbit $(Fe,Mn)(Nb,Ta)_2O_6$, Fergusonit $Y(Ta,Nb)O_4$ u.a. Technisch erhält man Tantal nach Aufarbeitung der Erze durch Reduktion von $K_2[TaF_7]$ mit Na bei 800 ^{0}C oder durch Reduktion des Pentaoxids Ta_2O_5 mit Kohle bei 2200 ^{0}C.

Es ist ein hellgrau glänzendes, ziemlich hartes, elastisches, sehr zähes, in reiner Form gut dehn- und walzbares Schwermetall. Durch Zugabe von H_2 oder N_2 wird das Metall hart und brüchig. Tantal ist paramagnetisch, unterhalb 4,8 K ist es supraleitend.

Tantal befindet sich im PSE in der 5. Gruppe, 6. Periode. Es ist ein relativ unedles, elektropositives Übergangsmetall das durch Passivierung gegen die meisten Säuren, auch Königswasser und Laugen sehr widerstandsfähig ist. Es wird nur von HF und geschmolzenen Alkalien angegriffen wird. In Verbindungen bildet es mehrere Oxidationsstufen von Ta^{-III} bis Ta^{V}. wie z. B.: $TaCl_3$, $TaCl_4$, TaO_2, Ta_2O_5, TaF_5, $TaCl_5$, $TaOF_3$, TaO_2F, u.a. Salze und Komplexe.

Natürliches Tantal besteht aus zwei Isotopen Ta 180 und Ta 181 (99,988 %). Weitere 28 künstliche, radioaktive Isotope Ta 155 bis Ta 189 sowie acht Kernisomere sind bekannt. Das Isotop Ta 182 entsteht durch Neutronenbeschuss in der Reaktion $^{181}{}_{73}Ta(n, \gamma)^{182}{}_{73}Ta$, es wird als radioaktiver Indikator verwendet.

Das Metall findet Anwendung im chemischen Apparatebau, als Düsenmaterial, für Schneidewerkzeuge, für Gelenkimplantate, Knochenersatzteile, chirurgische Instrumente, in der Elektroindustrie für Kathoden in Röntgengeräten, Gleichrichtern, für Isotopenbatterien für Herzschrittmacher u.a.

Tantal hat keine biologische Bedeutung für den menschlichen Organismus, das Element gilt als nicht toxisch.

Technetium (englisch Technetium) Tc

Protonenzahl ***Z*** **= 43**

Relative Atommasse (^{12}C=12,000) A_r **= 98,9062**

Technetium wurde 1937 von den italienischen Wissenschaftlern *Emilio Gino Segrè* und *C. Perrier* in Palermo, Italien, als erstes künstliches Element, in einer, in Berkley, USA, mit Deuteronen bestrahlten Molybdänprobe entdeckt.
Von griechisch *technetos* = künstlich

Atomare Eigenschaften:

Metallatomradius	135 pm
Kovalenzradius	127 pm
Ionenradien	Tc^{4+} 72 pm; Tc^{7+} 56 pm
Elektronegativität	A: 1,36; P: 1,9; a: 3,9 eV
Elektronenaffinität $Tc \rightarrow Tc^-$	0,995 V
Ionisierungsenergie	7,2756 eV; 15,256 eV
Elektronenkonfiguration	[Kr] $4d^5\ 5s^2$

Physikalische Eigenschaften: **Metall**

Dichte ρ (bei 20 ^{0}C) *	11500 $kg.m^{-3}$
Härte (Mohs) *	5,5
Schmelztemperatur ϑ_S	2172 ^{0}C; 2445 K
Siedetemperatur ϑ_V	4877 ^{0}C; 5150 K
Spezifische Schmelzwärme q	205 $kJ.kg^{-1}$
Spezifische Wärmekapazität c	
Thermische Leitfähigkeit λ	51 $W.m^{-1}.K^{-1}$
Thermischer Längen-Koeff. α	8,1 $.10^{-6}$ K^{-1}
Spez. elektrischer Widerstand ρ	22,5.10^{-8} Ω.m
Schallgeschwindigkeit c (20 ^{0}C)	
Normalpotential E^0 TcO_2 / Tc	0,272 V

* geschätzte Werte

Technetium kommt in der Natur nur in winzigen Mengen in Form des radioaktiven Isotops Tc 99(β^-,γ; 2,1.105 a) vor, das beim Spontanzerfall des Isotops U 238 gebildet wird. Ebenso entsteht es in Molybdänerzen durch Kernumwandlung von Molybdän. Das Element erhält man heute in Kernreaktoren gemäß:

$$^{235}_{92}U + ^{1}_{0}n \rightarrow ^{236}_{92}U \xrightarrow{sf} ^{99}_{43}\mathbf{Tc} + ^{132}_{49}In + 5\,^{1}_{0}n$$

oder durch Beschuss von Molybdän mit Protonen, Neutronen, Deuteronen oder He-Kernen wie z.B.:

$$^{96}_{42}Mo + ^{2}_{1}H \rightarrow ^{97}_{43}\mathbf{Tc} + ^{1}_{0}n$$

Es ist ein silberweißes, radioaktives, relativ hartes Schwermetall, das an feuchter Luft langsam anläuft. Es ist meist als graues schwammiges Metall oder graues Pulver erhältlich. Das Metall ist paramagnetisch, unterhalb 7,81 K tritt Supraleitfähigkeit auf.

Technetium befindet sich in der 7. Gruppe, 5. Periode, des PSE. Es ist ein ziemlich edles und reaktionsträges Übergangsmetall das in Sauerstoff brennt und sich in konz. Salpetersäure und konz. Schwefelsäure löst. In Verbindungen bildet es fast alle Oxidationsstufen von Tc^{-I} bis Tc^{VII} wie z.B.: TcO_2, $TcCl_4$, $TcCl_5$, TcF_6, Tc_2O_7, TcO_3Cl sowie andere Salze und Komplexe.

Bekannt sind 33 künstliche, radioaktive Isotope Tc 85 bis Tc118 sowie elf Kernisomere.

Das Metall findet Verwendung in der Supraleittechnik, für Katalysatoren, zur Eichung von β^-–Detektoren u.a. Das kurzlebige Isomer Tc 99^m(β^-,γ; 6,0 h) wird zu medizinischen Untersuchungen sowie in der Schilddrüsendiagnostik verwendet.

Technetium hat keine biologische Bedeutung für den Menschen, wirkt aber wegen seiner Radioaktivität toxisch und kannzerogen.

Tellur (englisch Tellurium) Te

Protonenzahl Z = **52**
Relative Atommasse (^{12}C=12,000) A_r = **127,60**

Tellur wurde im Jahre 1782 von dem deutschen Bergdirektor *Franz J. Müller von Reichenstein* in Hermannstadt, Siebenbürgen, in den Mineralen Nagyagit und Sylvanit entdeckt, aber erst 1798 von *Martin Heinrich Klaproth* in Berlin, als Element erkannt.
Von lateinisch *tellus* = Planet Erde.

Atomare Eigenschaften:

Metallatomradius	143 pm
Kovalenzradius	137 pm
Van-der-Waals-Radius	212 pm
Ionenradien	Te^{4+} 97 pm; Te^{6+} 56 pm
Elektronegativität	A: 2,01; P: 2,10; a: 5,5 eV
Elektronenaffinität $Te \rightarrow Te^-$	1,97 eV
Ionisierungsenergie	9,0085 eV, 18,603 eV
Elektronenkonfiguration	[Kr] $4d^{10}\,5s^2\,5p^4$

Physikalische Eigenschaften: **Halbmetall**

Dichte ρ (bei 20 °C)	6250 $kg.m^{-3}$
Härte (Mohs)	2,3
Schmelztemperatur ϑ_S	450 °C; 723 K
Siedetemperatur ϑ_V	990 °C; 1263 K
Spezifische Schmelzwärme q	106 $kJ.kg^{-1}$
Spezifische Wärmekapazität c	0,215 $kJ.kg^{-1}.K^{-1}$
Thermische Leitfähigkeit λ	2,4 $W.m^{-1}.K^{-1}$
Thermischer Längen-Koeff. α	16,8 $.10^{-6}\,K^{-1}$
Spez. elektrischer Widerstand ρ	4,4 $.10^{-3}\,\Omega.m$
Schallgeschwindigkeit c (20 °C)	2610 $m.s^{-1}$
Normalpotential E^0 H_2Te / Te	– 0,718 V

Tellur gehört zu den sehr seltenen Elementen auf der Erde. Es kommt selten gediegen vor, jedoch immer in Begleitung von Gold und oft mit Selen. Wichtige Tellur Minerale sind: Tellurit TeO_2, Altait PbTe, Sylvanit $AuAgTe_4$ u.a. Technisch gewinnt man Tellur aus dem anfallenden Anodenschlamm der elektrolytischen Kupferraffination aus dem es abgetrennt wird. Nach Überführung in das Oxid TeO_2 erhält man das Metall durch Reduktion mit Schwefeldioxid SO_2.

Es tritt in zwei Modifikationen auf, eine ›amorphe‹ Form die langsam in die ›metallische‹ Form übergeht. Metallisches Tellur ist ein silberweißes, sehr sprödes und leicht pulverisierbares Halbmetall, mit Halbleiter Eigenschaften. Es zeigt diamagnetische Eigenschaften, unterhalb 4,3 K besteht Supraleitfähigkeit.

Tellur gehört zur Gruppe der ›Chalkogene‹, 16. Gruppe, 5. Periode. Es verbrennt in Luft oder Sauerstoff wird aber von Wasser oder HCl nicht angegriffen. Das Metall löst sich in konz. Salpetersäure und in Alkalien. In Verbindungen bildet es die Oxidationsstufen Te^{-II}, bis Te^{VI} wobei Te^{IV} die wichtigste ist,wie z.B.: H_2Te, TeO, TeF_4, $TeCl_4$, $TeCl_6$, H_2TeO_4 u.a. Kovalente Bindungen sind z. B.: Te–H, Te–F, Te–Cl, Te–C, Te–O, Te–Te u.a. Flammenfärbung: grün.

Natürliches Tellur ist ein Gemisch aus acht stabilen Isotopen Te 120 bis Te 130 (33,8 %). Weitere 30 künstliche, radioaktive Isotope Te 105 bis Te 142 und neun Kernisomere sind bekannt, ihre Halbwertszeiten liegen bei einigen Millisek. und einigen Tagen.

Das Halbmetall dient hauptsächlich als Legierungsbestandteil, von Stahl, Gusseisen, Cu und Pb sowie in der Halbleitertechnik, für Trockengleichrichter, γ-Strahlen- und Infrarotdetektoren, für Katalysatoren, als Färbemittel in der Glas- und Keramikindustrie. Te 125^m und Te 127 dienen als radioaktive Indikatoren.

Tellur hat keine biologische Bedeutung für den menschlichen Organismus. Das Halbmetall und seine Verbindungen sind giftig und wirken teratogen.

Terbium (englisch **Terbium**) **Tb**

Protonenzahl Z = **65**

Relative Atommasse (^{12}C=12,000) A_r = **158,92534**

Terbium wurde zusammen mit Erbium im Jahre 1843 von dem schwedischen Chemiker *Carl G. Mosander* in Stockholm, Schweden, bei der fraktionierten Fällung von Yttererden entdeckt. 1906 wurde es von *Georges Urbain* durch Spektralanalyse nachgewiesen. Benannt nach der Ortschaft *Ytterby* in Schweden.

Atomare Eigenschaften:

Metallatomradius	176 pm
Kovalenzradius	159 pm
Ionenradien	Tb^{3+} 92 pm; Tb^{4+} 84 pm
Elektronegativität	A: 1,1; P: 1,20; a: <3,2 eV
Elektronenaffinität $Tb \rightarrow Tb^-$	ca. 0,52 eV
Ionisierungsenergie	5,8524 eV; 11,525 eV
Elektronenkonfiguration	[Xe] $4f^9$ $6s^2$

Physikalische Eigenschaften: **Metall**

Dichte ρ (bei 20 °C)	8253 $kg.m^{-3}$
Härte (Mohs)	< 1
Schmelztemperatur ϑ_s	1356 °C; 1629 K
Siedetemperatur ϑ_v	3120 °C; 3393 K
Spezifische Schmelzwärme q	102 $kJ.kg^{-1}$
Spezifische Wärmekapazität c	0,18 kJ. kg^{-1}. K^{-1}
Thermische Leitfähigkeit λ	11 $W.m^{-1}.K^{-1}$
Thermischer Längen-Koeff. α	10 .10^{-6} K^{-1}
Spez. elektrischer Widerstand ρ	113,6.10^{-8} Ω.m
Schallgeschwindigkeit c (20 °C)	2620 $m.s^{-1}$
Normalpotential E^0 Tb / Tb^{3+}	– 2,39 V

Terbium ist ein relativ seltenes Element auf der Erde. Es kommt in der Natur stets vergesellschaftet mit den anderen SE-metallen, vor allem als Begleiter des Yttriums im Xenotim, aber oft auch im Monazitsand (Ce,La,Tb,Dy u.a.)$[(P,Si)O_4]$, Gadolinit u.a. vor. Das Element erhält man nach Aufarbeitung von Monazit, durch Reduktion des Trifluorids oder Trichlorids mit Calcium oder Magnesium.

Es ist ein silbergraues, duktiles, gut schmiedbares, sehr weiches Schwermetall, das sich mit dem Messer schneiden lässt. Es gehört zu den stärksten paramagnetischen Stoffen, unter –44 ^{0}C zeigt es antiferromagnetische Eigenschaften, und unter –53 ^{0}C ist das Metall ferromagnetisch. Es tritt in zwei allotropen Modifikationen auf: α–Tb bis 1315 ^{0}C, darüber β–Tb.

Das Element gehört zur Reihe der ›Lanthanoide‹, 3. Gruppe, 6. Periode. Es ist ein elektropositives, sehr unedles, reaktionsfähiges Übergangsmetall und starkes Reduktionsmittel. Es läuft an der Luft an, reagiert mit Wasser und verdünnten Säuren. In Verbindungen bildet es die Oxidationsstufen Tb^{III} und Tb^{IV}, wie z.B.: Tb_2O_3, $Tb(OH)_3$, $TbCl_3$, TbO_2, TbF_4 u.a. Salze und Komplexe.

Terbium ist ein anisotopes Element, in der Natur findet sich nur das Isotop Tb 159. Daneben sind weitere 32 künstliche, radioaktive Isotope Tb 135 bis Tb 168 und 13 Kernisomere bekannt. Die Isotope Tb 160 bis Tb 165 eignen sich als radioaktive Indikatoren.

Das Metall wird zur Herstellung von Polschuhen für magnetische Linsen sowie in Legierungen, zur Verbesserung der magnetischen Eigenschaften, verwendet. Daneben dient es als Laser-Material sowie als Aktivator für Leuchtstoffe.

Terbium hat keine biologische Bedeutung für den menschlichen Organismus. Es gilt als gering toxisch.

Thallium (englisch **Thallium**) Tl

***Protonenzahl Z* = 81**
Relative Atommasse (^{12}C=12,000) ***A_r* = 204,3833**

Thallium wurde im Jahre 1861 von dem britischen Chemiker *Sir Willia Crookes* in London, GB, im Bleikammerschlamm einer Schwefelsäurefabrik, aufgrund seiner grünen Spektrallinie entdeckt. 1862 gelang es *Claude.– A. Lamy* in Paris das Element darzustellen. Von griechisch *thallós* = grüner Zweig

Atomare Eigenschaften:

Metallatomradius	(α) 170 pm
Kovalenzradius	155 pm
Ionenradien	Tl^{+} 147 pm; Tl^{3+} 95 pm
Elektronegativität	A: 1,44; P: 1,62; a: 3,2 eV
Elektronenaffinität $Tl \rightarrow Tl^{-}$	0,21 eV
Ionisierungsenergie	6,1075 eV; 20,427 eV
Elektronenkonfiguration	[Xe] $4f^{14}$ $5d^{10}$ $6s^{2}$ $6p^{1}$

Physikalische Eigenschaften: **Metall**

Dichte ρ (bei 20 ^{0}C)	11850 kg.m^{-3}
Härte (Mohs)	1,3
Schmelztemperatur ϑ_S	303 ^{0}C; 576 K
Siedetemperatur ϑ_V	1457 ^{0}C; 1730 K
Spezifische Schmelzwärme q	21,5 kJ.kg^{-1}
Spezifische Wärmekapazität c	0,13 kJ.kg^{-1}.K^{-1}
Thermische Leitfähigkeit λ	46 W.m^{-1}.K^{-1}
Thermischer Längen-Koeff. α	28.10^{-6} K^{-1}
Spez. elektrischer Widerstand ρ	18,2 .10^{-8} Ω.m
Schallgeschwindigkeit c (20 ^{0}C)	820 m.s^{-1}
Normalpotential E^{0} Tl / Tl^{3+}	0,72 V

Thallium gehört zu den seltenen Elementen auf der Erde. Es kommt in geringen Konzentrationen v.a. als Begleiter von Zink, Kupfer, Eisen und Blei in sulfidischen Erzen vor, wie Lorandit $TlAsS_2$ u.a. vor. Technisch erhält man Thallium bei der Abröstung sulfidischer Erze aus Bleikammerschlamm. Nach Aufschluß und Fällung als Chlorid, Iodid oder Sulfid erhält man das Metall durch Reduktion mit Zink oder durch Elektrolyse.

Es ist ein sehr weiches, dehnbares, an frischen Schnittflächen bläulich-weiß, glänzendes Schwermetall, das an feuchter Luft hellgrau anläuft. Es bildet zwei allotrope Modifikationen α–Tl bis 232 °C, darüber β–Tl. Unterhalb 2,6 K zeigt das Metall Supraleitfähigkeit.

Thallium gehört zur Gruppe der ›Triele‹, 13. Gruppe, 6. Periode. Es ist ein relativ unedles Metall, es reagiert mit Wasserdampf zu TlOH und wird von Säuren angegriffen. In Verbindungen bildet es die Oxydationsstufen Tl^{I} und Tl^{III} wie z.B.: Tl_2O, TlOH, TlCl, TlF, $TlCl_3$, TlF_3, Tl_2O_3, u.a. und bildet mehrere Salze. Kovalente Bindungen sind Tl–Tl, Tl–H, Tl–O, Tl–F, Tl–Cl, Tl–C u.a. Flammenfärbung: hellgrün.

Es kommt in der Natur in Form zweier stabiler Isotope Tl 203 und Tl 205 (70,476 %) vor. Weitere 33 künstliche, radioaktive Isotope Tl 177 bis Tl 212 sowie 20 Kernisomere sind bekannt. Das Isotop Tl 204 entsteht durch Neutronenbeschuss in einer $^{203}{}_{81}Tl(n,\gamma)^{204}{}_{81}Tl$ Reaktion, es dient in der Industrie als radioaktiver Indikator zur Dickemessung und Werkstoffprüfungen.

Das Metall wird, wegen seiner Toxizität, nur begrenzt eingesetzt. Es dient als Legierungsbestandteil für Lagermetalle, zur Herstellung von Anoden für die Kupferelektrolyse u.a. Als Sulfid dient es zur Herstellung spezieller Gläser für IR-Geräte.

Thallium hat keine biologische Bedeutung für den menschlichen Organismus. Das Metall und seine Verbindungen wirken stark toxisch und teratogen.

Thorium (englisch **Thorium**) **Th**

Protonenzahl Z = **90**
Relative Atommasse (^{12}C=12,000) A_r = **232,0381**

Thorium wurde im Jahre 1828 von dem schwedischen Chemiker *Jöns Jakob Berzelius* in Stockholm, Schweden, bei der Analyse des Minerals Thorit in Form des Oxids entdeckt. Die Reindarstellung des Metalls gelang erst 1914. 1898 erkannten *M.Curie* und Gerhard C. Schmidt die Radioaktivität von Thorium. Benannt nach dem nordischen Kriegsgott *Thor*.

Atomare Eigenschaften:

Metallatomradius	180 pm
Kovalenzradius	165 pm
Ionenradien	Th^{3+} 101pm; Th^{4+} 94 pm
Elektronegativität	A: 1,11; P: 1,50
Elektronenaffinität Th → Th^-	
Ionisierungsenergie	6,0837 eV; 11,505 eV
Elektronenkonfiguration	[Rn] $6d^2$ $7s^2$

Physikalische Eigenschaften: **Metall**

Dichte ρ (bei 20 ^{0}C)	11724 kg.m^{-3}
Härte (Mohs) *	2,5–3
Schmelztemperatur ϑ_s	1750 ^{0}C; 2023 K
Siedetemperatur ϑ_v *	4788 ^{0}C; 5061 K
Spezifische Schmelzwärme *q*	69 kJ. kg^{-1}
Spezifische Wärmekapazität *c*	0,14 kJ.kg^{-1}.K^{-1}
Thermische Leitfähigkeit λ	54 W. m^{-1}. K^{-1}
Thermischer Längen-Koeff. λ	12,5 .10^{-6} K^{-1}
Spez. elektrischer Widerstand ρ	13,2 .10^{-8} Ω .m
Schallgeschwindigkeit *c* (20 ^{0}C)	2490 m.s^{-1}
Normalpotential E^0 Th / Th^{4+}	– 1,83 V

* geschätzte Werte

Thorium gehört zu den seltenen Elementen auf der Erde. Es ist in geringen Mengen weit verbreitet, meist vergesellschaftet mit U, Pb oder SE-Metallen, wie z.B.: in Monazitsand (Ce,La,Nd,Th) $[(P,Si)O_4]$, Thorianit $(Th,U)O_2$, u.a. Technisch gewinnt man Thorium aus Monazitsand sowie aus Kernbrennstoffrückständen. Das Metall erhält man nach Aufschluss der Erze durch Reduktion des ThO_2, $ThCl_4$ oder ThF_4 mit Ca, Ma, Na, oder K.

Es ist ein silberweiß glänzendes, weiches und dehnbares, radioaktives Schwermetall, das an der Luft rasch anläuft. Es tritt in zwei allotropen Modifikationen auf: α–Th bis 1345 ^{0}C, darüber β–Th. Das paramagnetische Mertall zeigt unterhalb 1,37 K Supraleitfähigkeit.

Thorium gehört zur Reihe der ›Actinoide‹, 3. Gruppe, 7. Periode. Es ist ein ziemlich unedles, stark elektropositives Übergangsmetall und ein gutes Reduktionsmittel. An der Luft wird es durch eine Oxidhaut passiviert. Es reagiert mit Wasser, verd. Säuren und Alkalihydroxiden. In Verbindungen bildet es die Oxidationsstufen Th^{II}, Th^{III} und Th^{IV} wie z.B.: ThO, ThH_2, ThO_2, $ThCl_4$, ThF_4, sowie weitere Salze und Komplexe.

In der Natur kommt es fast ausschließlich in Form des langlebigen Isotops Th 232 (α,γ,sf;$1{,}41.10^{10}$a) vor sowie in geringen Spuren mit sechs weiteren Isotopen. Ferner sind 22 künstliche, radioaktive Isotope Th 209 bis Th 238 und ein Kernisomer bekannt. Natürliches Thorium lässt sich durch Beschuss mit schnellen Neutronen im ›Schnellen Brüter‹ in das spaltbare Isotop U 233 überführen:

$$^{232}_{90}Th + {}^{1}_{0}n \xrightarrow{\gamma} {}^{233}_{90}Th \xrightarrow{\beta^-} {}^{233}_{91}Pa \xrightarrow{\beta^-} {}^{233}_{92}U$$

Es dient als Kernbrennstoff im Kernreaktoren, zur Herstellung von Katalysatoren, Spezialgläsern, feuerfesten Materialien u.a.

Thorium hat keine biologische Bedeutung für den Menschen ist aber wegen seiner Radioaktivität toxisch und kanzerogen.

Thulium (englisch Thulium) Tm

Protonenzahl ***Z*** = **69**

Relative Atommasse (^{12}C=12,000) A_r = **168,93421**

Thulium wurde im Jahre 1879 von dem schwedischen Chemiker *Per Theodor Cleve,* in Stockholm, Schweden bei der Analyse der Erbinerde in Form eines Oxids, das er *Thulia* nannte entdeckt. Reines Thulium konnte erst 1911 isoliert werden.
Von *Thule,* dem alten Namen von Skandinavien.

Atomare Eigenschaften:

Metallatomradius	176 pm
Kovalenzradius	156 pm
Ionenradien	Tm^{3+} 88 pm, Tm^{4+} 94 pm
Elektronegativität	A: 1,1; P: 1,25; a ~ 3,4 eV
Elektronenaffinität $Tm \rightarrow Tm^-$	ca. 0,52 eV
Ionisierungsenergie	6,1843 eV; 12,053 eV
Elektronenkonfiguration	[Xe] $4f^{13}$ $6s^2$

Physikalische Eigenschaften: **Metall**

Dichte ρ (bei 20 ^{0}C)	9320 $kg.m^{-3}$
Härte (Mohs)	1,0
Schmelztemperatur ϑ_S	1545 ^{0}C; 1818 K
Siedetemperatur ϑ_V	1947 ^{0}C; 2220 K
Spezifische Schmelzwärme q	109 $kJ.kg^{-1}$
Spezifische Wärmekapazität c	0,17 kJ. kg^{-1}. K^{-1}
Thermische Leitfähigkeit λ	17 $W.m^{-1}.K^{-1}$
Thermischer Längen-Koeff. α	13 .10^{-6} K^{-1}
Spez. elektrischer Widerstand ρ	78.10^{-8} Ω.m
Schallgeschwindigkeit c (20 ^{0}C)	ca. 2800 $m.s^{-1}$
Normalpotential E^0 Tm / Tm^{3+}	– 2,322 V

Thulium ist ein sehr seltenes Element auf der Erde. In der Natur kommt es meist vergesellschaftet mit den anderen SE-Metallen, v.a. mit Yttrium und den schweren Lanthanoiden im Monazitsand (Ce,La,Y,Tm u.a.)[(P,Si)O_4], Gadolinit u.a. vor. Nach Aufschluss der Minerale erhält man das Element aus dem Trifluorid durch metallothermische Reduktion mit Calcium, Magnesium oder Kalium.

Es ist ein silberweißes, sehr weiches, dehnbares Schwermetall, das sich mit dem Messer schneiden lässt. Das Metall ist stark paramagnetisch, zeigt aber unterhalb 22 K ferromagnetische Eigenschaften.

Thulium gehört zur Reihe der ›Lanthanoide‹, 3. Gruppe, 6. Periode. Es ist ein sehr unedles, stark elektropositives Übergangsmetall und ein starkes Reduktionsmittel. Es läuft an feuchter Luft langsam an, fein zerteilt ist es pyrophor. Es reagiert mit Wasser und verd. Säuren. In Verbindungen bildet es die Oxidationsstufen Tm^{II} und Tm^{III} wie z.B.: $TmCl_2$, $TmBr_2$, Tm_2O_3, TmF_3, $Tm(OH)_3$, $TmCl_3$ u.a. Salze und Komplexe.

Natürliches Thulium ist ein anisotopes Element es kommt in der Natur nur in Form des Isotops Tm 169 vor. Weitere 32 künstliche, radioaktive Isotope Tm 144 bis Tm 177 sowie 13 Kernisomere sind bekannt. Die Isotope Tm 170 (EC,β^-,γ; 128,6 d)und Tm 171(β^-,γ; 1,92 a) dienen in der Technik als γ–Strahlenquellen für Werkstoffprüfungen, Dickenmessungen sowie in tragbaren Durchleuchtungsgeräten. Sie entstehen in den Kernreaktion: ${}^{169}_{69}Tm(n, \gamma){}^{170}_{69}Tm$ und ${}^{170}_{68}Er({}^{2}_{1}H, 2n){}^{170}_{69}Tm$ bzw. beim β^-–Zerfall von ${}^{171}_{68}Er$.

Das Metall wird wenig verwendet, es könnte als Aktivator in Leuchtstoffen für Farbfernsehgeräte und in der Elektronik Anwendung finden.

Thulium hat keine biologische Bedeutung für den Menschen, es ist gering toxisch und wirkt stimulierend.

Titan (englisch Titanium) Ti

Protonenzahl ***Z* = 22**

Relative Atommasse (^{12}C=12,000) A_r = **47,88**

Titan wurde, unabhängig voneinander, im Jahre 1791 von dem Amateurchemiker *William Gregor* in Creed, Cornwall, GB, im Titaneisen und 1795 von dem deutschen Chemiker *Martin H. Klaproth* in Berlin, Deutschland, in Form des Dioxids entdeckt. 1831 gelang es *Justus von Liebig* metallisches Titan herzustellen. Nach den *Titanen*, den Ursöhnen der Erde benannt.

Atomare Eigenschaften:

Metallatomradius	145 pm
Kovalenzradius	132 pm
Ionenradien	Ti^{2+} 94 pm; Ti^{4+} 68 pm
Elektronegativität	A: 1,32; P: 1,54; a: 3,4 eV
Elektronenaffinität $Ti \rightarrow Ti^-$	0,0787 eV
Ionisierungsenergie	6,8192 eV; 13,577 eV
Elektronenkonfiguration	[Ar] $3d^2\ 4s^2$

Physikalische Eigenschaften: **Metall**

Dichte ρ (bei 20 ^{0}C)	4510 $kg.m^{-3}$
Härte (Mohs)	3 – 4
Schmelztemperatur ϑ_s	1668 ^{0}C; 1941 K
Siedetemperatur ϑ_v	3262 ^{0}C; 3535 K
Spezifische Schmelzwärme q	437 $kJ.kg^{-1}$
Spezifische Wärmekapazität c	0,523 $kJ.kg^{-1}.K^{-1}$
Thermische Leitfähigkeit λ	22 $W.m^{-1}.K^{-1}$
Thermischer Längen-Koeff. α	$8,4.10^{-6}\ K^{-1}$
Spez. elektrischer Widerstand ρ	$42\ .10^{-8}\ \Omega.m$
Schallgeschwindigkeit c (20 ^{0}C)	6070 $m.s^{-1}$
Normalpotential E^0 Ti / TiO^{2+}	– 0,86 V

Titan gehört zu den relativ häufigen Elementen auf der Erde. Es tritt nie elementar auf. Wichtige Minerale sind v.a. Ilmenit, Titaneisen $FeTiO_3$, Titanit $CaTi[O|SiO_4]$, Titandioxid TiO_2 u.a. Großtechnisch wird Titan vorwiegend aus Ilmenit hergestellt. Dazu wird das Erz im elektrischen Lichtbogen mit Koks reduziert, das Eisen abgetrennt und das TiO_2 mit Cl_2 in $TiCl_4$ überführt. Das Tetrachlorid wird anschließend mit Mg reduziert. Durch Zonenschmelzverfahren erhält man hochreines Titan.

Es ist ein silberweißes, duktiles und schmiedbares Leichtmetall. Im reinen Zustand lässt es sich schon bei Raumtemperatur leicht walzen. Bei geringen Verunreinigungen ist es hart und spröde. Es tritt in zwei allotropen Modifikationen auf: α–Ti bis 882 ^{0}C, darüber β–Ti. Das Metall zeigt paramagnetische Eigenschaften, unterhalb 0,39 K bzw. in dünnen Schichten unterhalb 1,3 K besteht Supraleitfähigkeit.

Titan gehört im PSE zur 4. Gruppe, 4. Periode. Es ist ein unedles, elektropositives Übergangsmetall, ist aber infolge Passivierung an der Luft, gegen Wasser, den meisten Säuren und Alkalien beständig. Pulverförmig verbrennt es in der Luft. In Verbindungen bildet es mehrere Oxidationsstufen Ti^{-I} bis Ti^{IV} wie z.B.: TiO, $TiCl_2$, Ti_2O_3, $TiCl_3$, TiO_2, TiF_4, $TiCl_4$, H_4TiO_4 u.a. zahlreiche Salze und Komplexe.

Natürliches Titan ist ein Gemisch von fünf stabilen Isotopen Ti 46 bis Ti 50. Das häufigste ist Ti 48 mit 73,8 %. Daneben sind 17 künstliche, radioaktive Isotope Ti 39 bis Ti 61 bekannt. Das Isotop Ti 44 (EC,γ; 47,3 a) dient als radioaktiver Indikator.

Es ist ein wertvoller Werkstoff zur Herstellung von Bauteilen großer Festigkeit und geringem Gewicht für den Flugzeugbau, Raketentechnik, U-Boote, für medizinische Prothesen, Nadeln, Knochennägel u.a. TiO_2 ist ein wichtiges Weißpigment.

Titan hat keine biologische Bedeutung für den Menschen. Es wirkt stimulierend und ist vermutlich kanzerogen.

Uran (englisch **Uranium**) U

Protonenzahl ***Z*** = **92**

Relative Atommasse (^{12}C=12,000) A_r = **238,0289**

Uran wurde im Jahre 1789 von dem deutschen Apotheker und Chemiker *Martin Heinrich Klaproth* in Berlin, Deutschland, in der Uranpechblende in Form des Dioxids entdeckt. Erst 1841 erhielt *Eugène Péligot* reines Uranmetall durch Reduktion des Dioxids. Das Element wurde nach dem Planeten *Uranus* benannt.

* 1896 entdeckte *Antoine Henry Becquerel* die natürliche Radioaktivität des Urans und 1938 gelang *Otto Hahn* die Kernspaltung des Urans.

Atomare Eigenschaften:

Metallatomradius	139 pm
Ionenradien	U^{4+} 97 pm; U^{6+} 80 pm
Elektronegativität	A: 1,22; P: 1,38
Ionisierungsenergie	6,0527 eV; 14,717 eV
Elektronenkonfiguration	[Rn] $5f^3\,6d^1\,7s^2$

Physikalische Eigenschaften: **Metall**

Dichte ρ (bei 20 ^{0}C)	18950 $kg.m^{-3}$
Härte (Mohs) *	2,5 – 3
Schmelztemperatur ϑ_S	1132 ^{0}C; 1405 K
Siedetemperatur ϑ_V	3818 ^{0}C; 4091 K
Spezifische Schmelzwärme q	65 $kJ.\ kg^{-1}$
Spezifische Wärmekapazität c	0,116 $kJ.kg^{-1}.K^{-1}$
Thermische Leitfähigkeit λ	27,6 $W.\ m^{-1}.\ K^{-1}$
Thermischer Längen-Koeff. α	13 .10^{-6} K^{-1}
Spez. elektrischer Widerstand ρ	30,8 .10^{-8} Ω.m
Schallgeschwindigkeit c (20 ^{0}C)	3155 $m.s^{-1}$
Normalpotential E^0 U / U^{3+}	– 1,79 V

* geschätzte Werte

Uran gehört zu den weniger häufigen Elementen auf der Erde. Uranreiche Minerale wie Uranpechblende (bis 90 % UO_2), Bröggerit (bis 80 %), Uraninit U_3O_8 (bis 75 %) sind selten. Großtechnisch erhält man Uran nach Anreicherung und Aufschluss der Erze, aus UF_4 oder UO_2 durch Reduktion mit Na, Ca, oder Al.

Es ist ein radioaktives, in reinem Zustand an frischen Flächen, silberfarbig glänzendes, relativ weiches, duktiles Schwermetall, das an der Luft gelblich anläuft und sich schließlich dunkelbraun färbt. Es tritt in drei allotropen Modifikationen auf α–U bis 667 °C, darüber β–U und γ–U. Das paramagnetische Metall zeigt unterhalb 1,25 K Supraleitfähigkeit.

Uran gehört zur Reihe der ›Actinoide‹, 3. Gruppe, 7. Periode. Es ist ein elektropositives, ziemlich unedles Übergangsmetall. Es wird von Dampf und Säuren angegriffen, jedoch nicht von Alkalien. In Verbindungen bildet es die Oxidationsstufen U^{II} bis U^{VI}, z.B.: UCl_3, UCl_4, UO_2, U_2O_5, UCl_5, UF_5, UO_3, UCl_6, UF_6, sowie zahlreiche Salze und Komplexe.

Natürliches Uran besteht aus 3 Isotopen U 234, U 235 (0,7 %) und U 238 (99,2 %). 25 radioaktive Isotope U 217 bis U 242 und vier Kernisomere sind bekannt. Die Isotope U 233, U 234 und U 235 sind spaltbar, den größten Spaltquerschnitt hat U 235.

Uranspaltung:

$$^{235}_{92}U + ^{1}_{0}n \rightarrow ^{236}_{92}U \xrightarrow{sf} \begin{cases} ^{144}_{56}Ba + ^{89}_{36}Kr + 3\,^{1}_{0}n + E \\ ^{140}_{55}Cs + ^{94}_{37}Rb + 2\,^{1}_{0}n + E \end{cases}$$

U 238 wird vor allem als Brennstoff in Kernreaktoren verwendet, dazu wird es auf 2-4 % mit U 235 angereichert. Ca. 90 % des U 235 dient für Kernwaffen, krit. Masse 49 kg (reflekt. 17,2 kg), die krit. Masse für U 233 liegt bei 16,5 kg (reflekt. bei ca. 6 kg). U 238 wird in Kernreaktoren eingesetzt wo es in Pu 239 übergeht. Uran dient ferner als Zusatz für spezielle Stahlsorten.

Uran hat keine biol. Bedeutung für den menschl. Organismus, ist aber wegen seiner Radioaktivität toxisch und kanzerogen.

Vanadium (englisch **Vanadium**) **V (Va)**

Protonenzahl Z **= 23**

Relative Atommasse (^{12}C=12,000) ***A_r*** **= 50,9415**

Vanadium wurde 1801 von dem mexikanischen Mineralogen *Andrés M. del Rio* in Mexico City, Mexiko, in einem Bleierz entdeckt. 1831 entdeckte der schwedische Chemiker *N. G. Selfström* in Falun, Schweden, das Element erneut. Er nannte es *Vanadin* von *Vanadis,* einen Beinamen der nordischen Göttin Frey.

Atomare Eigenschaften:

Metallatomradius	131 pm
Kovalenzradius	122 pm
Ionenradien	V^{3+} 74 pm; V^{5+} 59 pm
Elektronegativität	A:1,45; P:1,63; a: 3,6 eV
Elektronenaffinität $V \rightarrow V^-$	0,525 eV
Ionisierungsenergie	6,7450 eV; 14,650 eV
Elektronenkonfiguration	[Ar] $3d^3\,4s^2$

Physikalische Eigenschaften: **Metall**

Dichte ρ (bei 20 ^{0}C)	6110 kg.m^{-3}
Härte (Mohs)	5
Schmelztemperatur ϑs	1929 ^{0}C; 2163 K
Siedetemperatur ϑv	3400 ^{0}C; 3673 K
Spezifische Schmelzwärme q	346 kJ.kg^{-1}
Spezifische Wärmekapazität c	0,489 kJ.kg^{-1}.K^{-1}
Thermische Leitfähigkeit λ	30,7 W.m^{-1}.K^{-1}
Thermischer Längen-Koeff. α	8,4 .10^{-6} K^{-1}
Spez. elektrischer Widerstand ρ	25 .10^{-8} Ω.m
Schallgeschwindigkeit c (20 ^{0}C)	4560 m.s^{-1}
Elektrochem. Äquivalent $\ddot{A}$	
Normalpotential E^0 V / V^{3+}	– 0,876 V

Vanadium gehört zu den relativ häufigen Elementen auf der Erde. Es tritt in der Natur nicht elementar auf, kommt aber hauptsächlich in Form von Verbindungen in verschiedenen Mineralien vor, wie z.B.: Patronit VS_4, Vanadit $Pb_5[Cl|(VO_4)_3]$ u.a. Technisch wird Vanadium nach Aufschluss der Erze durch aluminothermische Reduktion des V_2O_5 hergestellt. Man erhält eine Al–V–Legierung aus der das Aluminium abdestilliert wird.

Es ist ein glänzendes, silberfarbenes, in reinem Zustand gut walz-, schmied- und dehnbares, relativ weiches, paramagnetisches Schwermetall. Mit wenigen Verunreinigungen wird es hart und spröde. Unterhalb 5,4 K, bzw. in dünnen Schichten unterhalb 6 K wird das Metall supraleitend.

Vanadium befindet sich im PSE in der 5. Gruppe, 4. Periode. Es ist ein unedles Übergangsmetall das infolge Passivierung an der Luft, im Wasser und gegen Alkalilaugen beständig ist. Von verd. Säuren wird es nicht angegriffen, jedoch von konz. Schwefelsäure, heißer Salpetersäure und Königswasser. In Verbindungen bildet es mehrere Oxidationsstufen von V^{-III} bis V^{III}, wie z. B.: VO, VCl_2, V_2O_3, VCl_3, VO_2, VCl_4, V_2O_5, VF_5, VCl_5 u.a. Salze und Komplexe.

Es kommt in der Natur mit einem langlebigen Isotop V 50 und einem stabilen V 51 (99,75 %) vor. Weitere 21 künstliche, radioaktive Isotope V 42 bis V 64 sind bekannt. Die Isotope V 48 und V 49 entstehen beim Beschuss von Ti, Cr oder Cu mit Protonen oder Deuteronen, wie z.B. in der Reaktion: ${}^{48}_{22}Ti({}^{1}_{1}H, n){}^{48}_{23}V$

Als Ferrovanadium (> 35 % V) ist es in wichtiger Legierungsbestandteil für rostfreie Stähle wie z.B.: Baustähle, Werkzeugstähle, für Hochtemperaturlegierungen, Magnetstähle u.a. Als V_3Si wird es in der Supraleittechnik verwendet.

Vanadium ist für viele Spezies, vor allem für Pflanzen und niedere Tierarten essentiell. Die biologische Bedeutung für den Menschen ist unklar. Es wirkt stimulierend.

Wasserstoff (englisch **Hydrogen**) **H**

Protonenzahl ***Z*** **= 1**

Relative Atommasse (^{12}C=12,000) A_r **= 1,00794**

Wasserstoff wurde im Jahre 1766 von dem englischen Gelehrten *Henry Cavendish* in London, GB, bei der Auflösung von Metallen in Säuren entdeckt und als Element erkannt. *Lavoisier* schlug den Namen *hydrogène* vor, von griechisch *hydor* = Wasser und *gennáo* = erzeugen, bilden, d.h. Wasserbildner.

Atomare Eigenschaften:

Atomradius	37 pm
Kovalenzradius	30 pm
Van-der-Waals-Radius	120 pm
Ionenradien	H^- 154 pm ; H^+ 10^{-5} pm
Elektronegativität	(A) 2,18; (P) 2,2; (a) 7,2 eV
Elektronenaffinität $H \rightarrow H^-$	0,756 eV
Ionisierungsenergie	13.598 eV
Elektronenkonfiguration	$1s^1$

Physikalische Eigenschaften: **Nichtmetall**

Dichte ρ (gasf. bei 273 K)	0,0899 $kg.m^{-3}$
Schmelztemperatur ϑ_s	– 259,14 ^0C ; 14,01 K
Siedetemperatur ϑ_V	– 252,76 ^0C ; 20,39 K
Temperatur am Tripelpunkt T_t	– 259,35 ^0C ; 13,80 K
Kritische Temperatur T_c	– 239,96 ^0C ; 33,19 K
Kritischer Druck p_c	1,31 MPa
Spezifische Wärmekapazität c	14,05 $kJ.kg^{-1}.K^{-1}$
Thermische Leitfähigkeit λ	0,1815 $W.m^{-1}.K^{-1}$
Schallgeschwindigkeit c (20 ^0C)	1300 $m.s^{-1}$
Löslichkeit in Wasser (bei 20 ^0C)	0.0015 g / Liter
Normalpotential E^0 H_2/H_3O^+	0,00 V

Wasserstoff ist das häufigstes Element im Universum. In gebundener Form ist Wasserstoff Bestandteil des Wassers und zahlreicher organischer und anorganischer Verbindungen wie Kohlenwasserstoffe, Kohlenhydrate, Eiweiße, Erdöl, Erdgas, Säuren und Basen. Großtechnisch erhält man Wasserstoff durch katalytische Dampfspaltung ›Steam-Reforming‹ von Erdgas oder leichter Erdölfraktionen gemäß: $CH_4 + H_2O \rightarrow 3H_2 + CO$ Kohlevergasung u.a. Im Labor durch Wasserelektrolyse u.a.

Es ist ein farb-, geruch- und geschmackloses Gas, 14,4 mal leichter als Luft und damit das leichteste aller Elemente. In Wasser ist es wenig löslich, leicht jedoch in einigen Metallen. V.a. Platinmetalle können große Mengen Wasserstoff speichern.

Wasserstoff befindet sich im PSE in der 1. Gruppe, 1. Periode. Das Element bildet ein zweiatomiges, relativ beständiges und reaktionsträges Molekül das an der Luft mit bläulicher Flamme brennt. Im Gemisch mit Luft reagiert es explosionsartig (Knallgas). Es hat in der Atomhülle ein einziges Valenzelektron. In chemischen Reaktionen kann das H-Atom dieses Elektron abgeben und ein Kation, das ›Proton‹ bilden, oder ein Elektron aufnehmen und ein Anion das ›Hydrid–Ion‹ bilden.

$H - e^- \rightarrow H^+$ (*Proton*); $H + e^- \rightarrow H^-$ (*Hydrid–Ion*)

Das Proton bindet sich sofort an ein Wassermolekül:

$H_2O + H^+ \rightarrow H_3O^+$ (*Oxonium–Ion*)

Kovalente Bindungen sind H–H, H–F, H–Cl, H–Br u.a.

Isotope			Atom - Kern	
^1H	Protium	Proton	1p	stabil
^2H (D)	Deuterium	Deuteron	1p, 1n	stabil
^3H (T)	Tritium	Triton	1p, 2n	radioaktiv

Das Element wird in der chemischen Industrie zur Herstellung vieler Verbindungen wie NH_3, HCl, CH_3OH, HCN u.a. verwendet. Ferner dient H_2 als Raketentreibstoff, zum Schweißen u.v.a.

Wasserstoff ist essentiell für alle Spezies. Er ist Bestandteil der DNA. Das Element ist nicht giftig, dagegen sind Deuterium und schweres Wasser starke Gifte.

Wolfram (englisch **Tungsten**) **W**

Protonenzahl Z = **74**
Relative Atommasse (^{12}C=12,000) ***A*** $_r$ = **183,84**

Wolfram wurde m Jahre 1781 von dem schwedische Chemiker *Carl W. Scheele* in Köping, Schweden, im Mineral *Tungstein* in Form der Wolframsäure entdeckt. 1783 wurde das Metall von den Brüdern *Juan Jose* und *Fausto de Elhúyar* in Vergara, Spanien, erstmals dargestellt. Benannt nach dem Mineral *Wolframit*.

Atomare Eigenschaften:

Metallatomradius	137 pm
Kovalenzradius	130 pm
Ionenradien	W^{4+} 70 pm; W^{6+} 62 pm
Elektronegativität	A: 1,4; P: 2,36; a: 4,4 eV
Elektronenaffinität $W \rightarrow W^-$	0,814 eV
Ionisierungsenergie	7,9804 eV; 17,619 eV
Elektronenkonfiguration	[Xe] $4f^{14}$ $5d^4$ $6s^2$

Physikalische Eigenschaften: **Metall**

Dichte ρ (bei 20 ^{0}C)	19250 kg.m^{-3}
Härte (Mohs)	7,5–8
Schmelztemperatur ϑ_S	3410 ^{0}C; 3683 K
Siedetemperatur ϑ_V	5660 ^{0}C; 5933 K
Spezifische Schmelzwärme q	192 kJ.kg^{-1}
Spezifische Wärmekapazität c	0,142 kJ.kg^{-1}.K^{-1}
Thermische Leitfähigkeit λ	174 W.m^{-1}.K^{-1}
Thermischer Längen-Koeff. α	4,6 .10^{-6} K^{-1}
Spez. elektrischer Widerstand ρ	5,65 .10^{-8} Ω.m
Schallgeschwindigkeit c (20 ^{0}C)	5174 m.s^{-1}
Elektrochem. Äquivalent $Ä$	
Normalpotential E^0 W / W^{3+}	– 0,112 V

Wolfram gehört zu den selteneren Elementen auf der Erde. Das Metall tritt in der Natur nie elementar auf, kommt aber hauptsächlich in Verbindungen mit Sauerstoff vor, wie z.B.: *Woframit* $(Mn,Fe^{II})WO_4$, *Tungstein* $CaWO_4$, *Scheelbleierz* $PbWO_4$ u.a. Technisch wird Wolfram vorwiegend aus *Wolframit* und *Tungstein* gewonnen. Nach Anreicherung und Aufschluss der Erze, Überführung in das Trioxid, erhält man das Metall durch Reduktion von WO_3 mit molekularem Wasserstoff, als mattgraues Pulver, das anschließend zu Barren gesintert wird.

Es ist ein silberweißes, glänzendes, sehr hartes, schwach paramagnetisches Schwermetall. In reinem Zustand ist es duktil und gut verformbar. Durch geringe Mengen von Kohlenstoff oder Sauerstoff wird es hart und spröde. In der Nähe des absoluten Nullpunktes bzw. in dünnen Schichten unterhalb 4,1 K zeigt das Metall Supraleitfähigkeit.

Wolfram befindet sich im PSE in der 6. Gruppe, 6. Periode. Es ist ein relativ unedles, elektropositives Übergangsmetall. Es ist gegen Luft und Wasser beständig und wird von Sauerstoff, Säuren und Alkalien nicht angegriffen. In Verbindungen bildet es fast alle Oxidationsstufen von W^{-IV} bis W^{VI} wie z. B.: WCl_2, WCl_3, WO_2, WS_2, W_2O_5, WF_5, WO_3, WCl_6, $WOCl_4$, u.a. Salze und Komplexe.

Natürliches Wolfram besteht aus fünf stabilen Isotopen von W 180 bis W 186. Weitere 29 künstliche, radioaktive Isotope W 158 bis W 192 sowie vier Kernisomere sind bekannt. Das Metall ist mit Deuteronen spaltbar. Die Isotope W 185 (β^-,γ; 75,1 d) und W 187(β^-,γ; 23,72 h) werden als radioakt. Indikatoren verwendet.

Es ist ein wichtiges Legierungsmetall für rostfreie Wolframstähle für die Raketen- und Raumfahrtechnik, für Hartmetalle für Schneidwerkzeuge, für Glühdrähte, Schalterkontakte u.a.

Die biologische Bedeutung von Wolfram für den menschlichen Organismus ist nicht belegt. Das Metall ist nicht toxisch.

Xenon (englisch **Xenon**) Xe

***Protonenzahl Z* = 54**

Relative Atommasse (^{12}C=12,000) ***A_r* = 131,293**

Xenon wurde im Jahre 1898 von den britischen Chemikern *Sir William Ramsay* und *Morris William Travers* in London, GB, bei der Untersuchung von ca. 15 Liter Rohargon durch fraktionierte Destillation isoliert und durch Spektralanalyse als neues Element nachgewiesen.
Von griechisch *xénos* = *fremd*, verborgen.

***Atomare Eigenschaften*:**

Atomradius	218 pm
Kovalenzradius	209 pm
Van-der-Waals-Radius	216 pm
Ionenradien	190^{+} pm
Elektronegativität	(A) 2,65; (P) 2,58; (a) 5,8 eV
Elektronenaffinität $Xe \rightarrow Xe^{-}$	0,425 eV
Ionisierungsenergie	12,130 eV; 21,205 eV
Elektronenkonfiguration	[Kr] $4d^{10}\ 5s^{2}\ 5p^{6}$

***Physikalische Eigenschaften*:** **Nichtmetall**

Dichte ρ (gasf. bei 273,15 K)	5,898 $kg.m^{-3}$
Schmelztemperatur ϑ_s	– 111,80 ^{0}C;161,30 K
Siedetemperatur ϑ_v	– 108,05 ^{0}C;165,1 K
Temperatur am Tripelpunkt T_t	– 118,8 ^{0}C; 161,35 K
Kritische Temperatur T_c	– 16,60 ^{0}C; 289,75 K
Kritischer Druck p_c	5,84 MPa
Spezifische Wärmekapazität c	0,16 $kJ.kg^{-1}.K^{-1}$
Thermische Leitfähigkeit λ	0,0057 $W.m^{-1}.K^{-1}$
Schallgeschwindigkeit c (20 ^{0}C)	1090 $m.s^{-1}$
Löslichk. in Wasser (bei 20 ^{0}C)	0,058 g / Liter
Normalpotential E^{0} Xe / XeO_3	2,124 V

Xenon gehört zu den seltensten Elementen auf der Erde, sein Volumenanteil in der Atmosphäre beträgt ca. 0,0000086 %. Großtechnisch erhält man Xenon als Nebenprodukt der Sauerstoffherstellung durch fraktionierte Destillation von flüssiger Luft.

Es ist ein farb-, geruch- und geschmackloses, einatomiges, diamagnetisches Gas, das in Wasser nur wenig löslich ist. Festes Xenon weist unterhalb 32 K und bei einem Druck von 33 GPa metallische Eigenschaften, mit sehr guter elektrischer Leitfähigkeit auf.

Xenon gehört zur Gruppe der ›Edelgase‹, 18. Gruppe 5. Periode. Es besitzt eine abgeschlossene äußere Elektronenschale (O-Schale) mit 8 Elektronen $5s^2 5p^2$ [Xe] woraus sich seine chemische Trägheit erklärt. Xenon reagiert direkt mit Fluor, Chlor, Sauerstoff und bildet in seinen Verbindungen mehrere Oxidationsstufen von Xe^{II} bis Xe^{VIII} z.B.: XeF_2, $XeF_{4\text{-}6}$, XeO_3, XeO_4, XeO_2F_2 u.a. Kovalente Bindungen sind z.B.: Xe–F, Xe–O u.a.

Natürliches Xenon besteht aus neun stabilen Isotopen Xe 124, bis Xe 136. Weitere 28 künstliche, radioaktive Isotope Xe 110 bis Xe 147 sowie sechs Kernisomere sind bekannt. Xe 135, das bei der Spaltung von Uran u.a. entsteht, hat den größten Wirkungsquerschnitt für schnelle Neutronen σ = 2.650.000. 10^{-28} m^2 und kann die Leistung eines Kernreaktors erheblich senken, man spricht von ›Xenonvergiftung‹.

Xenon wird als inertes Schutzgas in kerntechnischern Anlagen und Geräten verwendet. Daneben dient es als Füllgas bei Radar-Anlagen, Niederdruckentladungslampen, Xenon-Laser, in der Beleuchtungsindustrie u.a. Die Isotope Xe 127 und Xe 133 werden in der Nuklearmedizin, als radioaktive Indikatoren bei Durchblutungsuntersuchungen innerer Organe wie Gehirn, Herz, Nieren sowie Haut, Muskeln u.a. eingesetzt.

Das Gas hat keine biologische Bedeutung für den menschlichen Organismus, es ist nicht toxisch, im Gemisch mit Sauerstoff wirkt es narkotisierend.

Ytterbium (englisch **Ytterbium**) **Yb**

Protonenzahl ***Z*** **= 70**

Relative Atommasse (^{12}C=12,000) A_r **= 173,04**

Ytterbium wurde im Jahre 1878 von dem Schweitzer Chemiker *Jean Charles Galissard de Marignac* in Genf, Schweiz, bei der Analyse der Terbinerde in Form eines Oxids entdeckt. Reines Ytterbium erhielten 1907 unabhängig *G. Urbain* und *C. Auer von Welsbach*. Benannt nach der Ortschaft ***Ytterby*** in Schweden.

Atomare Eigenschaften:

Metallatomradius	194 pm
Kovalenzradius	170 pm
Ionenradien	Yb^{2+} 113 pm, Yb^{3+} 86 pm
Elektronegativität	A: 1,06; P: 1,1; a ~ 3,5 eV
Elektronenaffinität $Yb \rightarrow Yb^-$	ca. 0,52 eV
Ionisierungsenergie	6,2537 eV; 12,188 eV
Elektronenkonfiguration	[Xe] $4f^{14}$ $6s^2$

Physikalische Eigenschaften: **Metall**

Dichte ρ (bei 20 ^{0}C)	6966 $kg.m^{-3}$
Härte (Mohs)	
Schmelztemperatur ϑs	819 ^{0}C; 1092 K
Siedetemperatur ϑv	1196 ^{0}C; 1469 K
Spezifische Schmelzwärme q	44,5 $kJ.kg^{-1}$
Spezifische Wärmekapazität c	0,155 kJ. kg^{-1}. K^{-1}
Thermische Leitfähigkeit λ	35 $W.m^{-1}.K^{-1}$
Thermischer Längen-Koeff. α	25 .10^{-6} K^{-1}
Spez. elektrischer Widerstand ρ	29.10^{-8} Ω.m
Schallgeschwindigkeit c (20 ^{0}C)	1590 $m.s^{-1}$
Normalpotential E^0 Yb / Yb^{3+}	– 2,27 V

Ytterbium gehört zu den selteneren Element auf der Erde. Es ist Hauptbestandteil der Yttererden und findet sich vor allem im Xenotim, Gadolinit, Euxenit, Samarskit u.a. Nach Anreicherung und Aufarbeitung der Minerale erhält man das Metall durch metallothermische Reduktion des Trioxids Yb_2O_3 mit Cer oder Lanthan und anschließender Vakuumdestillation.

Es ist ein silberweißes, weiches, dehnbares, paramagnetisches, an trockener Luft relativ beständiges Schwermetall, das in zwei allotropen Modifikationen: α–Yb und oberhalb 798 ^{0}C β–Yb, auftritt. Bei Raumtemperatur weist die α–Modifikation, bei hohem Druck Halbleitereigenschaften auf.

Ytterbium gehört zur Reihe der ›Lanthanoide‹, 3. Gruppe, 6. Periode. Es ist ein sehr unedles, stark elektropositives Übergangsmetall und ein starkes Reduktionsmittel. Es wird von feuchter Luft angegriffen, fein zerteilt ist es pyrophor. Es reagiert mit Wasser und verd. Säuren. In Verbindungen bildet es die Oxidationsstufen Yb^{II} und Yb^{III} wie z.B.: $YbCl_2$, $YbBr_2$, YbO, YbS, Yb_2O_3, $Yb(OH)_3$, $YbCl_3$, sowie verschiedene Salze und Komplexe.

Natürliches Ytterbium ist ein Gemisch aus sieben stabilen Isotopen Yb 168 bis Yb 176. Weitere 24 künstliche, radioaktive Isotope Yb 149 bis Yb 180 sowie vier Kernisomere sind bekannt. Das Isotop Yb 169 (EC, γ; 32 d) entsteht durch Protonenbeschuss in der Reaktion $^{169}_{69}Tm(^{1}_{1}H, n)^{169}_{70}Yb$ es wird als Tracer bzw. γ–Strahlungsquelle in der Nuklearmedizin verwendet.

Das Metall wird wenig verwendet, es dient hauptsächlich als Legierungsbestandteil für rostfreie Stähle sowie zur Herstellung von Katalysatoren und Halbleitern. Die Intermetallische Verbindung $Yb_2Co_{13}Fe_3Mn$ hat die besten Dauermagneteigenschaften aller Materiale.

Ytterbium hat keine biologische Bedeutung für den menschlichen Organismus. Es wirkt stimulierend uns ist gering toxisch.

Yttrium (englisch Yttrium) Y

Protonenzahl Z = **39**
Relative Atommasse (^{12}C=12,000) ***A_r*** = **88,90585**

Yttrium wurde im Jahre 1794 von dem finnischen Chemiker *Johan Gadolin* in Åbo, Finnland, bei der Untersuchung des Minerals *Ytterbit* (Gadolinit) in Form eines Oxids entdeckt. 1824 stellte *Friedrich Wöhler* erstmals das Metall in verunreinigter Form her. Benannt nach der Ortschaft ***Ytterby*** in Schweden.

Atomare Eigenschaften:

Metallatomradius	178 pm
Kovalenzradius	162 pm
Ionenradien	Y^{3+} 92 pm
Elektronegativität	A: 1,11; P: 1,22; a: 3,2 eV
Elektronenaffinität $Y \rightarrow Y^-$	0,306 eV
Ionisierungsenergie	6,3843 eV; 12,240 eV
Elektronenkonfiguration	[Kr] $4d^1$ $5s^2$

Physikalische Eigenschaften: **Metall**

Dichte ρ (bei 20 ^{0}C)	4472 $kg.m^{-3}$
Härte (Mohs)	3 – 4
Schmelztemperatur ϑs	1522 ^{0}C; 1795 K
Siedetemperatur ϑv	3338 ^{0}C; 3611 K
Spezifische Schmelzwärme q	128 $kJ.kg^{-1}$
Spezifische Wärmekapazität c	0,298 $kJ.kg^{-1}.K^{-1}$
Thermische Leitfähigkeit λ	17 $W.m^{-1}.K^{-1}$
Thermischer Längen-Koeff. α	10 ,6 .10^{-6} K^{-1}
Spez. elektrischer Widerstand ρ	57,2 .10^{-8} $\Omega.m$
Schallgeschwindigkeit c (20 ^{0}C)	3305 $m.s^{-1}$
Normalpotential E^0 Y / Y^{3+}	– 2,372 V

Yttrium gehört zu den relativ häufigen Elementen auf der Erde. Das Metall ist Hauptbestandteil der Yttererden und findet sich vorwiegend in den Mineralien Gadolinit, Thalenit, Xenotim Samarskit u.a. Die technische Herstellung erfolgt vor allem aus Xenotimsand u.a. Erzen. Nach Anreicherung, Aufbereitung der Erze und Überführung in das Trifluorid, erhält man das Metall durch metallothermische Reduktion mit Calcium oder Magnesium und anschließendem Schmelzen im Lichtbogenofen.

Es ist ein silberweißes, weiches, gut formbares, paramagnetisches Leichtmetall, das an der Luft, durch Passivierung beständig ist. Es bildet zwei allotrope Modifikationen α–Y und oberhalb 1496 ^{0}C β–Y. Bei Drücken oberhalb 12 GPa zeigt das Metall unter 2,7 K Supraleitfähigkeit. Intermetalliche Verbindungen wie YCo_5, Y_2Co_{17} u.a. zeigen sehr gute ferromagnetische Eigenschaften.

Yttrium gehört zur Gruppe der ›Seltenerdmetalle‹, 3. Gruppe, 5. Periode. Es ist ein sehr unedles, elektropositives, sehr reaktionsfähiges Übergangsmetall und ein starkes Reduktionsmittel. Es brennt in der Luft mit rötlicher Flamme. Mit Wasser reagiert es langsam und löst sich Säuren. In Verbindungen bildet es die Oxidationsstufe Y^{III} wie z.B.: Y_2O_3, $Y(OH)_3$, YCl_3, YF_3 u.a. sowie andere Salze und Komplexe.

Yttrium ist ein anisotopes Element, es tritt in der Natur nur in Form des stabilen Isotops Y 89 auf. Weitere 21 künstliche, radioaktive Isotope Y 76 bis Y 108 sowie 15 Kernisomere sind bekannt. Die Isotope Y 88(EC, β^+; 106,6 d) und Y 90(β^-; 64 h) werden als radioaktive Indikatoren (Tracer) verwendet.

Das Metall dient als Reaktorwerkstoff, Legierungsbestandteil für Heizleiter und Dauermagnete, Supraleiter, als Farbkörper, ›Rotphosphor‹, in Bildschirmröhren für TV-Geräte, für Laser u.a.

Yttrium hat keine biologische Bedeutung für den menschlichen Organismus. Es ist toxisch und vermutlich kanzerogen.

Zink (englisch **Zinc**) **Zn**

Protonenzahl ***Z*** **= 30**
Relative Atommasse (^{12}C=12,000) A_r = **65,39**

Zink war in Asien bereits im Mittelalter bekannt. 1530 wurde das Element von *G. Agricola, Th. Paracelsus* und *A. Libavius* unter dem Namen ›Konterfei‹ beschrieben. Im Jahre 1746 entwickelte *A. S. Marggraf* ein technisches Verfahren zur Zinkherstellung. Von Zinken, bezogen auf die zackenartige Form von *Galmei.*

Atomare Eigenschaften:

Metallatomradius	133 pm
Kovalenzradius	125 pm
Van-der-Waals	139 pm
Ionenradien	Zn^{+} 88 pm; Zn^{2+} 74 pm
Elektronegativität	A: 1,66; P: 1,65; a: 4,45 eV
Elektronenaffinität $Zn \rightarrow Zn^{-}$	0,093 eV
Ionisierungsenergie	9,3941 eV; 17,964 eV
Elektronenkonfiguration	[Ar] $3d^{10}$ $5s^{2}$

Physikalische Eigenschaften: **Metall**

Dichte ρ (bei 20 C)	7144 $kg.m^{-3}$
Härte (Mohs)	2,5
Schmelztemperatur ϑ_s	419 ^{0}C; 692 K
Siedetemperatur ϑ_v	907 ^{0}C; 1180 K
Spezifische Schmelzwärme q	110 $kJ.kg^{-1}$
Spezifische Wärmekapazität c	0,388 $kJ.kg^{-1}.K^{-1}$
Thermische Leitfähigkeit λ	116 $W.m^{-1}.K^{-1}$
Thermischer Längen-Koeff. α	25.10^{-6} K^{-1}
Spez. elektrischer Widerstand ρ	5,92 $.10^{-8}$ $\Omega.m$
Schallgeschwindigkeit c (20 ^{0}C)	2680 $m.s^{-1}$
Elektrochem. Äquivalent $\ddot{A}$ Cd^{2+}	0,339 $.10^{-6}$ $kg. A^{-1}.s^{-1}$
Normalpotential E^0 Zn / Zn^{2+}	– 0,7636 V

Zink ist ein relativ häufiges Element auf der Erde. Es kommt nie gediegen vor. In Verbindungen ist es aber, meist mit Pb, Cd, Cu u.a. vergesellschaftet, weit verbreitet. Wichtige Minerale sind: Zinkblende ZnS, Zinkspat, Galmei $ZnCO_3$ u.a. Ca. 80% des Zinkbedarfs erhält man durch Elektrolyse einer Zinksulfatlösung mit Hg-Kathoden. Man erhält 99,999 % reines Zink.

Es ist ein bläulich-weißes, an frischen Schnittstellen stark glänzendes Schwermetall. Bei Raumtemperatur ist es spröde, zwischen 100 und 150 ^{0}C ist es aber weich und gut dehnbar. Darüber ist es wieder spröde und lässt sich pulverisieren. Das diamagnetische Metall zeigt < 0,82 K, bzw. in dünnen Schichten < 4,4 K Supraleitfähigkeit. ZnS, ZnSe, ZnTe sind gute Halbleiter.

Zink befindet sich im PSE in der 12. Gruppe, 4. Periode. Es ist ein unedles, schwach elektropositives und amphoteres Übergangsmetall. An der Luft läuft es an. Es löst sich leicht in Säuren und langsam in Alkalien. Pulverförmig entzündet es sich und brennt an der Luft. In Verbindungen bildet es die Oxidationsstufen Zn^I und Zn^{II} wie z.B.: ZnO, ZnS, $Zn(OH)_2$, $ZnCl_2$, sowie zahlreiche Salze und Komplexe. Flammenfärbung: grün.

Natürliches Zink ist ein Gemisch aus fünf stabilen Isotopen Zn 64 (48,6 %) bis Zn 70. Weitere 19 künstliche, radioaktive Isotope Zn 54 bis Zn 83 sowie vier Kernisomere sind bekannt. Die Isotope Zn 65 und Zn 69 entstehen durch Neutronenbestrahlung gemäß:

$$^{A}_{30}Zn + ^{1}_{0}n \rightarrow ^{A+1}_{30}Zn + \gamma$$

Das Metall wird vorwiegend zum Verzinken von Eisenblech, in Legierungen z.B.: Messing, in Batterien, als Stabilisator für Polymere u.a. verwendet. ZnO Zinkweiß, ist ein Weißpigment. Zn 65 und Zn 69 dienen als radioakt. Tracer v.a. in der Biologie.

Zink ist essentiell für alle Spezies. Beim Menschen ist es für die Energieaufnahme und die Funktion von über 200 Enzymen wichtig. Es ist gering toxisch und wirkt vermutlich kanzerogen.

Zinn (englisch **Tin**) **Sn**

Protonenzahl ***Z*** = **50**

Relative Atommasse (^{12}C=12,000) ***A_r*** = **118,710**

Schon im 7. Jh. v. Chr. beschrieb *Plinius d.Ä.* eine Blei-Zinn-Legierung die zum Löten verwendet wurde. Das Metall war in Asien bereits vor 1500 bekannt, später auch in Europa. Im 12. Jh. wurden in Böhmen und Sachsen die ersten Zinngruben eröffnet. Von althochdeutsch *zein* = Stab. Das Symbol stammt vom lateinischen Wort *stannun* = Zinn.

Atomare Eigenschaften: (weiß; β)

Metallatomradius	146 pm
Kovalenzradius	141 pm
Van-der-Waals-Radius	213 pm
Ionenradien	Sn^{2+} 93 pm; Sn^{4+} 71 pm
Elektronegativität	A: 1,72; P: 1,94; a: 4,6 eV
Elektronenaffinität $Sn \rightarrow Sn^{-}$	– 1,12 eV
Ionisierungsenergie	7,3442 eV; 14,632 eV
Elektronenkonfiguration	[Kr] $4d^{10}\,5s^2\,5p^2$

PhysikalischeEigenschaften: (weiß; β) **Metall**

Dichte ρ (β, bei 20 ^{0}C)	7310 $kg.m^{-3}$
Härte (Mohs)	1,8
Schmelztemperatur ϑ_S	232 ^{0}C; 505 K
Siedetemperatur ϑ_V	2270 ^{0}C; 2543 K
Spezifische Schmelzwärme *q*	60 $kJ.kg^{-1}$
Spezifische Wärmekapazität *c*	0,228 $kJ.\ kg^{-1}.\ K^{-1}$
Thermische Leitfähigkeit λ	(α) 67 $W.m^{-1}.K^{-1}$
Thermischer Längen-Koeff. α	22 $.10^{-6}$ K^{-1}
Spez. elektrischer Widerstand ρ	(α) 11 $.10^{-8}$ Ω.m
Schallgeschwindigkeit *c* (20 ^{0}C)	2490 $m.s^{-1}$
Elektrochechem. Äquivalent Ä Sn^{2+}	0,615 . 10^{-6} kg $.A^{-1}.s^{-1}$
Normalpotential E^0 Sn / Sn^{2+}	– 0,137 V

Zinn ist ein weniger häufiges Element auf der Erde, es kommt in der Natur nur selten elementar vor. Das wichtigste Zinnerz ist der Zinnstein SnO_2. Technisch gewinnt man Zinn aus den Flugstäuben der Blei-Verhüttung sowie durch Recycling. Ebenso erhält man Zinn durch Reduktion von Zinnstein mit Koks bei ca. 1100 ^{0}C. Reinzinn bis 99,9 % erhält man durch Elektrolyse.

Es ist ein silberweißes, stark glänzendes, sehr weiches und dehnbares Metall, das man mit dem Messer ritzen kann. Es ist gut gieß- und lötbar. Es tritt in drei Modifikationen auf: α–Sn bis 13,2 ^{0}C, darüber besteht die metallische, paramagnetische Form β–Sn bis 162 ^{0}C danach γ–Sn. Unterhalb 3,7 K und in dünnen Schichten unter 6,1 K besteht Supraleitfähigkeit. Das Metall zerfällt bei niedrigen Temperaturen, man spricht von ›Zinnpest‹.

Zinn gehört zur Gruppe der ›Tetrele‹, 14. Gruppe, 5. Periode. Es ist ein elektropositives, unedles Element, das in wässrigen Lösungen amphoter reagiert. Wegen Passivierung ist es gegen Luft, und Wasser beständig, löst sich aber in Säuren und Basen. In Verbindungen bildet es die Oxidationsstufen Sn^{II} und Sn^{IV} wie z.B.: $SnCl_2$, SnO, SnO_2, $SnCl_4$, SnF_4 u.a. sowie zahlreiche Salze und Komplexe. Das Metall geht auch kovalente Bindungen ein, z.B.: Sn–Sn, Sn–H, Sn–Cl, Sn–F, Sn–C, Sn–O u.a.

Natürliches Zinn besteht aus zehn stabilen Isotopen zwischen Sn 112, Sn 120(32,6 %) bis Sn 124. Daneben sind weitere 27 künstliche, radioaktive Isotope Sn 100 bis Sn 137 sowie elf Kernisomere bekannt. Die wichtigsten Isotope Sn 113 und Sn 121 entstehen durch Neutronenbeschuss in den Kernreaktionen:
$^{A}_{50}Sn\ (n,\gamma)\ ^{A+1}_{50}Sn$ sie dienen als radioaktive Indikatoren.

Das Metall (β-Sn) dient zum Verzinnen von Eisenblech ›Weißblech‹, für Weichlote z.B.:›Lötzinn‹, Anodenmaterial, für Halbleiter, Gebrauchs- und Dekorgegenstände wie Zinnfiguren u.a.

Zinn ist ein essentielles Spurenelement für einige Spezies, auch für den Menschen. Zinn und Sn-Verbindungen sind nicht giftig.

Zirconium (englisch **Zirconium**) **Zr**

***Protonenzahl** Z* = **40**

Relative Atommasse (^{12}C=12,000) A_r = **91,224**

Zirconium wurde im Jahre 1789 von dem deutschen Chemiker *Martin Heinrich Klaproth* bei der Untersuchung des Minerals *Zirkon* in Berlin, Deutschland, in Form eines Oxids entdeckt. 1814 wurde es von *Jöns Jakob Berzelius* in Stockholm, Schweden, erstmals dargestellt. Benannt nach dem Mineral Zirkon; von arabisch *zarcun* = goldfarben.

Atomare Eigenschaften:

Metallatomradius	159 pm
Kovalenzradius	145 pm
Ionenradien	Zr^{2+} 109 pm; Zr^{4+} 79 pm
Elektronegativität	A: 1,22; P: 1,34; a: 3,6 eV
Elektronenaffinität Zr → Zr^-	0,426 eV
Ionisierungsenergie	6,8403 eV; 13,131 eV
Elektronenkonfiguration	[Kr] $4d^2$ $5s^2$

Physikalische Eigenschaften: **Metall**

Dichte ρ (bei 20 ^{0}C)	6508 $kg.m^{-3}$
Härte (Mohs)	rein 3; verunreinigt 7 – 8
Schmelztemperatur ϑ_S	1852 ^{0}C; 2125 K
Siedetemperatur ϑ_V	4377 ^{0}C; 4650 K
Spezifische Schmelzwärme q	252 $kJ.kg^{-1}$
Spezifische Wärmekapazität c	0,278 $kJ.kg^{-1}.K^{-1}$
Thermische Leitfähigkeit λ	22,7 $W.m^{-1}.K^{-1}$
Thermischer Längen-Koeff. α	$5{,}8.10^{-6}$ K^{-1}
Spez. elektrischer Widerstand ρ	$42{,}2\ .10^{-8}$ Ω.m
Schallgeschwindigkeit c (20 ^{0}C)	3810 $m.s^{-1}$
Normalpotential E^0 Zr / Zr^{4+}	– 1,553 V

Zirconium gehört zu den relativ häufigen Elementen auf der Erde. Es tritt nicht elementar auf. Gebunden findet es sich vorwiegend in sekundären Lagerstätten in Zirkonsanden. Wichtige Minerale sind Zirkonerde ZrO_2 und Zirkon $ZrSiO_4$. Die Herstellung erfolgt überwiegend aus Zirkonsanden. Nach Aufschluss und Überführung in das Chlorid erhält man das Metall als Zirconiumschwamm, nach dem ›*Kroll*-Verfahren‹ in Helium-Atmoshäre, durch Reduktion von $ZrCl_4$ mit Magnesium.

Reines Zirconium ist ein silbergraues, glänzendes, relativ weiches, paramagnetisches Schwermetall, das sich leicht walzen und zu Drähten ziehen lässt. Schon 0,3 % O_2 erhöht die Härte um das dreifache. Es tritt in zwei allotropen Modifikationen auf: α–Zr über 862 ^{0}C β–Zr. Unter 0,61 K besteht Supraleitfähigkeit.

Zirconium gehört im PSE zur 4. Gruppe, 5. Periode. Es ist ein elektropositives, unedles Übergangsmetall, das aber infolge Passivierung an der Luft, gegen Wasser, vielen Säuren und Alkalien beständig ist. Als Zr–Pulver und –Schwamm entzündet es sich leicht bei Erwärmung und brennt mit intensiv weißer Flamme. In Verbindungen bildet es mehrere Oxidationsstufen Zr^{-II} bis Zr^{IV} wie z.B.: ZrO, $ZrCl_2$, $ZrCl_3$, $ZrBr_3$, ZrO_2, $ZrCl_4$, u.a. Salze und Komplexe.

Natürliches Zirconium ist ein Gemisch von fünf stabilen Isotopen Zr 90 (51,5 %) bis Zr 96. Daneben sind 25 radioaktive Isotope Zr 80 bis Zr 110 und drei Kernisomere bekannt. Einige Isotope sind Uranspaltprodukte andere entstehen durch Neutronenbestrahlung in $^{A}{}_{40}Zr\ (n,\ \gamma)\ ^{A+1}{}_{40}Zr$ Reaktionen. Die Isotope Zr 95 (β^-,γ; 64 d) und Zr 97 (β^-,γ;16,8 h) werden als radioaktive Indikatoren verwendet. Zirconium hat eine große Transparenz für thermische Neutronen.

Das Metall ist ein wertvoller Werkstoff für den chemischen Anlagebau, in der Elektrotechnik, als Hüllmaterial für Kernbrennstoffe, u.a. Das Oxid dient für Schmelztiegel, Schleifmaterial u.a.

Zirconium hat keine biologische Bedeutung für den menschlien Organismus. Es gilt als nicht toxisch.

Element 113 (Ununtrium) Uut

***Protonenzahl Z* = 113**
***Nukleonenzahlen der Isotope A* = 278 – 287**

Das Element 113 wurde im August 2003 als Glied der Zerfallskette des Elements 115, Uup, entdeckt. Die Entdeckung erfolgte zusammen mit dem Element 115 durch ein Team aus russischen Wissenschaftlern des JINR, aus Dubna, Russland und US Wissenschaftlern des LLNL, aus Livermore, Kalifornien, unter Leitung von *Yu. Ts. Oganessian.* Die Entdeckung wurde am 1. Februar 2004 gemeldet.

Bei der Bestrahlung von Am-243 Isotopen mit beschleunigten Ca-48 Isotopen im Teilchenbeschleuniger U 400 in Dubna, entstanden bei der Verschmelzung von Am-Kernen mit Ca-Kernen durch ›heiße‹ Fusion drei Atome des Isotops Uup 288 und ein Atom des Isotops 287, gemäß:

$$^{48}_{20}Ca + ^{243}_{95}Am \rightarrow ^{287}Uup + 4\,^{1}_{0}n$$

$$^{48}_{20}Ca + ^{243}_{95}Am \rightarrow ^{288}Uup + 3\,^{1}_{0}n$$

Alle Isotope zerfielen in wenigen Millisekunden durch α– Zerfall in die Isotope Uut 283 und Uut 284:

$$^{287}Uup \xrightarrow{-\alpha} \mathbf{^{283}Uut} \xrightarrow{-\alpha} {}^{279}_{111}Rg \xrightarrow{-\alpha} {}^{275}_{109}Mt \xrightarrow{-\alpha} {}^{271}_{107}Bh \xrightarrow{-\alpha} {}^{267}_{105}Db \xrightarrow{sf}$$

$$^{288}Uup \xrightarrow{-\alpha} \mathbf{^{284}Uut} \xrightarrow{-\alpha} {}^{280}_{111}Rg \xrightarrow{-\alpha} {}^{276}_{109}Mt \xrightarrow{-\alpha} {}^{272}_{107}Bh \xrightarrow{-\alpha} {}^{268}_{105}Db \xrightarrow{sf}$$

Die Zerfallsketten endeten beim Dubnium, das durch Spontanspaltung zerfiel.

Bereits im Juli 2004 wurde am Forschunbgsinstitut ›RIKEN‹ in Japan, durch ›kalte‹ Fusion von Zink 70 und Bismut 209 ein weiteres Atom des Isotops Uut 278 gemäß:

$$^{70}_{30}Zn + ^{209}_{83}Bi \rightarrow [^{279}Uut] \rightarrow ^{278}Uut + ^{1}_{0}n$$

direkt erzeugt.

Die japanischen Wissenschaftler schlugen für das neue Element die Namen *Japonium* bzw. *Rikenium* vor.

Ununtrium ist ein radioaktives Metall und gehört aller Wahrscheinlichkeit nach zur Gruppe der ›Triele‹. Es befindet sich im PSE in der 13. Gruppe, 7. Periode. Es ist das schwerste Element seiner Gruppe und das erste 7p Element. In seinen chemischen Eigenschaften könnte es seinen Gruppenhomologen Thallium und Indium ähnlich sein und in seinen verbindungen die Oxidationsstufen Uut^{I} und Uut^{III} bilden, wie z.B.: UutF, UutCl, UutBr, UutI, Uut_2O sowie $UutF_3$, $UutCl_3$, Uut_2O_3 u.a.

Wahrscheinliche Elektronenkonfiguration im Grundzustand:

$$[Rn]\ 5f^{14}\ 6d^{10}\ 7s^2\ 7p^1$$

Bekannte Isotope:
Uut 278 (α; 0,24 ms), Uut 282 (α; 73 ms), Uut 283 (α; 100 ms),
Uut 284 (α; 0,48 s), Uut 285 (α; 2 min)*, Uut 286 (α; 5 min*),
Uut 287 (α; 20 min*).

Das Element hat nur wissenschaftliche Bedeutung, es dient ausschließlich zu Forschungszwecken.

Uut hat keine biologische Bedeutung für den Menschen. In relevanten Mengen ist es jedoch aufgrund seiner Radioaktivität toxisch und kanzerogen.

---

* geschätzt

Element 114 (Ununquadium) **Uuq**

***Protonenzahl Z* = 114**
***Nukleonenzahlen der Isotope A* = 285 – 290**

Die Entdeckung des Elements 114 wurde im Januar 1999 aus Dubna, Russland, gemeldet. Einem internationales Team, unter Leitung von *Yu. Ts. Oganessian* gelang es im JINR am Teilchenbeschleuniger U 400 erstmals beim Beschuss von Plutonium mit Ca-Ionen ein Atom des Elements 114 nachzuweisen. Es entstand durch ›heiße‹ Fusion eines Pu-Kerns mit einem Ca-Kern gemäß:

$$^{48}_{20}Ca + ^{244}_{94}Pu \rightarrow [^{292}Uuq] \rightarrow \mathbf{^{289}Uuq} + 3\ ^{1}_{0}n$$

Im Januar 2009 wurden am LBNL, Berkeley, USA, in der gleichen Kernreaktion die Isotope Uuq 287 und Uuq 288 hergestellt. Ende Juli 2010 gelang es einem internationalen Forscherteam am ›GSI, Helmholtzzentrum für Schwerionenforschung‹ in Darmstadt 13 Atome des Elements 114 nachzuweisen. Bei einem vierwöchigen Experiment entstanden beim Beschusss von Plutonium mit beschleunigten Ca-Ionen aus dem UNILAC durch ›heiße‹ Fusion neun Isotope Uuq 288 sowie vier Isotope Uuq289 gemäß der Kernreaktionen:

$$^{244}Pu(^{48}Ca,3\text{-}4n)^{288,289}\mathbf{Uuq}$$

Das Experiment unter der Leitung von Christoph Düllmann wurde am neu entwickelten gasgefüllten Separator TASCA am Messplatz X8 durchgeführt.

Weitere Atome des Elements wurden gemäß der unteren Zerfallsreihe beim α–Zerfall der Elemente 116 und 118 entdeckt.

$$^{294}118 \xrightarrow{-\alpha} {}^{290}116 \xrightarrow{-\alpha} {}^{286}\mathbf{Uuq} \xrightarrow{-\alpha} {}^{282}112 \xrightarrow{sf}$$

2003 wurden in Frankreich und 2009 bei RIKEN in Japan leider erfolglos Versuche zur direkten Synthes von Element 114 durchgeführt. Durch ›kalte‹ Fusion sollten beim Beschusss von Blei mit Ge-Isotopen Isotope des Elements 114 gemäß der Kernreaktion:

$$^{76}_{32}Ge + {}^{208}_{82}Pb \rightarrow {}^{284}Uuq \rightarrow$$

entstehen.

Ununquadium ist ein radioaktives Metall. Es gehört mit großer Wahrscheinlichkeit zur Gruppe der ›Tetrele‹ und befindet sich im PSE in der 14. Gruppe, 7. Periode. In seinen chemischen Eigenschaften könnte es seinen Gruppenhomologen Blei und Zinn ähnlich sein und in seinen Verbindungen die Oxidationsstufen Uuq^{II} und Uuq^{IV} bilden, wie z.B.: UuqO, $Uuq(OH)_2$, $UuqCl_2$, $UuqO_2$, $UuqCl_4$ u.a.

Wahrscheinliche Elektronenkonfiguration im Grundzustand:

$$[Rn]\ 5f^{14}\ 6d^{10}\ 7s^2\ 7p^2$$

Bekannte Isotope: Uuq 285 (α; 0,6 ms), Uuq 286 (α, sf; 0,16 s), Uuq 287 (α; 0,51 s), Uuq 288 (α; 0,8 s), Uuq 289 (α; 2,7 s), Uuq 290 (α; 21 s).

Das Element ist nur von wissenschaftlichem Interesse, es dient ausschließlich zu Forschungszwecken.

Uuq hat keine biologische Bedeutung für den Menschen. Aufgrund seiner Radioaktivität wirkt es in relevanten Mengen toxisch und kanzerogen.

Element 115 (Ununpentium) Uup

Protonenzahl Z **= 115**

Nukleonenzahlen der Isotope A **= 287, 288**

Das Elements 115 wurde im Jahre 2003 zusammen mit Element 113 von einem Team aus russischen Wissenschaftlern des ›Joint Institute for Nuclear Research‹ JINR, aus Dubna, Russland und US-Wissenschaftlern des ›Lawrence Livermore National Laboratory‹ aus Livermore, Kalifornien, unter Leitung von Prof. *Yu. Ts. Oganessian* in Dubna, Russland, entdeckt. Die Entdeckung wurde am 1. Februar 2004 in den Physical Review C gemeldet.

Element 115 entstand am Teilchenbeschleuniger U400 beim Beschuss von Am 243 mit Ca 48, durch ›heiße‹ Fusion eines Am-Kerns mit einem Ca-Kern unter Abgabe von drei bzw. vier Neutronen, gemäß:

$$^{48}_{20}\mathrm{Ca} + {}^{243}_{95}\mathrm{Am} \rightarrow [{}^{291}\mathrm{Uup}] \rightarrow \mathbf{^{288}Uup} + 3\,{}^{1}_{0}\mathrm{n}$$

$$^{48}_{20}\mathrm{Ca} + {}^{243}_{95}\mathrm{Am} \rightarrow [{}^{291}\mathrm{Uup}] \rightarrow \mathbf{^{287}Uup} + 4\,{}^{1}_{0}\mathrm{n}$$

Die erhaltenen Uup-Kerne gingen in wenigen Millisekunden durch α–Emission in das Element 113 über und zerfielen in mehreren Stufen bis Dubnium (s. Zerfallskette unten).

$$^{287}\mathrm{Uup} \xrightarrow{-\alpha} {}^{283}\mathrm{Uut} \xrightarrow{-\alpha} {}^{279}_{111}\mathrm{Rg} \xrightarrow{-\alpha} {}^{275}_{109}\mathrm{Mt} \xrightarrow{-\alpha} {}^{271}_{107}\mathrm{Bh} \xrightarrow{-\alpha} {}^{267}\mathrm{Db}^{*} \xrightarrow{\mathrm{sf}}$$

Am 31. Januar 2006 meldeten Schweizer Wissenschaftler vom ›Palu Scherrer Institut‹ in Villigen, die Synthese von 15 Atomen des Elements 115, die mittels einer verfeinerten Methode durch ›heiße‹ Fusion von Am-Kernen mit Ca-Kernen erzeugt wurden.

Ununpentium ist ein radioaktives Schwermetall und gehört zur Gruppe der ›Pentele‹. Es befindet sich im PSE in der 15. Gruppe, 7. Periode. In seinen chemischen Eigenschaften könnte es seinen Gruppenhomologen Bismut und Antimon ähnlich sein und in seinen Verbindungen die Oxidationsstufen Uup^{I}, Uup^{III} und Uup^{V} bilden, wie z.B.: Uup_2O_3, $Uup(OH)_3$, $UupF_3$, $UupCl_3$, Uup_2O_5 u.a.

Wahrscheinliche Elektronenkonfiguration im Grundzustand:

$$[Rn]\ 5f^{14}\ 6d^{10}\ 7s^{2}\ 7p^{3}$$

Bekannte Isotope: Uup 287 (α; 35 ms) und
Uup 288 (α; 87 ms).

Das Element hat nur wissenschaftliche Bedeutung und dient ausschließlich zu Forschungszwecken.

Uup hat keine biologische Bedeutung für den Menschen. Bei relevanten Stoffmengen könnte es aufgrund seiner Radioaktivität toxisch und kanzerogen sein.

Element 116 (Ununhexium) Uuh

***Protonenzahl Z* = 116**

***Nukleonenzahlen der Isotope A* = 290 – 293**

Im Oktober 2000 gelang den russischen Wissenschaftlern vom ›Flerov Laboratory of Nuclear Reactions‹, FLNR, in Dubna, Russland unter der Leitung von *Yu. Ts. Oganessian* erstmals die Synthese und der Nachweis des Elements 116. Beim Beschuss von Cm 248 mit Ca-Ionen am Teilchenbeschleuniger U 400 entstand durch ›heiße‹ Fusion eines Cm-Kerns mit einem Ca-Kern ein Atom des Elements gemäß der Kernreaktion:

$$^{48}_{20}\mathrm{Ca} + {}^{248}_{96}\mathrm{Cm} \rightarrow [{}^{296}116]^* \rightarrow {}^{\mathbf{293}}\mathbf{116} + 3\,{}^{1}_{0}\mathrm{n}$$

In den Folgejahren wurden weitere Isotope des Elements hergestellt, gemäß den Kernreaktionen :

$$^{48}_{20}\mathrm{Ca} + {}^{248}_{96}\mathrm{Cm} \rightarrow [{}^{296}116]^* \rightarrow {}^{\mathbf{292}}\mathbf{116} + 4\,{}^{1}_{0}\mathrm{n}$$

$$^{48}_{20}\mathrm{Ca} + {}^{245}_{96}\mathrm{Cm} \rightarrow [{}^{293}116]^* \rightarrow {}^{\mathbf{290,291}}\mathbf{116} + 2;3\,{}^{1}_{0}\mathrm{n}$$

Die erhaltenen Kerne gingen in wenigen Millisekunden durch α–Emission in das Element 114 und Element 112 über, das durch Spontanzerfall verschwand. (s. Zerfallskette unten).

$$^{292}116 \xrightarrow{-\alpha} {}^{288}114 \xrightarrow{-\alpha} {}^{284}112 \xrightarrow{\mathrm{sf}}$$

Die bei GSI bereits 1998 durchgeführten Experimente zur Synthese des Elements 116 durch ›kalte‹ Fusion gemäß der Kernreaktion:

$$^{82}_{34}\mathrm{Se} + {}^{208}_{82}\mathrm{Pb} \rightarrow [{}^{290}116]^* \rightarrow {}^{\mathbf{292-x}}\mathbf{116} + x\,{}^{1}_{0}\mathrm{n}$$

blieben leider erfolglos.

Ununhexium ist ein radioaktives Schwermetall. Es gehört aller Wahrscheinlichkeit nach zur Gruppe der ›Chalkogene‹ und befindet sich im PSE vermutlich in der 16. Gruppe, 7. Periode. In seinen chemischen Eigenschaften könnte es seinen Gruppenhomologen Polonium und Tellur ähnlich sein und in seinen Verbindungen die Oxidationsstufen Uuh^{II} und Uuh^{IV} bilden, wie z.B.: UuhO, $UuhF_2$, $UuhCl_2$, $UuhBr_2$, $UuhO_2$, $UuhF_4$ u.a.

Wahrscheinliche Elektronenkonfiguration im Grundzustand:

$[Rn]\ 5f^{14}\ 6d^{10}\ 7s^2\ 7p^4$

Bekannte Isotope:
Uuh 290 (α; 7,2 ms), Uuh 291 (α; 18 ms),
Uuh 292 (α; 53 ms), Uuh 293 (α; 61 ms).

Das Element hat nur wissenschaftliche Bedeutung, es dient ausschließlich zu Forschungszwecken.

Uuh hat keine biologische Bedeutung für den Menschen. Aufgrund seiner Radioaktivität ist es in relevanten Mengen toxisch und kanzerogen.

Element 117 (Ununseptium) Uuo

***Protonenzahl* Z = 117**
***Nukleonenzahlen der Isotope* A = 293, 294**

Im Januar 2010 meldeten Wissenschaftler des ›Flerov Laboratory of Nuclear Reactions‹ aus Dubna, Russland, über die Entdeckung des Elements 117. Unter der Leitung von *Yu. Ts. Oganessian* erhielten die rusischen Wissenschaftler am Teilchenbeschleuniger U 400 sechs Atome des Elements 117, die beim Beschuss von Berkelium mit Ca-Ionen gemäß den Kernreaktionen:

$$^{48}_{20}Ca + ^{249}_{97}Bk \rightarrow [^{297}117]^* \rightarrow \mathbf{^{294}117} + 3\,^{1}_{0}n$$

$$^{48}_{20}Ca + ^{249}_{97}Bk \rightarrow [^{297}117]^* \rightarrow \mathbf{^{293}117} + 4\,^{1}_{0}n$$

durch ›heiße‹ Fusion entstanden sind.

Die erhaltenen Isotope gingen in wenigen Millisekunden durch α-Emission in Isotope des Elements 115 über und zerfielen in mehreren Stufen bis Dubnium (s. z.B. Zerfallskette unten).

$$^{293}117 \xrightarrow{-\alpha} {}^{289}115 \xrightarrow{-\alpha} {}^{285}113 \xrightarrow{-\alpha} {}^{281}Rg \xrightarrow{-\alpha} {}^{277}Mt \xrightarrow{-\alpha} {}^{273}Bh \xrightarrow{-\alpha} {}^{269}Db \xrightarrow{sf}$$

Ununseptium ist ein radioaktives Element. Seine Eigenschaften sind noch völlig unbekannt, es gehört jedoch mit großer Wahrscheinlichkeit zur Gruppe der ›Halogene‹ und befindet sich im PSE in der 17. Gruppe und 7. Periode.

Wahrscheinliche Elektronenkonfiguration im Grundzustand:

$$[Rn]\ 5f^{14}\ 6d^{10}\ 7s^2\ 7p^6$$

Bekannte Isotope:
Uus 293 (α; 0,78 ms), Uus 294 (α; 14 ms).

Das Element ist nur von wissenschaftlichen Interesse, es dient ausschließlich zu Forschungszwecken.

Uus hat keine biologische Bedeutung für den Menschen. Aufgrund seiner Radioaktivität ist es in relevanten Mengen toxisch und kanzerogen.

Element 118 Uuo

***Protonenzahl Z* = 118**

***Nukleonenzahlen der Isotope A* = 294**

Die erste Meldung über die Entdeckung des Elements 118 im ›Lawrence Berkeley Laboratory‹, LBL, im Jahre 1999, entpuppte sich als Falschmeldung. Erst 2002 und 2005 konnten die ersten drei Atome des Elements nachgewiesen werden. Die Synthese erfolgte im Rahmen einer Gemeinschaftsarbeit von Wissenschaftlern des ›Joint Institute for Nuclear Research‹ JINR, Dubna und des ›Lawrence Livermore National Laboratory‹ LLNL, Kalifornien unter Leitung von *Yu. Ts. Oganessian* im Kernforschungszentrum in Dubna und wurde im Januar 2006 gemeldet. Die Kerne entstanden am Teilchenbeschleuniger U 400 durch ›heiße‹ Fusion von Cf-Kernen mit Ca-Kernen, beim Beschuss von Californium mit Ca-Ionen gemäß der Kernreaktion:

$$^{48}_{20}\mathrm{Ca} + {}^{249}_{98}\mathrm{Cf} \rightarrow [{}^{297}118] \rightarrow \mathbf{^{294}118} + 3\,{}^{1}_{0}\mathrm{n}$$

Die erhaltenen Kerne gingen in wenigen Millisekunden durch α–Emission in das Element 116 über und zerfielen in mehreren Stufen bis zum Element 112 (s. Zerfallskette unten).

$$^{294}118 \xrightarrow{-\alpha} {}^{290}116 \xrightarrow{-\alpha} {}^{286}114 \xrightarrow{-\alpha} {}^{282}112 \xrightarrow{\mathrm{sf}}$$

Ununoktium ist ein radioaktives Element und könnte entsprechend seiner Stellung im PSE in der 18. Gruppe, 7. Periode, mit großer Wahrscheinlichkeit zur Gruppe der ›Edelgase‹ gehören. Es ist allerdings unbekannt ob das Element bei Raumtemperatur gasförmig ist und ob es sich angesichts relativistischer Effekte wie ein Edelgas verhält.

Wahrscheinliche Elektronenkonfiguration im Grundzustand:

$[Rn]\ 5f^{14}\ 6d^{10}\ 7s^{2}\ 7p^{6}$

Bekannte Isotope:
Uuo 294 (α; 0,89 ms).

Das Element hat nur wissenschaftliche Bedeutung, es dient ausschließlich zu Forschungszwecken.

Uuo hat keine biologische Bedeutung für den Menschen. Aufgrund seiner Radioaktivität wirkt es in ausreichenden Mengen toxisch und kanzerogen.

Die chemischen Elemente in der Reihenfolge
Ihrer Protonenzahlen Z

Z	Element	Symb	Z	Element	Symb.
1	Wasserstoff	H	29	Kupfer	Cu
2	Helium	He	30	Zink	Zn
3	Lithium	Li	31	Gallium	Ga
4	Beryllium	Be	32	Germanium	Ge
5	Bor	B	33	Arsen	As
6	Kohlenstoff	C	34	Selen	Se
7	Stickstoff	N	35	Brom	Br
8	Sauerstoff	O	36	Krypton	Kr
9	Fluor	F	37	Rubidium	Rb
10	Neon	N	38	Strontium	Sr
11	Natrium	Na	39	Yttrium	Y
12	Magnesium	Mg	40	Zirconium	Zr
13	Aluminium	Al	41	Niob	Nb
14	Silicium	Si	42	Molybdän	Mo
15	Phosphor	P	43	Technetium	Tc
16	Schwefel	S	44	Ruthenium	Ru
17	Chlor	Cl	45	Rhodium	Rh
18	Argon	Ar	46	Palladium	Pd
19	Kalium	K	47	Silber	Ag
20	Calcium	Ca	48	Cadmium	Cd
21	Scandium	Sc	49	Indium	In
22	Titan	Ti	50	Zinn	Sn
23	Vanadium	V	51	Antimon	Sb
24	Chrom	Cr	52	Tellur	Te
25	Mangan	Mn	53	Iod	I
26	Eisen	Fe	54	Xenon	Xe
27	Cobalt	Co	55	Caesium	Cs
28	Nickel	Ni	56	Barium	Ba

57	Lanthan	La	88	Radium	Ra
58	Cer	Ce	89	Actinium	Ac
59	Praseodym	Pr	90	Thorium	Th
60	Neodym	Nd	91	Protactinium	Pa
61	Promethium	Pm	92	Uran	U
62	Samarium	Sm	93	Neptunium	Np
63	Europium	Eu	94	Plutonium	Pu
64	Gadolinium	Gd	95	Americium	Am
65	Terbium	Tb	96	Curium	Cm
66	Dysprosium	Dy	97	Berkelium	Bk
67	Holmium	Ho	98	Californium	Cf
68	Erbium	Er	99	Einsteinium	Es
69	Thulium	Tm	100	Fermium	Fm
70	Ytterbium	Yb	101	Mendelevium	Md
71	Lutetium	Lu	102	Nobelium	No
72	Hafnium	Hf	103	Lawrencium	Lr
73	Tantal	Ta	104	Rutherfordium	Rf
74	Wolfram	W	105	Dubnium	Db
75	Rhenium	Re	106	Seaborgium	Sg
76	Osmium	Os	107	Bohrium	Bh
77	Iridium	Ir	108	Hassium	Hs
78	Platin	Pt	109	Meitnerium	Mt
79	Gold	Au	110	Darmstadtium	Ds
80	Quecksilber	Hg	111	Roentgenium	Rg
81	Thallium	Tl	112	Copernicium	Cn
82	Blei	Pb	113	Ununtrium	Uut
83	Bismut	Bi	114	Ununquadium	Uuq
84	Polonium	Po	115	Ununpentium	Uup
85	Astat	At	116	Ununhexium	Uuh
86	Radon	Rn	117	Ununsepti.	Uus
87	Francium	Fr	118	Ununoctium	Uuo

Die Häufigkeitsliste der chemischen Elemente

Stelle in der Liste	Element	Symbol	Massenanteil in der Erdhülle in %	Massenanteil in der Erdkruste in ppm bzw. g/t
1	Sauerstoff	O	49,40	466.000
2	Silicium	Si	25,80	277.000
3	Aluminium	Al	7,57	81.300
4	Eisen	Fe	4,7	51.000
5	Calcium	Ca	3,39	46.600
6	Natrium	Na	2,64	24.200
7	Kalium	K	2,41	22.500
8	Magnesium	Mg	1,94	23.500
9	Wasserstoff	H	0,88	1.520
10	Titan	Ti	0,41	6.320
11	Chlor	Cl	0,19	130
12	Phosphor	P	0,09	1.120
13	Kohlenstoff	C	0,087	480
14	Mangan	Mn	0,085	1.060
15	Schwefel	S	0,048	340
16	Stickstoff	N	0,03	25
17	Fluor	F	0,028	650
18	Barium	Ba	0,026	390
19	Zirconium	Zr	0,021	162
20	Chrom	Cr	0,019	122
21	Nickel	Ni	0,015	99
22	Strontium	Sr	0,014	384
23	Vanadium	V	0,014	160
24	Zink	Zn	0,012	76
25	Kupfer	Cu	0,01	68
26	Wolfram	W	0,0064	1,2

27	Lithium	Li	0,006	18,5
28	Cer	Ce	0,0043	68
29	Cobalt	Co	0,0037	29
30	Zinn	Sn	0,0035	4,1
31	Rubidium	Rb	0,0029	90
32	Yttrium	Y	0,0026	31,5
33	Neodym	Nd	0,0022	40
34	Niob	Nb	0,0019	20
35	Blei	Pb	0,0018	14
36	Lanthan	La	0,0017	35
37	Bor	B	0,0016	9,5
38	Gallium	Ga	0,0014	18
39	Molybdän	Mo	0,0014	1,5
40	Thorium	Th	0,0011	8,1
41	Tantal	Ta	0,0008	2,1
42	Caesium	Cs	0,00065	5
43	Brom	Br	0,0006	2,5-10
44	Samarium	Sm	0,0006	7,5
45	Gadolinium	Gd	0,00059	6,4
46	Germanium	Ge	0,00056	1,6
47	Arsen	As	0,00055	1,8
48	Beryllium	Be	0,00053	4
49	Praseodym	Pr	0,00052	9,5
50	Scandium	Sc	0,00051	20
51	Dysprosium	Dy	0,00043	6,2
52	Hafnium	Hf	0,00042	5,3
53	Argon	Ar	0,00036	1,5
54	Uran	U	0,00032	2,4
55	Ytterbium	Yb	0,00025	3,3
56	Erbium	Er	0,00023	3,5
57	Holmium	Ho	0,00011	1,4

58	Terbium	Tb	0,000085	1,2
59	Selen	Se	0,00008	0,05
60	Lutetium	Lu	0,00007	0,81
61	Antimon	Sb	0,000065	0,21
62	Quecksilber	Hg	0,00004	0,08
63	Cadmium	Cd	0,00003	0,15-0,3
64	Thallium	Tl	0,000029	0,7
65	Bismut	Bi	0,00002	0,048
66	Thulium	Tm	0,000019	0,48
67	Silber	Ag	0,000012	0,08
68	Indium	In	0,00001	0,15
69	Europium	Eu	0,0000099	2,1
70	Iod	I	0,000006	0,3
71	Ruthenium	Ru	0,000002	0,0011
72	Palladium	Pd	0,0000011	0,015
73	Osmium	Os	0,000001	0,005
74	Tellur	Te	0,000001	0,005
75	Gold	Au	0,0000005	0,0041
76	Platin	Pt	0,0000005	0,004
77	Neon	Ne	0,0000005	0,00007
78	Helium	He	0,0000004	0,008
79	Rhenium	Re	0,0000001	0,0007
80	Rhodium	Rh	0,0000001	0,0001
81	Iridium	Ir	0,0000001	0,001
82	Krypton	Kr	$1{,}9.10^{-8}$	1.10^{-5}
83	Xenon	Xe	$2{,}4.10^{-9}$	2.10^{-6}
84	Radium	Ra	$9{,}5.10^{-11}$	7.10^{-8}
85	Protactinium	Pa	$9\ \ .10^{-11}$	Spuren
86	Actinium	Ac	6.10^{-14}	Spuren

Die Elemente 43, 61, 85 bis 87 sowie 93, 94 kommen in der Natur nur in Spuren vor. Alle weiteren kommen in der Natur nicht vor.

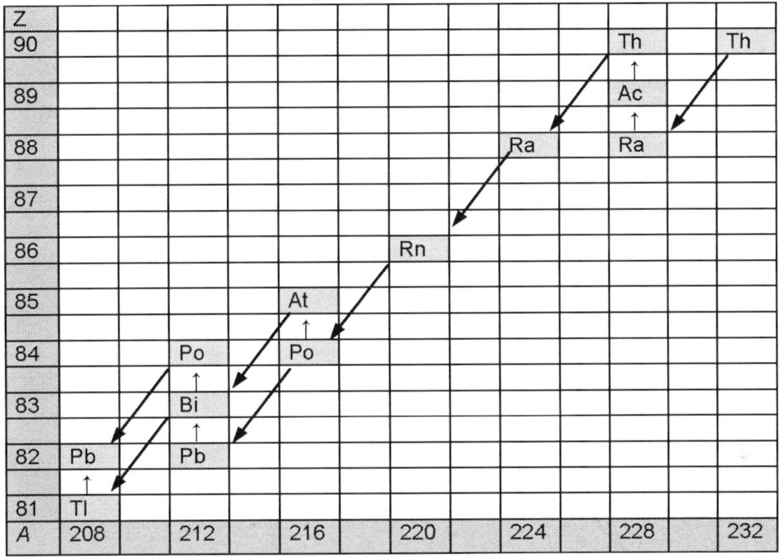

Thorium-Zerfallsreihe (4n) Reihe ↙ α – Emission ↑ β^- – Emission

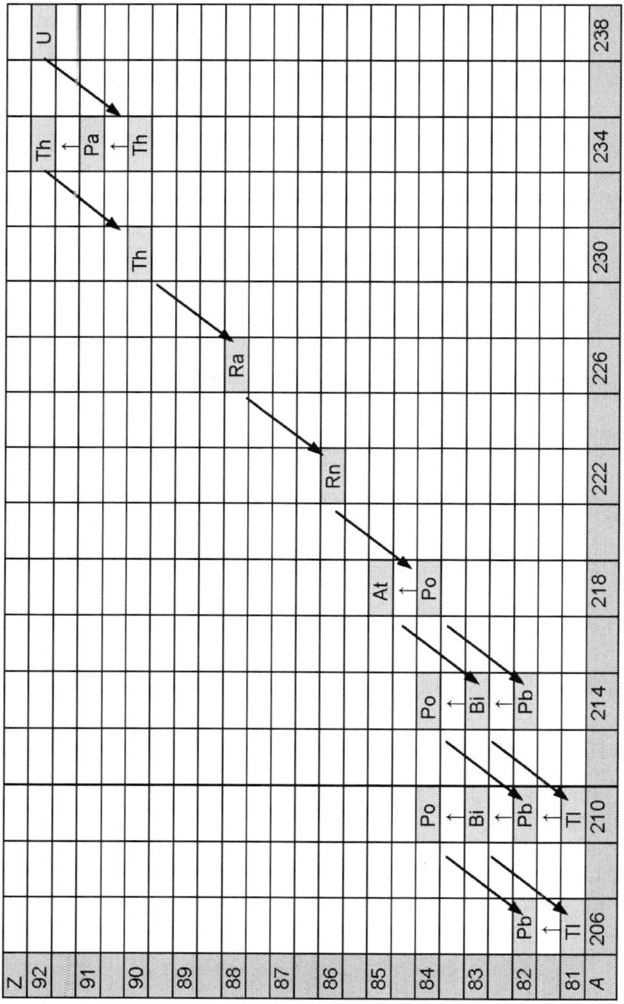

Uran-Radium-Zerfallsreihe (4n+2) Reihe

α – Emission ↑ β^- – Emission

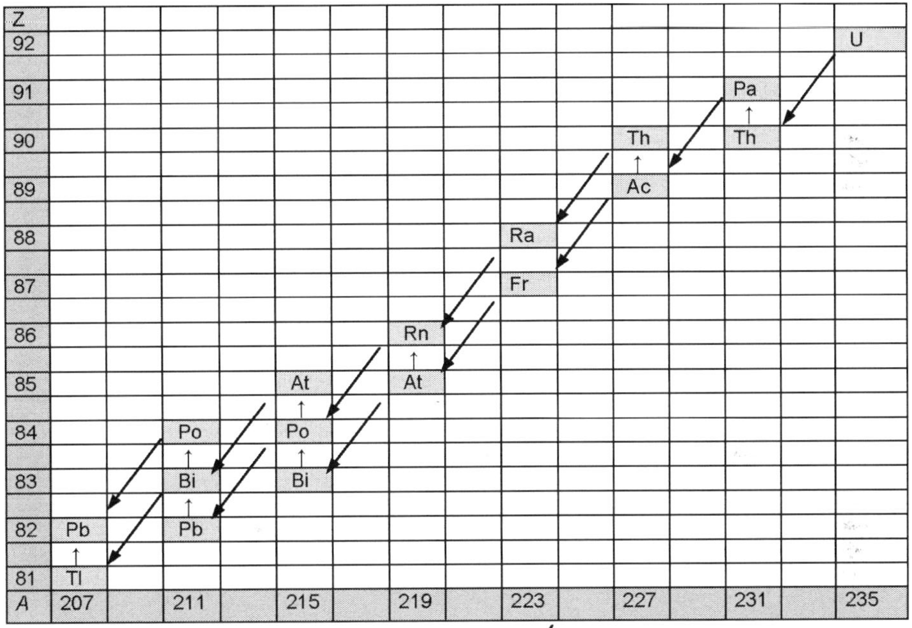

Uran-Actinium-Zerfallsreihe (4n+3) Reihe ↙ α – Emission; ↑ β^- – Emission

Literaturverzeichnis

Harry H. Binder, Lexikon der chemischen Elemente

Römp, Chemie Lexikon

Stöcker, Taschenbuch der Physik

Holleman/Wiberg, Lehrbuch der anorganischen Chemie (101) Auflage

A. Dörrenbächer, IUPAC-Regeln und DIN-Normen im Chemieunterrricht

Aylward/Findlay, SI Chemical Data

S. Hofmann, On beyond Uranium

John Emsley, The Elements

N.N.Greenwood, Chemistry of the Elements

G. Münzenberg/ M. Schädel, Moderne Alchemie

Karlsruher Nuklidkarte 7. Auflage 2006

CRC Handbook of Chemistry and Physics
90RD Edition 2009

Veröffentlichungen der GSI, JINR, IUPAC, PSI u.a. von S. Hofmann, Yu.Ts.Oganessian, u.a.